信息技术
应用与实践指导

XINXI JISHU YINGYONG YU SHIJIAN ZHIDAO

主　编　郑宇平　崔发周
副主编　唐春林　朱　明

新形态
教材

中国教育出版传媒集团
高等教育出版社·北京

内容提要

本书根据教育部最新印发的《高等职业教育专科信息技术课程标准(2021 年版)》编写而成。

本书主要分为九个模块:程序设计基础、现代通信技术、机器人流程自动化、虚拟现实、区块链、云计算、物联网、大数据、人工智能等。本书围绕高等职业教育各专业对信息技术学科核心素养的培养需求,吸纳信息技术领域的前沿技术,通过理实一体化教学,提升学生应用信息技术解决问题的综合能力。

本书适合作为高等职业院校各专业信息技术课程教材或教学参考用书。

图书在版编目(CIP)数据

信息技术应用与实践指导/郑宇平,崔发周主编
. —北京:高等教育出版社,2022.10
ISBN 978-7-04-059321-1

Ⅰ.①信… Ⅱ.①郑… ②崔… Ⅲ.①电子计算机-高等学校-教材 Ⅳ.①TP3

中国版本图书馆 CIP 数据核字(2022)第 178357 号

策划编辑 张尕琳　责任编辑 张尕琳　万宝春　封面设计 张文豪　责任印制 高忠富

出版发行	高等教育出版社	网　　址	http://www.hep.edu.cn
社　　址	北京市西城区德外大街 4 号		http://www.hep.com.cn
邮政编码	100120	网上订购	http://www.hepmall.com.cn
印　　刷	杭州广育多莉印刷有限公司		http://www.hepmall.com
开　　本	787 mm×1092 mm　1/16		http://www.hepmall.cn
印　　张	18.75		
字　　数	492 千字	版　　次	2022 年 10 月第 1 版
购书热线	010-58581118	印　　次	2022 年 10 月第 1 次印刷
咨询电话	400-810-0598	定　　价	45.00 元

配套学习资源及教学服务指南

◎ 二维码链接资源

　　本教材在每一模块中均配有深度技术体验学习资源，在书中以二维码链接形式呈现。手机扫描书中的二维码进行查看，随时随地获取学习内容，享受学习新体验。

打开书中附有二维码的页面　　　　**扫描二维码**　　　　**查看相应资源**

◎ 教师教学资源索取

　　本教材配有课程相关的教学资源，例如，教学课件、习题及参考答案、应用案例等。选用教材的教师，可扫描下方二维码，关注微信公众号"高职智能制造教学研究"；或联系教学服务人员（021-56961310/56718921，800078148@b.qq.com）索取相关资源。

前　言

　　当前，信息化已成为经济社会转型发展的主要驱动力。进入数字化时代，数字经济蓬勃发展，数字技术快速迭代，在生活、工作中扮演着越来越重要的角色，从而对劳动者所需掌握的数字技能也提出了新要求、新标准。党和国家高度重视提升全民数字技能，习近平总书记多次就提升数字技能相关工作作出重要指示批示，中央政治局先后多次围绕大数据、人工智能、区块链、量子科技等相关领域开展集体学习。2017年，党的十九大对建设网络强国、数字中国、智慧社会作出了战略部署，强调加快建设制造强国，加快发展先进制造业，推动互联网、大数据、人工智能和实体经济深度融合。2019年，党的十九届四中全会提出，建立健全运用互联网、大数据、人工智能等技术手段进行行政管理的制度规则。推进数字政府建设，加强数据有序共享，依法保护个人信息。2020年，党的十九届五中全会明确提出发展数字经济，推进数字产业化和产业数字化，推动数字经济和实体经济深度融合，打造具有国际竞争力的数字产业集群。加强数字社会、数字政府建设，提升公共服务、社会治理等数字化智能化水平，要求提升全民数字技能，实现信息服务全覆盖。

　　落实党中央、国务院提出的这些要求，根本在人，核心在于提升全体国民的信息素养。所谓信息素养，是由人的信息意识、信息能力、信息道德等方面构成的综合素质。其中，信息意识表现为一个人对信息的敏感度，具备良好信息意识的人能够根据工作任务敏锐地意识到利用信息分析和解决问题的有效途径，具有以数据为基础辅助决策的良好工作习惯，具有分享成果与经验的内在愿望。信息能力则表现为人们获取信息、评价信息、利用信息、分享信息的能力，具有较强信息能力的人能够把具体问题转换为信息问题，通过数据采集、数据检验、数据整理、数据加工、统计分析得出基本结论，发现存在的事实或基本规律，利用信息创新性地找到解决问题的方法，提出决策性建议，发挥信息处理可以"发现事实""辅助决策"的作用。信息道德表现为在信息领域中用以规范人们相互关系的思想观念与行为准则。信息道德（自我约束）、信息政策（政府导向）和信息法律（法律约束）是规范人们各种信息活动的三个方面，三者相互补充、相辅相成。

　　当下，如何有效提高高等职业院校学生的综合信息素养，培养信息意识与计算思维，提升数字化创新与发展能力，促进专业技术与信息技术融合，树立正确的信息社会价值观和责任感，已成为高职院校关注的焦点。2021年4月，教育部制定出台了指导高等职业教育信息技术课程教学开展的指导性标准《高等职业教育专科信息技术课程标准（2021年版）》（以下简称"新课标"）。

　　《信息技术基础》《信息技术应用与实践指导》两册教材以新课标为纲，由许多从事职业教育信息技术课程一线教学的专家教授们基于多年课程教学、教改经验合作编写。作者团队在充分贯彻新课标要求的基础上，围绕信息意识、计算思维、数字化创新与发展、信息社会责任四项学科核心素养，以及科技发展趋势和市场需求对劳动者数字技能方面的要求精心组织教材内容的编写。

《信息技术应用与实践指导》包括新课标中的程序设计基础、现代通信技术、机器人流程自动化、虚拟现实、区块链、云计算、物联网、大数据、人工智能 9 个模块。每个模块均包含技术体验，帮助学生深化对信息技术的理解，拓展职业能力。

本书既可与《信息技术基础》配套使用，也可供信息技术基础较好的地区、学校、专业单独使用。

《信息技术应用与实践指导》由吉林电子信息职业技术学院郑宇平、唐山工业职业技术学院崔发周担任主编；广东邮电职业技术学院唐春林、上海思博职业技术学院朱明担任副主编，分工如下：模块一由北京政法职业学院贾振美编写，模块二由成都职业技术学院刘晋州编写，模块三由唐山工业职业技术学院戴琨编写，模块四和模块五由广东邮电职业技术学院唐春林编写，模块六由长沙职业技术学院暨百南编写，模块七由成都工贸职业技术学院王冬梅编写，模块八由吉林电子信息职业技术学院郑宇平编写，模块九由上海思博职业技术学院朱明编写。全书数字资源由唐山工业职业技术学院崔发周整理，由唐山工业职业技术学院崔发周、上海思博职业技术学院朱明统稿。

本书在编写过程中，参考了大量国内外相关文献，受益匪浅，特向相关作者表示诚挚谢意。

限于作者水平，书中难免存在错误及不妥之处，恳请广大读者、专家不吝赐教。

编者

2022 年 5 月

目　　录

模块一

程序设计基础

 学习情境

在访谈纪录片《乔布斯：遗失的访谈》(*Steve Jobs：The Lost Interview*) 中，乔布斯谈到他 20 岁左右学习编程的经历，称"当时编程可以帮助我们完成工作，但没有明确的实用性，重要的是我们把它看作思考的镜子，学习如何思考"。乔布斯进而表示，"我觉得每个人都应该学习一门编程语言。学习编程教你如何思考，就像学法律一样。学法律并不一定要为了做律师，但法律教你一种思考方式。学习编程也是一样，我把计算机科学看成是基础教育，每个人都应该花一年时间学习编程。"

程序设计是设计和构建可执行的程序以完成特定计算结果的过程，是软件构造活动中的重要组成部分，一般包括分析、设计、编码、调试和测试等不同阶段。计算机已经成为当今社会的普遍工具，掌握一定的编程技术有助于更好地利用计算机解决所面对的生活工作中的问题。例如，对于个人照片，可以通过程序读取照片元属性自动进行归类整理；对于工作数据，可以通过程序按照特定算法批处理，并绘制统计图表等等。可见熟悉和掌握程序设计的基础知识，学习编程将有越来越现实的意义，已经成为现代信息社会中生存和发展的基本技能之一。

学习目标

知识目标

1. 理解程序设计的基本概念；
2. 了解程序设计的发展历程和未来趋势；
3. 了解主流程序设计语言的特点和适用场景；
4. 掌握 Python 语言的基本语法、流程控制、数据类型、函数、模块、文件操作、异常处理等。

技能目标

1. 能够安装 Python，进行开发环境配置；
2. 能够利用 Python 完成简单程序的编写和调试任务，为相关领域应用开发提供支持。

素养目标

1. 能针对具体任务需求，选择合适的算法，并运用 Python 语言（或流程图）加以实现，最终解决实际问题；
2. 具备结合生活情境及专业领域实际问题，运用计算思维方式解决问题的能力。

单元 1.1　程序设计概述

◇ **导入案例** ◇

AI 疫情防控系统

2020 年 3 月 18 日，国务院联防联控机制新闻发布会在北京举行。商务部消费促进司负责人王斌在会上提到，疫情之下，人工智能（AI）产业出现逆势发展。人脸识别门禁成为多地青睐的防疫应用。

北京市首个 AI 疫情防控人脸识别门禁系统于 2020 年 3 月在新华联南区内试点运营。这种门禁通过技术手段实现了免摘口罩的人脸识别比对，不仅能对未正确佩戴口罩的居民进行提醒，还能对未满 14 天观察期的返京人员进行警报，实现了防控精准化、智能化。

众所周知，在人手短缺的情况下，守好社区大门、保护居民安全，成为社区需要解决的工作难点，AI 疫情防控人脸识别门禁系统恰好解决了这个问题。

 技术分析

人脸识别在现实生活中有非常广泛的应用，要实现一个人脸识别模型需要在 AI 基础环境上进行程序设计。所以我们首先要了解程序设计的概念、程序设计的流程以及程序设计的语言和工具。

 知识与技能

一、程序和程序设计的概念

（一）程序

《计算机软件保护条例》第三条规定：计算机程序，是指为了得到某种结果而可以由计算机等具有信息处理能力的装置执行的代码化指令序列，或者可以被自动转换成代码化指令序列的符号化指令序列或者符号化语句序列。

程序可按其设计目的的不同，分为两类：一类是系统程序，它是为了使用方便和充分发挥计算机系统效能而设计的程序，通常由计算机制造厂商或专业软件公司设计，如操作系统、编译程序等；另一类是应用程序，它是为解决用户特定问题而设计的程序，通常由专业软件公司或用户自己设计，如账务处理程序、文字处理程序等。

（二）程序设计

程序设计是给出解决特定问题程序的过程，是软件构造活动中的重要组成部分。程序设计往往以某种程序设计语言为工具，给出这种语言下的程序。程序设计过程应当包括分析、设计、编码、测试等不同阶段。

程序设计的一般过程：

- 分析问题：对于接受的任务要进行认真的分析，研究所给定的条件，分析最后应达到的目标，找出解决问题的规律，选择解题的方法，完成实际问题。
- 设计算法：即设计出解题的方法和具体步骤。
- 编写程序：将算法翻译成计算机程序设计语言，对源程序进行编辑、编译和连接。
- 运行程序，分析结果：运行可执行程序，得到运行结果。能得到运行结果并不意味着程序正确，要对结果进行分析，看它是否合理。如果不合理要对程序进行调试，即通过上机发现和排除程序中的故障的过程。
- 编写程序文档：许多程序是提供给别人使用的，如同正式的产品应当提供产品说明书一样，正式提供给用户使用的程序，必须向用户提供程序说明书。内容应包括：程序名称、程序功能、运行环境、程序的装入和启动、需要输入的数据，以及使用注意事项等。

二、程序设计语言

程序设计语言是用于编写计算机程序的语言。语言的基础是一组记号和一组规则。根据规则由记号构成的记号串的总体就是语言。在程序设计语言中，这些记号串就是程序。

到目前为止，程序设计语言的发展经过了机器语言、汇编语言、高级语言、第四代语言四个阶段，每一个阶段都使程序设计的效率大大提高。我们常常把机器语言称为第一代程序设计语言，把汇编语言称为第二代程序设计语言，把高级语言称为第三代程序设计语言，把最新的程序设计语言称为第四代程序设计语言。

（一）机器语言

机器语言是计算机能直接识别和执行的一组机器指令的集合。它是计算机的设计者通过计算机的硬件结构赋予计算机的操作功能。一条机器指令就是机器语言的一个语句，它是一组有意义的二进制代码。每条机器指令一般由操作码和地址码两部分构成，其中操作码说明指令的含义，地址码说明操作数的地址。机器语言程序能够在对应型号的计算机上直接运行。

机器语言的特点：

- 机器语言编写出的程序都是由 0 和 1 构成的符号串，可读性差，还容易出错，不易交流和维护。
- 机器语言编程的思维及表达方式与程序员日常的思维和表达方式差距较大，程序员需要经过长期的训练才能胜任。

- 机器语言程序设计严重依赖于具体计算机的指令集，编写出的程序可移植性差、重用性差。

基于上述原因，人们引进了汇编语言。

（二）汇编语言

鉴于机器语言编程的烦琐，为减轻程序员在编程中的劳动强度，20 世纪 50 年代中期，人们开始用一些"助记符号"来代替 0、1 码编程，即用助记符代替机器指令中的操作码，用地址符号或标号代替机器指令中的地址码，将机器语言变成了汇编语言。汇编语言也称符号语言，即符号化的机器语言，提高了程序的可读性和程序开发效率。

汇编语言用助记符而不是 0 和 1 序列来表示指令，程序的生产效率和质量都有所提高。但是使用汇编语言编写的程序，计算机不能直接识别，必须由一种程序将汇编语言翻译成机器语言，起这种翻译作用的程序称为汇编程序，汇编程序把汇编语言翻译成机器语言的过程称为汇编。

汇编语言程序经汇编得到的目标程序占用内存空间少，运行速度快，有着高级语言不可替代的作用，因此汇编语言常用来编写系统软件和过程控制软件。

汇编语言和机器语言都与具体的机器有关，它们都称为面向机器的语言，也称为低级语言。程序员用它们编程时，不仅要考虑解题思路，还要熟悉机器的内部构造，并且要"手工"地进行存储器分配，编程的劳动强度仍然很大，这些仍然阻碍着计算机的普及和推广。因此，人们又进一步引进了高级语言。

（三）高级语言

计算机的发展，促使人们去寻求一些与人类自然语言相接近且能为计算机所接受的语意确定、规则明确、自然直观和通用易学的计算机语言。这种与自然语言相近并为计算机所接受和执行的计算机语言称为高级语言。高级语言是面向用户的语言。无论何种机型的计算机，只要配备相应的高级语言的翻译程序，用该高级语言编写的程序就可以在该机器上运行。

高级语言可读性好，机器独立性强，具有程序库，可以在运行时进行一致性检查从而检测程序中的错误，使得高级语言几乎在所有的编程领域取代了机器语言和汇编语言。高级语言也随着计算机技术的发展而不断发展，目前有许多种用于不同目的的高级程序设计语言，广泛使用的有 C、C++、Java、C#、JavaScript、JSP、Python 等。

三种语言的表达形式对比如表 1-1 所示。

表 1-1　三种语言的表达形式对比

编程语言	表达形式举例
C 语言	a = b + 1;

汇编语言	mov 0x804a01c,%eax
	add $0x1,%eax
	mov %eax,0x804a018

机器语言	a1 1c a0 04 08 83 c0 01 a3 18 a0 04 08

（四）第四代语言

第四代语言（Fourth-Generation Language，4GL）的出现是出于商业需要。4GL 一词最早出现在 20 世纪 80 年代初期软件厂商的广告和产品介绍中。由于 4GL 具有"面向问题""非过程化程度高"等特点，可以呈数量级地提高软件生产率，缩短软件开发周期，因此赢得很多用户的青睐。20 世纪 80 年代中期，许多著名的计算机科学家对 4GL 展开了全面研究，从而使 4GL 进入了计算机科学的研究范畴。

4GL 以数据库管理系统所提供的功能为核心，进一步构造了开发高层软件系统的开发环境，如报表生成、多窗口表格设计、菜单生成系统、图形图像处理系统和决策支持系统，为用户提供了一个良好的应用开发环境。它提供了功能强大的非过程化问题定义手段，用户只需告知系统做什么，而无须说明怎么做，因此可大大提高软件生产率。

进入 20 世纪 90 年代，随着计算机软硬件技术的发展和应用水平的提高，大量基于数据库管理系统的 4GL 商品化软件已在计算机应用开发领域中获得广泛应用，成为面向数据库应用开发的主流工具，如 Oracle 应用开发环境、Informix-4GL、SQL Windows、Power Builder 等。它们为缩短软件开发周期、提高软件质量发挥了巨大的作用，为软件开发注入了新的生机和活力。

虽然 4GL 具有很多优点，也有很大的优势，成为目前应用开发的主流工具，但它也存在着严重不足。目前 4GL 主要面向基于数据库应用的领域，不适合于科学计算、高速的实时系统和系统软件开发。

三、程序执行方式

计算机的指令系统只能执行自己的指令程序，而不能执行其他语言的程序。因此，若想用高级语言，则必须有这样一种程序，它把用汇编语言或高级语言写的程序（称为源程序）翻译成等价的机器语言程序（称为目标程序），这种翻译程序为翻译器。汇编语言的翻译器为汇编程序，高级语言的翻译器为编译程序。

翻译器的"翻译"通常有两种方式，即编译方式和解释方式。

编译方式是事先编好一个称为编译程序的机器语言程序，作为系统软件存放在计算机内，当用户把由高级语言编写的源程序输入计算机后，编译程序便把源程序整个地翻译成用机器语言表示的与之等价的目标程序，然后计算机再执行该目标程序，以完成源程序要处理的运算并取得结果。编译程序将源程序翻译成目标程序的过程发生在翻译时间，翻译成的目标代码随后运行的时间称为运行时间。

解释方式是源程序进入计算机时，解释程序边扫描边解释，做逐句输入逐句翻译，计算机一句句执行，并不产生目标程序。

高级程序设计语言的编译方式和解释方式如图 1-1 所示。

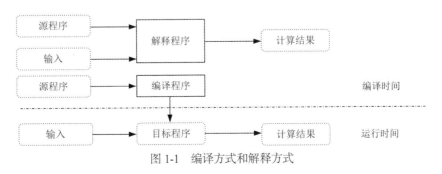

图 1-1 编译方式和解释方式

采用编译方式执行的编程语言是静态语言，如 C、Java 等；采用解释方式执行的编程语言是脚本语言，如 JavaScript、PHP 等。Python 是一种被广泛使用的高级通用脚本编程语言，采用解释方式执行，但它的解释器也保留了编译器的部分功能，随着程序运行，解释器也会生成一个完整的目标代码。这种将解释器和编译器结合的新解释器是现代脚本语言为了提升计算性能的一种有益演进。

四、算法及其描述

计算机语言只是一种工具。光学习语言的规则还不够，最重要的是学会针对各种类型的问题，拟定出有效的解决方法和步骤即算法。

（一）算法

算法是对特定问题求解步骤的一种描述，它是指令的有限序列，其中每一条指令包含一个或多个计算机操作。通俗地讲，算法就是为解决某一特定问题而采取的具体有限的操作步骤。

（二）算法的特征

- 输入：一个算法必须有零个或以上输入量。
- 输出：一个算法应有一个或以上输出量，输出量是算法计算的结果。
- 明确性：算法的描述必须无歧义，以保证算法的实际执行结果是精确地符合要求或期望，通常要求实际运行结果是确定的。
- 有限性：依据图灵的定义，一个算法是能够被任何图灵完备系统模拟的一串运算，而图灵机器只有有限个状态、有限个输入符号和有限个转移函数（指令）。而一些定义更规定算法必须在有限个步骤内完成任务。
- 有效性：又称可行性，即能够实现。算法中描述的操作都是可以通过已经实现的基本运算执行有限次来实现。

（三）算法的描述

常用的算法描述方法有五种：自然语言、流程图、N-S 图、伪代码和程序设计语言。

1. 用自然语言描述算法

用自然语言描述算法的优点是通俗易懂，当算法中的操作步骤都是顺序执行时比较直观、容易理解。缺点是如果算法中包含了判断结构和循环结构，并且操作步骤较多时，就显得不那么直观清晰了。

例如，用自然语言描述找出自然数 1 至 1 000 之间 7 的倍数的算法。

① 设 x=7；
② 输出 x 的值；
③ 将 x 的值加 7；
④ 判断 x 的值是否超过 1 000，没有超过则回到步骤②，否则算法结束。

2. 用流程图描述算法

用流程图描述算法就可以解决上述缺点。流程图是指用规定的图形符号来描述算法，流程图常用的图形符号如表 1-2 所示。

表 1-2　流程图常用的图形符号

图形符号	名　称	含　　义
⬭	起止框	程序的开始或结束
▭	处理框	数据的各种处理和运算操作
▱	输入 / 输出框	数据的输入和输出
◇	判断框	根据条件的不同，选择不同的操作
○	连接点	转向流程图的他处或从他处转入
↓　→	流向线	程序的执行方向

结构化程序设计方法中规定的三种基本程序流程结构（顺序结构、选择结构和循环结构）都可以用流程图明晰地表达出来，如图 1-2 所示。

例如，用流程图描述找出自然数 1 至 1 000 之间 7 的倍数的算法，如图 1-3 所示。

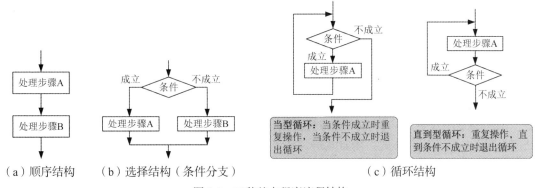

（a）顺序结构　　（b）选择结构（条件分支）　　　　　　　　（c）循环结构

图 1-2　三种基本程序流程结构

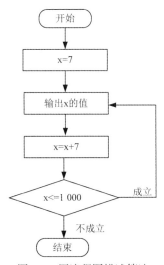

图 1-3　用流程图描述算法

3. 用 N-S 图描述算法

虽然用流程图描述的算法条理清晰、通俗易懂，但是在描述大型复杂算法时，流程图的流向线较多，影响了对算法的阅读和理解。因此有两位美国学者提出了一种完全去掉流程方向线的图形描述方法，称为 N-S 图（两人名字的首字母组合）。

N-S 图使用矩形框来表达各种处理步骤和三种基本结构，如图 1-4 所示。全部算法都写在一个矩形框中。

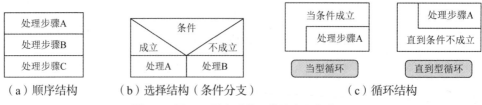

图 1-4 用 N-S 图表示的三种基本程序流程

例如，用 N-S 图描述找出自然数 1 至 1 000 之间 7 的倍数的算法，如图 1-5 所示。

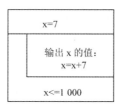

图 1-5 用 N-S 图描述算法

4. 用伪代码描述算法

伪代码是用在更简洁的自然语言算法描述中，用程序设计语言的流程控制结构来表示处理步骤的执行流程和方式，用自然语言和各种符号来表示所进行的各种处理及所涉及的数据，如图 1-6 所示。它是介于程序代码和自然语言之间的一种算法描述方法。这样描述的算法书写比较紧凑、自由，也比较好理解（尤其在表达选择结构和循环结构时），同时也更有利于算法的编程实现（转化为程序）。

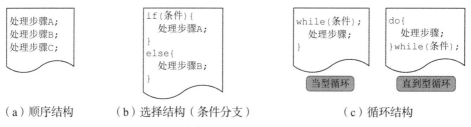

图 1-6 用伪代码表示的三种基本程序流程

例如，用伪代码描述找出自然数 1 至 1 000 之间 7 的倍数的算法。

```
变量 x=0;
变量 x;
while(x<=1000){
    x=x+7;
}
```

5. 用程序设计语言来描述算法

算法最终都要通过程序设计语言描述出来（编程实现），并在计算机上执行。程序设计语言也是算法的最终描述形式。无论用何种方法描述算法，都是为了将其更方便的转化为计算机程序。

五、常用的程序设计语言

（一）C

C 语言是一门面向过程的计算机编程语言，与 C++、Java 等面向对象编程语言有所不同。C 语言的设计目标是提供一种能以简易的方式编译、处理低级存储器、仅产生少量的机器码以及不需要任何运行环境支持便能运行的编程语言。C 语言描述问题比汇编语言迅速，工作量小、可读性好，易于调试、修改和移植，而代码质量与汇编语言相当。C 语言一般只比汇编语言代码生成的目标程序效率低 10%～20%。

C 语言的应用非常广泛，既可以编写系统程序，也可以编写应用程序，还可以应用到单片机及嵌入式系统的开发中。

（二）C++

C++ 是 C 语言的继承，它既可以进行 C 语言的过程化程序设计，又可以进行以抽象数据类型为特点的基于对象的程序设计，还可以进行以继承和多态为特点的面向对象的程序设计。C++ 通常用于编写设备驱动程序和其他要求实时性的直接操作硬件的软件。

（三）C#

C# 是由 C 和 C++ 衍生出来的一种安全的、稳定的、简单的、优雅的面向对象编程语言。它在继承 C 和 C++ 强大功能的同时去掉了一些它们的复杂特性（例如没有宏以及不允许多重继承）。C# 综合了 VB 简单的可视化操作和 C++ 的高运行效率，以其强大的操作能力、优雅的语法风格、创新的语言特性和便捷的面向组件编程的支持成为 .NET 开发的首选语言。

（四）Java

Java 是一门面向对象编程语言，不仅吸收了 C++ 语言的各种优点，还摒弃了 C++ 里难以理解的多继承、指针等概念，因此 Java 语言具有功能强大和简单易用两个特征。Java 语言作为静态面向对象编程语言的代表，极好地实现了面向对象理论，允许程序员以优雅的思维方式进行复杂的编程。

Java 具有简单性、面向对象、分布式、健壮性、安全性、平台独立与可移植性、多线程、动态性等特点。Java 可以编写桌面应用程序、Web 应用程序、分布式系统和嵌入式系统应用程序等。

（五）Python

Python 提供了高效的高级数据结构，还能简单有效地面向对象编程。Python 语法和动态类型，以及解释型语言的本质，使它成为多数平台上写脚本和快速开发应用的编程语言，随着版本的不断更新和语言新功能的添加，逐渐被用于独立的、大型项目的开发。

Python 解释器易于扩展，可以使用 C 或 C++（或者其他可以通过 C 调用的语言）扩展新的功能和数据类型。Python 也可用于可定制化软件中的扩展程序语言。Python 丰富的标准库，提供了适用于各个主要系统平台的源码或机器码。

 案例实现

本单元导入案例中提到的"AI 疫情防控系统"，其程序设计过程大致如下：

1. 分析问题

要识别一张人脸，一般需要经过以下步骤：

（1）通过摄像头或上传图片等方式采集图像；

（2）检测图像里面有没有人脸，如果有就把人脸所在的区域圈出来；

（3）对人脸图像进行灰度处理、噪声过滤等预处理；

（4）提取人脸的特征数据出来；

（5）将提取的人脸特征数据与人脸库进行匹配，输出识别结果。

主要流程如图 1-7 所示。

2. 算法设计并编写程序

针对各个步骤需要设计算法并编写程序实现，下面以步骤（1）图像采集为例。

图 1-7   人脸识别主要流程

首先要考虑采集图像所使用的工具，可以使用现在处理图像的流行工具 OpenCV。OpenCV 具备多种图像处理的能力，可跨平台运行在 Linux、Windows、Mac OS 等多个平台，使用 C++ 编写，提供 Python、C++、Ruby 等语言的接口。在 Python 环境中，OpenCV 和 Tensorflow 能很好地相互配合，利用 OpenCV 可方便快速地采集、处理图像，配合 Tensorflow 能很好地实现图像的建模工作。

然后安装 OpenCV，在 conda 虚拟环境中，OpenCV 的安装方式如下：

```
conda install --channel https://conda.anaconda.org/menpo opencv3
```

在 OpenCV 中调用摄像头采集图像的方式如下：

```
# 调用摄像头进行拍照
cap = cv2.VideoCapture(0)
ret, img = cap.read( )
cap.release( )
```

3. 测试运行

运行可执行程序，得到运行结果。对结果进行分析，看它是否合理。不合理要对程序进行调试，即通过上机发现和排除程序中的故障的过程。

4. 编写文档

最后正式提供给用户使用的程序，必须向用户提供程序说明书。编写相关文档，向用户提供程序说明书。

练习与提高

1. 查找资料，尝试完成人脸识别的其他步骤。

2. 查找资料，尝试分析 AI 音箱（如小爱同学、天猫精灵等）的实现流程。

3. 尝试做出计算 1+2+…+100 值的流程图、伪代码。

单元 1.2 程序设计方法与实践

导入案例

制作"词云图"

学校举办的"书香校园"读书演讲比赛，鼓励学生多读书、读好书，培养学生良好的读书习惯。比赛要求以"青春向党·奋斗强国"为主题，分享一本好书的读后感。小张想参加此次比赛，分享他刚刚读过的《国家与革命》这本书。在演讲过程中，要求制作PPT，配合演讲过程。小张想统计一下在书中出现频次最高的十个词，制作成词云图，放在PPT中。

 技术分析

要完成本任务，可以通过编写程序自动统计出书中出现的词语以及每个词语出现的频次，并自动完成制作词云图。由于 Python 语言的语法简洁、清晰，代码可读性强，适合初学者，小张决定使用 Python 语言编写程序完成本任务。

要想利用 Python 设计程序，首先需要学习 Python 的基本程序结构、库调用等相关知识，掌握 Python 程序设计的基础技能；再将书稿文本进行分词，统计各个词语的出现频次；最后制作词云图。

 知识与技能

一、Python 简介

1991 年 Python 的第一个公开发行版问世。从 2004 年开始，Python 的使用率呈线性增长，逐渐受到编程者的欢迎和喜爱。2010 年，Python 荣膺 TIOBE 2010 年度语言桂冠；2020年 IEEE Spectrum 发布的 2020 年度编程语言排行榜中，Python 位居第 1 名。

Python 作为一种功能强大的编程语言因其简单易学而受到很多开发者的青睐。Python 语言最初用于编写自动化脚本，现在已经被应用于 Web 开发、网络爬虫开发、游戏开发、科学计算、人工智能、大数据处理、云计算等领域。

二、Python 环境搭建

Python 自诞生以来，主要发布了三个版本，目前市场上用得较多的是 Python2.x 和 Python3.x 版本。2020 年 4 月，Python2.7 版本已经停止更新和支持。虽然 Python2.x 和 Python3.x 在语法上有差别，但思想互通，且有专门从 Python2.x 代码向 Python3.x 代码的转换工具"2to3.py"。

（一）下载 Python 安装包

打开浏览器，输入 Python 的官方网站网址"https://www.python.org"，进入 Python 的官方网站，在网站导航栏"Downloads"（下载）的下拉菜单中单击"Windows"栏目，即可进入 Python 的 Windows 安装包下载页面，如图 1-8 所示。

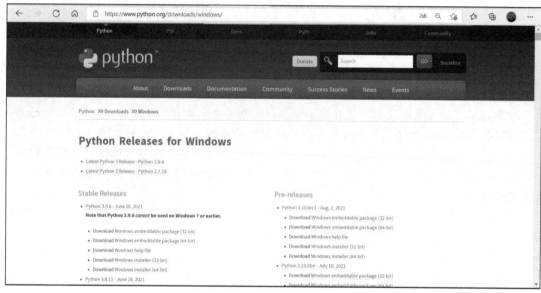

图 1-8　Python 的 Windows 安装包下载页面

进入下载页面后，可根据计算机操作系统类型（32 bit 或 64 bit），选择相应版本的 Python 安装包下载即可。

（二）安装 Python

1. 双击下载后得到的安装文件 python-3.9.6-amd64.exe，将显示安装向导对话框，勾选 "Add Python 3.9 to PATH"，将自动配置环境变量，如图 1-9 所示。

图 1-9　Python 安装向导

Python 支持两种安装方式，默认安装和自定义安装：
- 默认安装会勾选所有组件，并安装在 C 盘；
- 自定义安装可以手动选择要安装的组件，并安装到其他盘符。

单击 "Customize installation" 按钮，进行自定义安装，如图 1-10 所示。

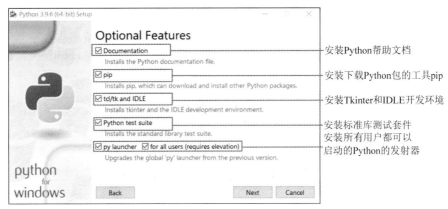

图 1-10　设置安装选项对话框

2. 单击"Next"按钮，将打开高级选项对话框，可以设置安装路径，单击"Install"按钮，如图 1-11 所示。

3. 开始安装 Python，安装完成后如图 1-12 所示。

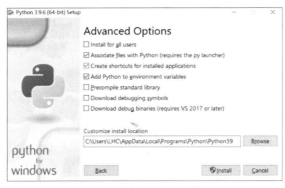

图 1-11　高级选项对话框

图 1-12　安装完成对话框

（三）Python 程序的运行方式

Python 程序有两种运行方式：交互式和文件式。

1. 交互式

交互式是利用 Python 解释器即时响应用户输入的代码并输出结果，一般用于调试少量代码。交互式可以通过命令行窗口或者 IDEL 实现。

在命令行窗口输入"python",出现">>>"即进入 Python 解释器,此时输入的代码可直接反馈结果,如图 1-13 所示。如果要退出 Python 解释器,输入 exit( ) 即可。

图 1-13　命令行窗口

在"开始"菜单中选择"Python 3.9"→"IDLE",启动 IDLE,显示一个交互式 Python 运行环境,IEDL 中 Python 代码可以高亮显示,如图 1-14 所示。

图 1-14　IDLE 主窗口

2. 文件式

文件式是将 Python 程序写在一个或多个文件中,启动 Python 解释器批量执行文件中的代码。在 IDLE 窗口菜单栏选择"File"→"New File"菜单项,弹出一个未命名（Untitled）的脚本窗口,可以直接编写 Python 代码。代码编写完成后按 Ctrl+S 保存为后缀名为 .py 的文件,如图 1-15 所示。

图 1-15　Python 文件窗口

在窗口菜单栏中选择"Run"→"Run Module"菜单项,或按 F5 快捷键,可以运行程序,如图 1-16 所示。

图 1-16　运行程序结果

也可以在 Windows 命令行窗口中运行 Python 文件，如图 1-17 所示。

图 1-17 Windows 命令行窗口运行 Python 程序

（四）第三方开发工具

除了 Python 自带的 IDLE 以外，还有很多能够进行 Python 编程的开发工具，如 Python、Visual Studio+PTVS、Eclipse+PyDev 等。

三、程序的格式框架

（一）注释

注释用来向用户提示或解释某些代码的作用和功能，它可以出现在代码中的任何位置。Python 解释器在执行代码时会忽略注释，不做任何处理。注释分为单行注释和多行注释。

1. 单行注释

Python 中单行注释采用 # 开头。单行注释可以放在被注释代码的后面，也可以作为单独一行放在被注释代码的上方。例如，

```
# 第一个注释
print('Hello, Python!')  # 第二个注释
```

2. 多行注释

当注释内容较多，放在一行不便于阅读时，可以适用多行注释。Python 使用三个连续的单引号（'''）或者三个连续的双引号（"""）将多行注释的内容括起来。例如，

```
'''
第一行注释
第二行注释
第三行注释
'''
print('Hello, Python!')
```

或者

```
"""
第一行注释
第二行注释
第三行注释
"""
print('Hello,Python!')
```

注：多行注释通常用来为 Python 文件、模块、类或者函数等添加版权或者功能描述信息。

（二）缩进

Python 使用代码块的缩进来体现代码之间的逻辑关系。缩进的空格数是可变的，但是同一个代码块的语句必须包含相同的缩进空格数，缩进不一致会导致代码运行错误。

Python 中实现对代码的缩进，可以使用空格或者 Tab 键实现，通常情况下都是采用 4 个空格长度作为一个缩进量（默认情况下，一个 Tab 键表示 4 个空格）。

（三）续行符

Python 程序是逐行编写的，每行代码长度并无限制，但是单行代码太长不利于阅读，因此，可以使用反斜杠（\）将单行代码分割成多行表达式。例如，

```
>>> print('北国风光，千里冰封，万里雪飘。\
望长城内外，惟余莽莽；大河上下，顿失滔滔。\
山舞银蛇，原驰蜡象，欲与天公试比高。\
须晴日，看红装素裹，分外妖娆。')
北国风光，千里冰封，万里雪飘。望长城内外，惟余莽莽；大河上下，顿失滔滔。山舞银蛇，原驰蜡象，欲与天公试比高。须晴日，看红装素裹，分外妖娆。
```

注： 续行符后不能存在空格，续行符后必须直接换行。

四、变量和关键字

（一）变量

变量是一个代号，它代表的是一个数据。在 Python 中，定义一个变量的操作包含两个步骤：首先要为变量起一个名字，称为变量的命名；然后要为变量指定其所代表的数据，称为变量的赋值。

变量的命名要遵循以下规则：

- 变量名可以由字符（A～Z 和 a～z）、下画线和数字组成，但第一个字符不能是数字。
- 不能使用 Python 中的关键字或内置函数来命名变量。
- 变量名对英文字母区分大小写。
- 变量名中不能包含空格、@、% 以及 $ 等特殊字符。

例如，UserID、name、mode12、user_age 是合法的标识符，4word、try、$money 是不合法的标识符。

注： 建议使用英文字母和数字组成变量名，并且变量名有一定的意义，能够直观地描述变量所代表的数据内容。从编程习惯和兼容性角度考虑，一般不建议采用中文等非英语语言字符对变量命名。

变量的赋值用等号"="来完成，"="的左边是一个变量名，右边是该变量所代表的值。在定义变量时不需要指明变量的数据类型，在变量赋值的过程中，Python 会自动根据所赋的值类型来确定变量的数据类型。例如，

```
>>> a = 123  #a 是整数
>>> print ( a )
123
>>> a = 'ABC'  #a 变为字符串
>>> print ( a )
```

（二）关键字

关键字即保留字，是 Python 语言中一些已经被赋予特定意义的单词，不能用这些关键字作为标识符给变量、函数、类、模板以及其他对象命名。

Python 包含的关键字可以执行如下命令进行查看：

```
>>> import keyword
>>> keyword.kwlist
['False', 'None', 'True', '__peg_parser__', 'and', 'as', 'assert', 'async', 'await',
'break', 'class', 'continue', 'def', 'del', 'elif', 'else', 'except', 'finally', 'for',
'from', 'global', 'if', 'import', 'in', 'is', 'lambda', 'nonlocal', 'not', 'or', 'pass',
'raise', 'return', 'try', 'while', 'with', 'yield']
```

五、数据类型

Python 中有 6 种标准的数据类型：数字类型、字符串类型、列表类型、元组类型、字典类型、集合类型。

（一）数字类型

Python 支持 4 种类型的数字：int（整数类型）、float（浮点数类型）、bool（布尔类型）、complex（复数类型）。

整数类型与数学中的整数一致。一个整数值可以表示为十进制、二进制、八进制和十六进制等不同进制形式。浮点数类型与数学中的小数一致。一个浮点数可以表示为带有小数点的一般形式，也可以采用科学计数法表示。浮点数只有十进制形式。布尔类型只有 True 和 False（注意首字母必须大写）两个值，也可以是使用 0 和 1 进行表示。复数类型与数学中的复数一致，采用 a+bj 的形式表示，其中 a 是实部，b 是虚部。

例如，

```
>>> a = 1  #a 为整数类型
>>> b = 1.1  #b 为浮点数类型
>>> c = False  #c 为布尔类型
>>> d = 1+2j  #d 为复数类型
```

（二）字符串类型

1. 字符串

字符串是由一个个字符连接起来的组合，组成字符串的字符可以是数字、字母、符号、汉字等。单行字符串可以由一对单引号或双引号作为边界来表示，单引号和双引号作用相同。当使用单引号时，双引号可以作为字符串的一部分；使用双引号时，单引号可以作为字符串的一部分。多行字符串可以由三单引号或三双引号作为边界来表示，两者作用相同。

反斜杠字符（\）是一个特殊字符，在 Python 字符串中表示"转义"，即该字符与后面相邻的一个字符共同组成了新的含义。例如，\n 表示换行，\t 表示制表符（Tab），\r 表示回车，\' 表示单引号，\" 表示双引号，\\ 表示反斜杠等。例如，

```
>>> print ( '这是单行字符串' )
这是单行字符串
>>> print ( "这是单行字符串" )
这是单行字符串
>>> print ( """这是 " 多行字符串 "
这是 " 多行字符串 """ )
这是 " 多行字符串 "
这是 " 多行字符串 "
>>> print ( "这是 \n 一个回车符" )
这是
一个回车符
```

2. 索引

Python 中可以对字符串进行索引和切片。

索引是指对字符串中单个字符的检索。索引的语法格式为：

< 字符串或字符串变量 >[序号]

字符串包括两种符号体系：正向递增序号和反向递减序号，如图 1-18 所示。

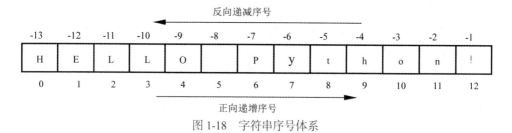

图 1-18 字符串序号体系

3. 切片

切片是指对字符串截取其中一部分的操作。切片的语法格式为：

< 字符串或字符串变量 >[起始 : 结束 : 步长]

例如，

```
>>> s = 'hello Python!'
>>> s[6]
P
>>> s[6:12]   #// 获取第 7 个到第 12 个元素
Python
>>> print ( s[6:12:2] )
Pto
>>> print ( s[6:] )
Python!
>>> print ( s[-7:-1] )
Python
```

（三）列表

列表是包含 0 个或多个元素的有序序列，属于序列类型。列表没有长度限制，元素类型可以不同，不需要预定义长度。列表的语法格式为：

> 列表名 =[元素 0, 元素 1,…, 元素 n]

列表支持索引和切片操作，规则和字符串相同。列表可以进行元素增加、删除、查找、替换等操作。

例如，

```
>>> ls = [10, '11', [10,'11'], 'red']
>>> print(ls)
[10, '11', [10, '11'], 'red']
>>> ls[1]
11
>>> ls[2:4]
[[10, '11'], 'red']
>>> len(ls)    # 列表 ls 的元素个数
4
>>> ls[2] = 12    # 修改列表 ls 中第 3 个元素为 12
>>> ls
[10, '11', 12, 'red']
>>> ls.pop (2)    # 将列表 ls 中第 3 个元素删除
12
>>> print (ls)
[10, '11', 'red']
```

（四）元组

元组和列表一样，也是一种元素序列。元组的语法格式为：

> 元组名 =(元素 0, 元素 1,…, 元素 n)

元组支持索引和切片操作，规则和字符串、列表相同。但是元组类型一旦定义就不能修改，即不能添加、删除和修改元组中的元素。

例如，

```
>>> lt=(10, '11', [10,'11'], 'red')
>>> lt
(10, '11', [10, '11'], 'red')
>>> lt [2]
[10, '11']
>>> lt [2:4]
([10, '11'], 'red')
>>> len (lt)
4
>>> del lt    # 删除元组。元组中的元素不能删除，但可以删除整个元组。
```

（五）字典

字典是包含多个元素的一种可变数据类型。例如，一个班里每个人都有一个考试分数，若要把他们的姓名和分数一一对应，就需要用字典来存储数据。字典的语法格式为：

```
字典名 = { 键 1 : 值 1，键 2 : 值 2，…，键 n : 值 n}
```

字典的每个元素都由两部分组成，前一个部分称为键，后一个部分称为值，中间用冒号相连。在字典中通过"键"访问值。字典是可变的，可以进行添加、删除、修改等操作。

例如，

```
>>> dic={'丁一':85, '王二':90, '张三':70, '李四':99}
>>> dic['丁一']
'85
>>> dic['丁一']=88  #修改对应键的值
>>> dic['丁一']
88
>>> dic['赵五']=77  #增加新的键值对
>>> dic
{'丁一': 88, '王二': 90, '张三': 70, '李四': 99, '赵五': 77}
>>> del dic['赵五']  #删除一个键值对
>>> dic
{'丁一': 88, '王二': 90, '张三': 70, '李四': 99}
```

（六）集合

集合是一个无序不可重复的序列。集合的语法格式为：

```
集合名 = { 元素 0，元素 1，…，元素 n}
```

集合中的元素只能是不可变数据类型，如整数、浮点数、字符串、元组等，而列表、字典和集合本身都是可变数据类型，不能作为集合的元素出现。

例如，

```
>>> set1 = {1, 1, 2, 3, 4, 5}
>>> set1
{1, 2, 3, 4, 5}
>>> set1.add('a')  #向集合 set1 中添加元素
>>> set1
{1, 2, 3, 4, 5, 'a'}
>>> set1.remove(1)  #删除集合中的一个元素
>>> set1
{2, 3, 4, 5, 'a'}
>>> set2 = {1, 2, 3}
>>> set1&set2  #获取两个集合的交集
{2, 3}
```

六、运算符

运算符主要用于将数据（数字和字符串）进行运算及连接。常用的运算符有算术运算符、比较运算符、赋值运算符和逻辑运算符。

（一）算术运算符

算术运算符也即数学运算符，用来对数字进行数学运算，比如加、减、乘、除。Python

支持的算术运算符如表 1-3 所示。

表 1-3　Python 算术运算符

运算符	说　　明	实　　例
+	两个对象相加	2 + 3 结果为 5
−	两个对象相减	3−2 结果为 1
*	两个数相乘或返回一个重复若干次的序列	2 * 3 结果为 6; 'abc' * 2 结果为 'abcabc'
/	两个数相除	3 / 2 结果为 1.5
//	整除，返回商的整数部分	3 // 2 结果为 1，3 // 2.0 结果为 1.0
%	求余 / 取模，返回除法的余数	3 % 2 结果为 1，3 % 2.0 结果为 1.0
**	求幂 / 次方	2 ** 3 结果为 8

"+" 和 "*" 除了能作为算术运算符对数字进行运算，还能作为字符串运算符对字符串进行运算。"+" 用于拼接字符串，"*" 用于将字符串复制指定的份数。

（二）比较运算符

比较运算符也称关系运算符，用于对常量、变量或表达式的结果进行大小比较。如果这种比较是成立的，则返回 True（真），反之则返回 False（假）。Python 支持的比较运算符如表 1-4 所示。

表 1-4　Python 比较运算符

运算符	说　　明	实　　例
<	严格小于	3 < 5 结果为 True，5 < 5 结果为 False
<=	小于或等于	3 <= 5 结果为 True，5 <= 5 结果为 True
>	严格大于	5 > 3 结果为 True，5 > 5 结果为 False
>=	大于或等于	5 >= 3 结果为 True，5 >= 5 结果为 True
==	等于	1 == 1.0 == True 结果为 True
!=	不等于	1 != 2 结果为 True
is	判断两个标识符是否引用自一个对象	x is y, 如果 id(x) == id(y)，即 x 也与 y 的指向同一个内存地址，则结果为 1，否则结果为 0
is not	判断两个标识符是否引用自不同对象	x is not y, 如果 id(x) != id(y)，即 x 和 y 指向不同的内存地址，则结果为 1，否则结果为 0

（三）赋值运算符

赋值运算符用来把右侧的值传递给左侧的变量（或者常量）；可以直接将右侧的值交给左侧的变量，也可以进行某些运算后再交给左侧的变量。Python 支持的赋值运算符如表 1-5 所示。

表 1-5　Python 赋值运算符

运算符	描　　述	实　　　　例
=	简单赋值运算符	a=5, b=3, c= a−b
+=	加法赋值运算符	a+=b 相当于 a=a+b
−=	减法赋值运算符	a−= b 相当于 a =a−b
*=	乘法赋值运算符	a*=b 相当于 a= a *b
/=	除法赋值运算符	a/=b 相当于 a=a/b
//=	取整除赋值运算符	a//=b 相当于 a=a//b
%=	取模赋值运算符	a%=b 相当于 a=a%b
**=	幂赋值运算符符	a**= b 相当于 a=a**b

（四）逻辑运算符

Python 支持的逻辑运算符如表 1-6 所示。

表 1-6　Python 逻辑运算符

运算符	描　　述	实　　　　例
and	如果两个语句都为真，则返回 True	5>3 and 5<10 的结果为 True
or	如果其中一个语句为真，则返回 True	5>3 or 5<4 的结果为 True
not	反转结果，如果结果为 True，则返回 False	not(5>3) 的结果为 False

七、输入和输出

Python 中有 3 个重要的基本输入和输出函数，用于输入、转换和输出，分别是 input( )、eval( ) 和 print( )。

（一）input( ) 函数

input( ) 函数从控制台获得用户的一行输入，无论用户输入什么内容，input( ) 函数都以字符串类型返回结果。input( ) 函数可以包含一些提示性文字，用来提示用户。input( ) 函数的语法格式为：

```
<变量 >=input(<提示性文字 >)
```

例如，

```
>>>a = input('请输入：')
请输入：123
>>> a
'123'
>>> a = input("请输入：")
请输入：1+2+3
>>> a
'1+2+3'
```

（二）eval( ) 函数

eval(s) 函数将去掉字符串 s 最外侧的引号，并按照 Python 语句方式执行去掉引号后的字符内容。eval( ) 函数的语法格式为：

```
<变量>=eval(<字符串>)
```

例如，

```
>>> a = eval('123')
>>> a
123
```

注： eval( ) 函数经常和 input( ) 函数一起使用，用来获取用户输入的数字，使用方式：

```
<变量>=eval(input(<提示性文字>))
```

此时，用户输入的数字，input( ) 函数解析为字符串，经由 eval( ) 函数去掉字符串引号，将被直接解析为数字保存到变量中。例如，

```
>>> a = eval(input("请输入："))
请输入：1+2+3
>>> a
6
```

（三）print( ) 函数

print( ) 函数用于输出运算结果。根据输出内容的不同，有 3 种用法。

1. 仅用于输出字符串或单个变量，语法格式为：

```
print(<待输出字符串或变量>)
```

对于字符串，print( ) 函数输出后将去掉两侧单引号或双引号，输出结果是可打印字符。对于其他类型，直接输出表示，作为可打印字符。例如，

```
>>> print("abc")
abc
>>> print(123)
123
```

2. 仅用于输出一个或多个变量，语法格式为：

```
print(<变量1>,<变量2>,…,<变量n>)
```

输出后的各变量之间用一个空格分隔。例如，

```
>>> print(1, 2, 3, "abc")
1 2 3 abc
```

3. 用于混合输出字符串与变量值，语法格式为：

```
print(<输出字符串模板>.format(<变量1>,<变量2>,…,<变量n>)
```

其中输入字符串模板中采用 {} 表示一个槽位置，每个槽位置对应 .format( ) 中的一个变量。例如，

```
>>> a=10
>>> b=20
>>> print("数字 {} 和数字 {} 的乘积是 {}".format(a,b,a*b))
数字 10 和数字 20 的乘积是 200
```

注：print( ) 函数输出文本时默认会在最后增加一个换行，如果不希望在最后增加这个换行，或者希望输出文本后增加其他内容，可以对 print( ) 函数的 end 参数进行赋值。语法格式为：

```
print(<待输出字符串或变量>,end="<增加的输出结尾>")
```

例如，

```
>>> print(24,end="%")
24%
```

八、程序控制结构

（一）顺序结构

顺序结构是程序按照线性顺序依次执行的一种方式，如图 1-19 所示。

（二）分支结构

分支结构是程序根据条件判断结果而选择不同向前执行路径的一种运行方式。

1. 单分支结构：if

单分支控制过程的流程图如图 1-20 所示。

Python 中的单分支结构使用 if 关键字对条件进行判断，语法格式为：

```
if  <条件>:
    <语句块>
```

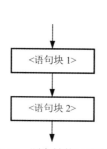

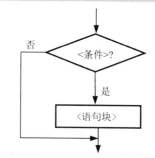

图 1-19　顺序结构的流程图　　　　图 1-20　单分支结构的控制流程图

<语句块> 是 if 条件满足后执行的一个或多个语句序列，缩进表达 <语句块> 与 if 的包含关系。如果条件为真，则执行 <语句块>，否则跳过 <语句块>。例如，

```
# 判断用户输入数字的奇偶性
s=eval(input("请输入一个整数："))
if s%2==0:
    print("这是一个偶数")
print("这是一个奇数")
```

运行结果如下：

> 请输入一个整数：123
> 这是一个奇数

注： 在 Python 中，当条件的值为非零的数或非空的字符串，if 语句也认为是条件成立。

2. 二分支结构：if-else

二分支控制过程的流程图如图 1-21 所示。

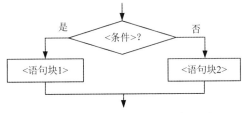

图 1-21 二分支控制过程的流程图

Python 中的二分支结构使用 if-else 关键字对条件进行判断，语法格式为：

```
if  <条件>:
<语句块 1>
else:
    <语句块 2>
```

例如，

```
# 判断用户输入的数字是否是 2 和 3 的公倍数
s=eval(input("请输入一个整数："))
if s%2==0 and s%3==0:
    print("这个数是 2 和 3 的公倍数")
else:
    print("这个数不是 2 和 3 的公倍数")
```

运行结果如下：

> 请输入一个整数：123
> 这个数不是 2 和 3 的公倍数

3. 多分支结构：if-elif-else

多分支结构控制流程图如图 1-22 所示。

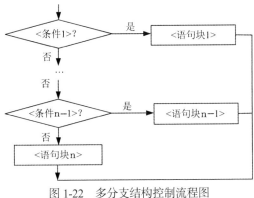

图 1-22 多分支结构控制流程图

　　Python 中的多分支结构使用 if-elif-else 关键字对多个相关条件进行判断，并根据不同条件的结果按照顺序选择执行路径，语法格式为：

```
if   <条件1>:
    <语句块1>
elif <条件2>:
    <语句块2>
…
else:
    <语句块n>
```

　　例如，

```
# 根据百分制成绩输出成绩等级
```

```
score=eval(input("请输入一个百分制成绩："))
if score >= 90:
    print("成绩优秀")
elif score >= 80:
    print("成绩良好")
elif score >= 70:
    print("成绩中")
elif score >= 60:
    print("成绩及格")
else:
    print("成绩不及格")
```

　　运行结果如下：

```
请输入一个百分制成绩：65
成绩及格
```

（三）循环结构

　　循环结构是程序根据条件判断结果向后执行的一种运行方式。Python 中的循环结构包括两种：遍历循环和无限循环。

　　1. 遍历循环：for

　　遍历循环的流程图如图 1-23 所示。

　　Python 中的 for 关键字实现遍历循环，语法格式为：

```
for <循环变量> in <遍历结构>
    <语句块>
```

　　例如，

```
# 计算 1+2+…+100
sum=0  # 保存累加结果的变量
for i in range(101):  # 逐个获取从 1 到 100 这些值，并做累加操作
    sum += i
print("1+2+…+100=",sum)
```

　　运行结果如下：

```
1+2+...+100= 5050
```

2. 无限循环：while

无限循环的流程图如图 1-24 所示。

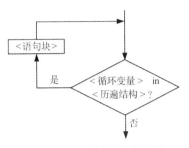
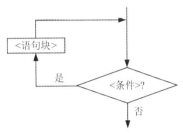

图 1-23　遍历循环的流程图　　　　图 1-24　无限循环的流程图

Python 中的 while 保留字实现无限循环，语法格式为：

```
while  <条件>:
    <语句块>
```

例如，

```
# 计算 1+2+…+100
i=1
sum=0   # 保存累加结果的变量
while i<=100:
    sum += i
    i=i+1
print("1+2+…+100=",sum)
```

运行结果如下：

```
1+2+…+100=5050
```

3. 循环控制：break 和 continue

循环结构有两个辅助循环控制的关键字：break 和 continue。

break 用来跳出最内层 for 或 while 循环，脱离该循环后程序继续执行循环后续代码。例如，

```
for s in 'Python':
    if s=='o':
        break
    print('当前字母为',s)
```

运行结果如下：

```
当前字母为 P
当前字母为 y
当前字母为 t
当前字母为 h
```

continue 的作用是中断本次循环的执行，继续执行下一轮循环。例如，

```
# 打印 100 以内的偶数
for i in range(100):
    if i%2==1:
        continue
    print(i,end=" ")
```

运行结果如下：

```
   0 2 4 6 8 10 12 14 16 18 20 22 24 26 28 30 32 34 36 38 40 42 44 46 48
50 52 54 56 58 60 62 64 66 68 70 72 74 76 78 80 82 84 86 88 90 92 94 96 98
```

九、函数

函数是将具有独立功能的代码块组织成一个整体，使其具有特殊功能的代码集。使用函数可以提高代码的复用性，降低编程的难度，提高程序编写的效率。

（一）函数的定义

定义函数的语法格式为：

```
def < 函数名 >(< 形式参数列表 >):
    < 函数体 >
return < 返回值列表 >
```

在创建函数时，形式参数列表设置该函数可以接收多少个参数，多个参数之间用逗号（,）分隔。即使函数不需要参数，也必须保留一对空的"( )"，否则 Python 解释器将提示"invalid syntax"错误。另外，如果想定义一个没有任何功能的空函数，可以使用 pass 语句作为占位符。

例如，

```
# 定义一个函数比较两个数的大小，并返回较大的数
def max(a,b):
    if a>b:
        return a
    else:
        return b
```

（二）调用函数

定义后的函数不能直接运行，需要经过"调用"方可运行。因此，在 Python 中函数必须"先定义，后调用"。调用函数的语法格式为：

```
< 函数名 >(< 实际赋值参数列表 >)
```

调用上面定义的函数 max，

```
>>> print(max(10,8))
10
```

（三）函数的返回值

Python 函数使用 return 语句返回"返回值"。所有函数都有返回值，如果没有 return 语句，会隐式地调用 return None 作为返回值。如果函数执行了 return 语句，函数会立刻返回，结束调用，return 语句之后的其他语句都不会被执行。

return 语句可以出现在函数的任何部分，同时可以将 0 个、1 个或多个函数运算的结果返回给函数被调用处的变量。当有多个返回值时，可以使用一个变量（元组数据类型）或多个变量保存结果。例如，

```
# 没有返回值的函数
def multiply(a,b):
    a*b
print(multiply(2,5))
# 有一个返回值的函数
def multiply(a,b):
    return a*b
print(multiply(2,5))
# 有多个返回值的函数
def multiply(a,b):
    return a+b,a-b,a*b
print(multiply(2,5))
```

运行结果如下：

```
None
10
(7, -3, 10)
```

（四）匿名函数

Python 中使用关键字 lambda 创建匿名函数，其主体仅仅是一个表达式而不需要使用代码块。匿名函数并不是没有名字，而是将函数名作为函数的结果返回。语法格式为：

```
< 函数名 >=lambda< 形式参数列表 >: < 表达式 >
```

例如，

```
add=lambda x,y:x+y  # 匿名函数
print(add(10,20))
```

（五）内置函数

Python 将一些常用的功能封装成了一个一个的函数，可以拿来即用，这些函数就称为内置函数，到目前为止 Python 提供的内置函数一共是 68 个。常用内置函数如表 1-7 所示。

表 1-7　常用内置函数

函数名	描　　述	语　　法
abs()	绝对值	abs(数字)
filter()	过滤，返回一个迭代器对象的内存地址	filter(函数名 , 可迭代对象)

续　表

函数名	描　　述	语　　法
map()	指定元素操作，返回一个迭代器对象的内存地址	map(函数名 , 可迭代对象)
zip()	拉链，可迭代对象是字典的时候只获取键，返回一个迭代器对象的内存地址	zip(可迭代对象 ,……可迭代对象)
sorted()	排序，默认为升序，返回一个新列表不修改原基础，指定 reverse 为 True 时为降序	sorted(可迭代对象，key= 函数名，reverse=True)
reversed()	反转，返回一个迭代器对象的内存地址	reversed(可迭代对象)
max()	最大值，可以自定义规则	max(可迭代对象 ,key= 规则)
min()	最小值，可以自定义规则	min(可迭代对象 ,key= 规则)
sum()	求和，不能使用字符串	sum(可迭代对象)
reduce()	累计算，函数要有两个形参，不能使用字符串	reduce(函数名 , 可迭代对象)
format()	除了格式化还可以进行进制转换，b 二进制 d 十进制 o 八进制 x 十六进制，> 右对齐，< 左对齐，^ 居中，可以指定位数	format(整数 ,"8b") format(元素 ,">20")

十、模块

如果程序中包含多个可以重复使用的函数或类，则可以把相关的函数和类分组包含在单独的模块中。简单来说，每一个以 ".py" 为后缀名的文件都可以称为一个模块。使用模块最大的好处是大大提高了代码的可维护性。其次，编写代码不必从零开始。当一个模块编写完毕，就可以被其他地方引用。

Python 的模块主要分为 3 种。

（一）内置模块

在安装 Python 时会默认安装一些内置模块，称之为标准库或内置库，如 math 模块、random 模块、os 模块和 sys 模块等。

（二）第三方的开源模块

在进行 Python 程序开发时，除了可以使用 Python 内置的标准模块外，还有很多第三方模块可以使用。

在使用第三方模块时，需要先下载并安装该模块，然后就可以像使用内置模块一样导入并使用了。可以使用 Python 中的 pip 关键字下载和安装第三方模块，例如安装 numpy 库，如图 1-25 所示。

图 1-25　下载安装 numpy 库

（三）自定义模块

Python 用户可以将自己的代码或函数封装成模块，以方便在编写其他程序时调用，这样的模块称为自定义模块。需要注意的是，自定义模块不能和内置模块重名，否则将不能再导入内置模块。

要在 Python 中使用模块，首先需要使用 import 关键字导入模块，主要有以下两种方法：

1. import 模块名 1[as 别名 1], 模块名 2[as 别名 2]，……

使用这种语法格式的 import 语句，会导入指定模块中的所有成员（包括变量、函数、类等）。不仅如此，当需要使用模块中的成员时，需用该模块名（或别名）作为前缀，否则 Python 解释器会报错。

2. from 模块名 import 成员名 1[as 别名 1], 成员名 2[as 别名 2]，……

使用这种语法格式的 import 语句，只会导入模块中指定的成员，而不是全部成员。同时，当程序中使用该成员时，无需附加任何前缀，直接使用成员名（或别名）即可。

例如，

```
import sys,os  # 导入 sys 和 os 模块
print(sys.platform)  # 获取当前系统平台
print(sys.getdefaultencoding( ))  # 获取系统当前编码
print(os.getcwd( ))  # 返回程序的当前路径
print(os.getlogin( ))  # 获得当前系统登录用户名称
print(os.cpu_count( ))  # 获得当前系统的 CPU 数量
from math import fabs,sqrt  # 只导入 math 中的 fabs 和 sqrt 函数
print(fabs(-10))  # 打印 -10 的绝对值
print(sqrt(9))  # 打印 9 的平方根
```

运行结果如下：

```
win32
utf-8
C:\Users\LHC
LHC
8
10.0
3.0
```

十一、文件

（一）文件的类型

文件是数据的集合和抽象。文件包括文本文件和二进制文件。

1. 文本文件

文本文件存储的是常规字符串，由若干文本行组成，每行以换行符（\n）结尾。常规字符串是指记事本或其他文本编辑器能正常显示、编辑并且能够直接被阅读和理解的字符串，如英文字母、汉字、数字字符串。文本文件可以使用文字处理软件如 gedit、记事本进行编辑。

2. 二进制文件

二进制文件把对象内容以字节串进行存储，无法用记事本或其他普通文字处理软件直接进行编辑，通常也无法被直接阅读和理解，需要使用专门的软件进行解码后读取、显示、修改或执行。常见的如图形图像文件、音视频文件、可执行文件、资源文件、各种数据库文件、各类 Office 文档等都属于二进制文件。

文本文件和二进制文件最主要的区别在于是否有统一的字符编码。文本文件一般有统一的字符编码，如 UTF-8。二进制文件没有统一的字符编码，其中的信息只能当作字节流，而不能看作字符串。

（二）文件的操作

无论是文本文件还是二进制文件，其操作流程基本都是一致的，首先打开文件并创建文件对象，然后通过该文件对象对文件内容进行读取、写入、删除、修改等操作，最后关闭并保存文件内容。

Python 中通过 open( ) 函数打开一个文件，并返回一个操作该文件的变量，语法格式为：

< 变量名 >=open(< 文件路径及文件名 >，< 打开方式 >)

其中，文件名是文件的实际名字，也可以是包含完整路径的名字。打开方式用于控制使用哪种方式打开文件（字符串方式表示），open( ) 函数提供了表 1-8 所示的 7 种基本打开方式。

表 1-8　文件打开方式

打开方式	描　　　　　述
t	文本模式（默认）
x	写模式，新建一个文件，如果该文件已存在则会报错。
b	二进制模式
+	打开一个文件进行更新（可读可写）
r	以只读方式打开文件。文件的指针将会放在文件的开头。这是默认模式
w	打开一个文件只用于写入。如果该文件已存在则打开文件，并从开头开始编辑，即原有内容会被删除。如果该文件不存在，创建新文件
a	打开一个文件用于追加。如果该文件已存在，文件指针将会放在文件的结尾。也就是说，新的内容将会被写入到已有内容之后。如果该文件不存在，创建新文件进行写入

"r" "w" "x" "a" 可以和 "b" "t" "+" 组合使用，形成既表达读 / 写又表达文件类型的方式。

打开文件后可以对内容进行读写操作，Python 中常用的文件读写方法如表 1-9 所示。

表 1-9　常用的文件读写方法

方　　法	描　　　　　述
read(size)	从文件中读取 size 个字符，当 size 省略默认读取全部字符
readline( )	从文本文件中读取一行内容，以 \n 作为结束标志
readlines( )	把文本文件中的每行文本作为一个字符串存入列表中，返回该列表
write(s)	把字符串 s 写入文件
writelines(s)	把字符串列表 s 写入文件，不添加换行符
seek(offset)	改变当前文件操作指针的位置。offset 值为 0 表示文件开头（默认），为 2 表示文件结尾

文件操作完成后，需要将文件对象进行关闭。语法格式为：

```
<变量名>.close( )
```

例如，

```
f=open('d:/test.txt','w+')   #以读写方式打开文本文件
f.write('I love Python!')   #写入一行
f.seek(0)   #移动文件指针到开头
print(f.readline( ))   #读取一行字符串
f.close( )   #关闭文件
```

十二、异常处理

在编写程序时，难免会遇到错误，有的是编写人员疏忽造成的语法错误，有的是程序内部隐含逻辑问题造成的数据错误，还有的是程序运行时与系统的规则冲突造成的系统错误，等等。当一个程序发生异常时，代表该程序在执行时出现了非正常的情况，无法再执行下去。默认情况下，程序是要终止的。如果要避免程序退出，可以使用捕获异常的方式获取这个异常的名称，再通过其他的逻辑代码让程序继续运行，这种根据异常做出的逻辑处理叫作异常处理。

Python 使用关键字 try 和 except 进行异常处理，语法格式为：

```
try:
    <语句块1>
except <异常类型1>:
    <语句块2>
...
except <异常类型n>:
    <语句块n+1>
```

例如：

```
try:
    a = int(input("输入被除数："))
    b = int(input("输入除数："))
    c = a/b
    print("您输入的两个数相除的结果是：", c )
except ValueError:
    print("数字异常，必须输入整数")
except ArithmeticError:
    print("算术错误，除数不能为0")
except:
    print("未知异常")
```

运行结果如下：

```
输入被除数：4
输入除数：0
算术错误，除数不能为0
```

try-except 语句还有一种用法，与 else 和 finally 放在一起，语法格式为：

```
try:
    <语句块 1>
except <异常类型 >:
    <语句块 2>
else:
    <语句块 3>
finally:
    <语句块 4>
```

<语句块 3> 只有在 <语句块 1> 正常执行时才会执行，而 <语句块 4> 不管 <语句块 1> 是否正常执行都会被执行，所以 finally 语句块可以看作处理该程序的首位工作。

例如，

```
try:
    a = int(input("输入被除数："))
    b = int(input("输入除数："))
    c = a/b
    print("您输入的两个数相除的结果是：", c )
except:
    print("发生异常！")
else:
    print("执行 else 块中的代码")
finally :
    print("执行 finally 块中的代码")
```

运行结果如下：

```
输入被除数：4
输入除数：2
您输入的两个数相除的结果是：2.0
执行 else 块中的代码
执行 finally 块中的代码
```

 案例实现

本单元导入案例要统计词语出现频次和生成词云，可以使用 Python 进行编程实现，操作步骤如下：

1. 安装并搭建 Python 开发环境

实际开发的时候，总是使用一个文本编辑器来写代码，完成后保存为一个文件，这样，程序可以反复运行。VSCode（Visual Studio Code）是一款由微软开发且跨平台的免费源代码编辑器，VSCode 开发环境非常简单易用，支持语法高亮、代码自动补全、代码重构、查看定义功能，并且内置了命令行工具和 Git 版本控制系统。

VSCode 安装也很简单，在官网下载相应软件包，一步步安装即可，安装过程注意安装路径设置、环境变量默认自动添加到系统中。

2. 安装第三方库 jieba、wordcloud 和 imageio

（1）jieba 库

由于中文文本中的单词不是通过空格或者标点符号分割，要统计文本中出现的词语就存在一个重要的"分词"问题。

jieba 库是 Python 中一个重要的第三方中文分词函数库，能够将一段中文文本分割成中文词语的序列。jieba 库的分词原理是利用一个中文词库，将待分词的内容与分词词库进行比对，通过图结构和动态规划方法找到最大概率的词组。除了分词，jieba 库还提供增加自定义中文单词的功能。

jieba 库需要通过 pip 指令安装，如图 1-26 所示。

（2）wordcloud 库

词云以词语为基本单元，根据其在文本中出现的频率设计不同大小以形成视觉上不同效果，形成"关键词云层"或"关键词渲染"，从而只要"一瞥"即可领略文本的主旨。

图 1-26　jieba 库的安装

wordcloud 库是专门用于根据文本生成词云的 Python 第三方库，十分常用且有趣。wordcloud 库的安装与 jieba 库类似，也可以使用 pip install wordcloud 命令进行安装。

如果安装出现错误，可以手动下载 wordcloud 安装包（后缀名为 .whl），进行本地安装。

（3）imageio 库

默认情况下生成矩形词云，也可以根据图片生成其他形状的词云，此时需要读取图片中的内容，就要用到 imageio 库。

imageio 库提供了一个易于阅读和编写广泛的图像数据，包括动画图像、体积数据和科学格式。imageio 库可以使用 pip install imageio 命令进行安装。

3. 引用模块

引用 jieba、wordcloud 和 imageio 库，代码如下：

```
import jieba
from wordcloud import WordCloud
import imageio
```

4. 读取文本数据

本任务以《国家与革命》为例统计词语出现频次并生成图云，首先要读取文本"国家与革命 .txt"的文本内容，参考代码如下：

```
# 读取文本数据
f = open('d:/ 国家与革命 .txt','r')  # 打开文本文件
txt = f.read( )  # 读取文件内容
f.close( )  # 关闭文件
```

5. 对文本数据进行分词，并进行频次统计

利用 jieba.lcut( ) 函数对文本数据进行分词，然后去除掉单个字符后统计出每个词语出现

的频次，参考代码如下：

```
# 对文本数据进行分词，并进行出现频次统计
data = jieba.lcut(txt)  # 使用精确模式进行分词
counts = {}  # 定义字典类型变量，保存词语和相应的出现频次
for word in data[::-1]:
    if len(word) == 1:  # 排除单个字符的分词结果
        data.remove(word)
    else:
        counts[word] = counts.get(word,0) + 1  # 词语出现频次累加
counts = list(counts.items( ))  # 将字典变量转换为列表类型
```

注： 正序删除列表中元素时，被删元素后面的值会向前顶，然后导致漏删。倒序删除元素时，被删元素前面的值不会向后靠，所以可以完整的遍历到列表中所有的元素。

6. 打印出现频次最高的前 10 个词语

使用 sorted( ) 函数以出现的频次为关键字降序排序，然后输出出现频次最高的前 10 个词语和次数，参考代码如下：

```
# 打印出现频次最高的前 10 个词语
counts = sorted(counts, key = lambda x:x[1], reverse=True)  # 将数据进行排序
for i in range(10):  # 打印出现频次最高的前 10 个词语
    word, count = counts[i]
    print( "{0} : {1}".format(word, count) )
```

7. 生成词云

制作五角星，保存为文件"五角星.png"，然后生成五角星形状的词云，保存到 D 盘，以"词云.png"为文件名，参考代码如下：

```
# 生成五角星形状的词云图
newword = [x[0] for x in counts]  # 读取文本中出现的词语
newtxt = " ".join(newword)  # 进行空格拼接
masks = imageio.imread('d:/五角星.png')  # 读取图片中的 RGB 内容
wordcloud = WordCloud( background_color = "white", font_path= "msyh.
ttc", mask=masks).generate(newtxt)  # 生成词云图
wordcloud.to_file('d:/词云.png')  # d:/将词云图保存到文件中
```

8. 测试运行

将代码整合在一起进行测试，执行结果如图 1-27 所示。

图 1-27　生成词云

 拓展阅读

关于编码规范

遵循一定的代码编写规则和命名规范可以使代码更加规范，对代码的理解和维护都会起到至关重要的作用。

1. 编写规则

Python 采用 PEP8 作为编码规范，其中 PEP 是 Python Enhancement Proposal（Python 增强建议书）的缩写，8 代表的是 Python 代码的样式指南。PEP8 中应该严格遵守的一些编码规则：

（1）每个 import 语句只导入一个模块，尽量避免一次导入多个模块。

（2）不要在行尾添加分号，也不要用分号将两条命令放在同一行。

（3）建议每行不超过 80 个字符，如果超过，建议使用小括号将多行内容隐式的连接起来，而不推荐使用反斜杠（\）进行连接。

此编程规范适用于绝大多数情况，但以下 2 种情况除外：

● 导入模块的语句过长。

● 注释里的 URL。

（4）使用必要的空行可以增加代码的可读性，通常在顶级定义（如函数或类的定义）之间空两行，而方法定义之间空一行，另外在用于分隔某些功能的位置也可以空一行。

（5）通常情况下，在运算符两侧、函数参数之间以及逗号两侧，都建议使用空格进行分隔。

（6）应该避免再循环中使用"+"和"+="运算符累加字符串。这是因为字符串是不可变的，这样做会创建不必要的临时对象。推荐将每个字符串加入列表，然后在循环结束后使用 join( ) 方法连接列表。

（7）使用异常处理结构提高程序容错性，但不能过多依赖异常处理结构，适当的显式判断还是必要的。

2. 命名规范

命名规范在编写代码中起到很重要的作用，虽然不遵循命名规范，程序也可以运行，但是使用命名规范可以更加直观地了解代码所代表的含义。

（1）模块名尽量短小，并且全部使用小写字母，可以使用下画线分隔多个字母。例如，game_main、game_register、bmiexponent 都是推荐使用的模块名称。

（2）包名尽量短小，并且全部使用小写字母，不推荐使用下画线。例如，com.mr、com.mr.book 都是推荐使用的包名称，而 com_mingrisoft 不推荐使用。

（3）类名采用单词首字母大写形式（即 Pascal 风格）。例如，定义一个借书类，可以命名为 BorrowBook。

（4）模块内的类采用下画线 +Pascal 风格的类名组成。例如，在 BorrowBook 类中的内部，可以使用 _BorrowBook 命名。

（5）函数、类的属性和方法的命名规则同模块类似，也是全部使用小写字母，多个字母间用下画线分隔。

（6）常量命名时常采用全部大写字母，可以使用下画线。

（7）使用单下画线的模块变量或者函数是受保护的，在使用 from ××× import * 语句从模块中导入时这些变量或者函数不能被导入。

（8）使用双下画线开头的实例变量或方法是类私有的。

练习与提高

1. 在网上查找政府工作报告，统计出现次数前 5 名的词语，并进行词云图展示。

2. 使用 Python 编写程序，批量更改图像尺寸到统一大小，修改图片名称。

3. 使用 Python 编写程序，爬取网站数据进行分析。

技术体验一　游戏设计

一、体验目的

1. 加深对 Python 语法的理解；
2. 了解 Python 的应用领域。

二、体验内容

设计制作一款猜数字的小游戏，游戏规则：系统随机生成 1 到 1 000 之间的一个数，猜错系统会提示猜大了还是猜小了，直到猜对为止。

三、体验环境

Python3.9、Microsoft VS Code。

四、体验步骤

1. 安装 Python。
2. 安装 Visual Studio Code。
3. 导入需要用到的模块。

```
# 导入需要用到的模块
import tkinter as tk
import tkinter.messagebox
import random
import re
from PIL import ImageTk, Image
```

4. 产生一个 1 到 1 000 之间的随机整数。

使用 random 可以产生一个随机数，参考代码如下：

```
answer = random.randint(1,1000)
```

5. 界面设计。

Tkinter 模块（Tk 接口）是 Python 的标准 Tk GUI 工具包的接口，可良好地运行在绝大多数平台中。Tkinter 是内置到 Python 的安装包中，安装好 Python 之后能直接导入 Tkinter 库，而且 IDLE 也是用 Tkinter 编写而成，对于简单的图形界面 Tkinter 能应付自如。

参考代码如下：

```
# 界面设计
game = tk.Tk( )  # 生成主窗口
game.geometry('450x250')  # 设定主窗口大小
game.title('欢迎来到猜数字小游戏')  # 设定主窗口的标题
label1 = tk.Label(game, fg='Black',
        text ="游戏规则：系统随机生成 1 到 1000 之间的一个数，"
            "请你来猜这个数。如果猜中，系统将会提示你猜测成功。"
            "不幸如果猜错，系统将会提示你猜大或者猜小，"
```

```
                    "直至你猜出正确答案为止，祝你玩得开心！",
                wraplength=250,justify='left',font = ('微软雅黑',12))
        label1.grid(row=0, padx=20, pady=8, columnspan=2, rowspan=2)   # 使用 grid
函数对组件进行布局
        label2 = tk.Label(game, text='请输入你猜测的数字 :', fg='white',
            bg='DodgerBlue', font = ('微软雅黑',12))  # 建立第二个标签，提示输入
        label2.grid(row=2, column=0, sticky='w', padx=5)
        text = tk.Entry(game, width=20)  # 建立一个 Entry 文本框
        text.grid(row=2, column=1, sticky='w')  # 创建一个 Tkinter 兼容的照片图像
        pilImage = Image.open("D:/think.png")
        tkImage = ImageTk.PhotoImage(image=pilImage)
        label3 = tk.Label(image=tkImage)  # 建立一个存放图片的标签
        label3.grid(row=0, rowspan=2, column=2, pady=10)
```

6. 定义触发函数。

参考代码如下：

```
    # 定义一个函数，在鼠标触发确定按钮时实现该函数
    def hit( ):
        global answer
        guess_number = text.get( )          # 使用 get 函数获取文本框中的内容
        if guess_number == ":
            tk.messagebox.showerror("警告", "Oh！输入不能为空")
        elif not re.findall('[0-9]+',str(guess_number)):   # 使用正则表达式判断输
                                                           入是否为数字
            tk.messagebox.showerror("警告", "Oh！只能输入一个数字")
        else:
            guess_number = int(float(guess_number))
            if guess_number > answer:
                tkinter.messagebox.showinfo("错误", "Oh~ 你猜的数字太大啦")
            elif guess_number < answer:
                tkinter.messagebox.showinfo("错误", "Oh~ 你猜的数字太小啦")
            else:
                h = tkinter.messagebox.askyesno("正确", "Oh~ 恭喜你，猜对啦！\n
再来一次吗")
                if h== False:
                    game.quit( )
                else:
                    answer = random.randint(1, 1000)
```

7. 制作界面上的"确定"按钮。

参考代码如下：

```
    # 建立一个按钮
    button2 = tkinter.Button(game, text='确定', command=hit, width=10,
                fg='white', bg='DodgerBlue', font=('微软雅黑',12))
    button2.grid(row=2, column=2, sticky='s', padx=8, pady=8)
```

8. 使用 mainloop 进入事件（消息）循环。

参考代码如下：

```
# 使用 mainloop 进入事件（消息）循环
game.mainloop( )
```

五、结果

程序运行参考结果如图 1-28 所示。

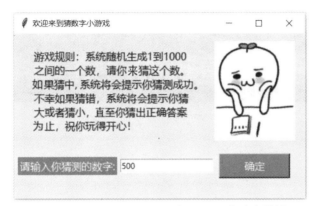 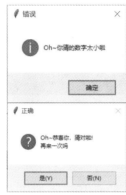

图 1-28　运行参考结果

深度技术体验

网络爬虫

模块二

现代通信技术

 学习情境

通信的目标就是让世界的任何人在任何时间、任何地点都进行信息的互通。大到卫星，小到 SIM 卡，通信技术覆盖于人们生活的方方面面。移动通信、光纤通信、微波通信、卫星通信、计算机通信，都属于通信的一部分。在本模块中，将对现代通信技术的概念、发展、传输技术、组网技术等内容进行介绍，并对 5G 技术进行介绍。

 学习目标

知识目标

- 学习、了解现代通信的主要理论与技术。

技能目标

- 理解通信技术、现代通信技术、移动通信技术、5G 技术等概念；
- 了解现代通信技术的发展历程及未来趋势；
- 熟悉移动通信技术中的传输技术、组网技术等；
- 了解 5G 的应用场景、基本特点和关键技术；
- 掌握 5G 网络架构和部署特点，掌握 5G 网络建设流程；
- 了解蓝牙、Wi-Fi、ZigBee、射频识别、卫星通信、光纤通信等现代通信技术的特点和应用场景。

素养目标

- 安全意识：了解通信过程中的风险，强化安全意识，提高安全风险识别能力。
- 工匠意识：工作认真负责且细心，积极上进，吃苦耐劳，勇于创新及钻研。

单元 2.1 现代通信技术概述

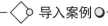导入案例

通信方式的演进

通信最主要的目的就是传递信息，人类通信的历史非常久远，远古时代人类就通过简单的语言、图符、壁画、钟鼓、烟火等方式交换信息，视觉和听觉是这个时期信息传递的基本方式。随着人类文明的进步，特别是文字和印刷术的发明，竹简、纸书、驿马邮递成为信息传递的手段。电的发明和应用使人类进入了电子通信时代，电报、电话和广播电视已成为最主要的信息传递手段。20 世纪末，Internet 作为一种新的通信媒体，向传统的通信手段发出了新的挑战。

烽火传军情："烽火"是我国古代用以传递边疆军事情报的一种通信方法，始于商周，延至明清，高台上有驻军守候，发现敌人入侵，白天燃烧柴草以"燔烟"报警，夜间燃烧薪柴以"举烽"（火光）报警。一台燃起烽烟，邻台见之也相继举火，逐台传递，须臾千里，以达到报告敌情、调兵遣将、求得援兵、克敌制胜的目的。

鸿雁传书：据《汉书·苏武传》记载，汉武帝天汉元年（公元前 100 年），汉朝使臣中郎将苏武出使匈奴，被流放到北海（今贝加尔湖）无人区牧羊。19 年后，汉朝使节赴匈，要求放苏武回去，但单于不肯，却又说不出口，便谎称苏武已经死去。汉使对单于讲："汉朝天子在上林苑打猎时，射到一只大雁，足上系着一封写在帛上的信，上面写着苏武没死，而是在一个大泽中。"单于听后大为惊奇，却又无法抵赖，只好把苏武放回。"鸿雁传书"的故事已经流传了千百年，大雁渐渐成为了邮政通信的象征。

邮递：以实物传递为基础，虽然如今写信的人越来越少，但越简单越真实，越纯朴越真情；快递是人类社会发展的的需要，主要原因是因为随着人类物质生活水平的提高服务需求面也越来越高，但其发展受制于交通运输系统的效率。

电话：电话分固定电话、移动电话与网络电话，其传递方式与传输优缺点基本相同，与网络传输不同之处在于电话不能直接传递文字图片，与邮递方式不同在于不能传递实物。

数据通信：计算机网络中传输的信息都是数字数据，计算机之间的通信就是数据通信方式，数据通信是计算机和通信线路结合的通信方式。

技术分析

信息是指各个事物运动的状态及状态变化的方式。信息是抽象的意识或知识，是摸不到、看不见的。消息是指包含有信息的语言、文字和图像等。在通信中，消息是指担负着传送信息任务的单个符号或符号序列；通信系统是实现信息传递所需的一切技术设备和传输媒质的总和；传输介质是传输信息的载体，不同的传输介质，其特性也各不相同，对网络中数据通信质量和通信速度的影响也不一样。

知识与技能

20 世纪是通信技术和计算机技术蓬勃发展的一百年，从 19 世纪的模拟电话、电报通信

到 20 世纪的 Internet，人类的通信手段发生了翻天覆地的变化。计算机的应用已经由过去的单机应用模式越来越趋向于计算机之间的互联和网络互联，通过将分布在不同位置的计算机连接在一起，实现了计算机之间的通信和数据交换。

一、通信技术的基本知识

（一）通信技术的概念

通信就是信息通过传输介质进行传递的过程，是信息或其表示方式、表示媒体的时间 / 空间转移。通信技术对生产力的发展和人类社会的进步起着直接的推动作用，是当代生产力中最为活跃的技术因素。随着社会的发展和进步，人类对信息通信的需求更加强烈，对其要求也越来越高，现代通信技术是指 18 世纪以来的以电磁波为信息传递载体的技术。

1. 消息、信息与信号的定义

（1）消息（Message）是信号要传递的包含有信息的语言、文字、和图像等关于人或事物的状态。

（2）信息（Information）是抽象的意识或知识，是看不见摸不到的，指的是各个事物运动的状态及状态变化的方式。

（3）信号（Signal）是承载信息的物理载体，指的是消息传递的形式。

2. 消息、信息与信号的关系

通信在形式上传输的是消息，实质上传输的本质内容是信息，发送端需要将信息表示成具体的消息，再将消息加载至信号上，才能在实际的通信系统中传输。在接收端将含有噪声的信号经过各种处理和变换，从而取得有用的信息。信号在接收端（信息论里称为信宿）经过处理变成文字、语言或图像等形式的消息，人们再从中得到有用的信息。消息、信息与信号的关系如图 2-1 所示。

（1）消息与信息的关系：消息携带着信息，消息是信息的运载工具；消息是信息的表现形式，信息是消息的具体内容。

（2）消息与信号的关系：信号是消息的物理体现。在通信系统中，系统传输的是信号，但本质内容的是消息。消息包含在信号之中，信号是消息的载体。通信的结果是消除或部分消除不确定性，从而获得信息。

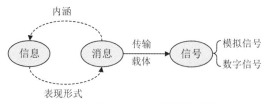

图 2-1　消息、信息与信号的关系

（二）通信系统的模型

通信的基本问题是在存储或通信等情况下，精确或者是近似再现信源发出的消息。在通信领域中，所需要研究的主要内容是通信中的有效性和可靠性，有的时候还要考虑信息传输的安全。

1. 一般通信系统模型

从通信系统的概念模型来看，通信实际上包括两大方面的问题。首先是信息的符号表示和编码，即信息如何表示，以及为了根据通信媒体的物理特性选择相应的编码。其次是通信媒体的物理特性，即怎样表示和传输编码数据。实现信息传递所需要的一切设备构成通信系统，通信系统一般由 5 个部分构成，如图 2-2 所示。

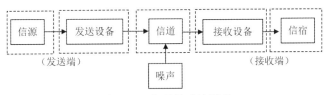

图 2-2　一般通信系统模型

（1）信源。信源将各种消息转变为原始电信号，是产生各类信息的实体。按照信源输出信号的性质来区分，信源可分为模拟信源和数字信源。

（2）发送设备。发送设备将信源产生的信号变换成能够在信道中便于传送的信号形式并送往信道。对于数字通信系统来说，发送设备包括信源编码和信道编码两个部分。

（3）信道。信道又称为传输介质，是指从发送设备到接收设备信号传递所经过的物理介质。传输介质可以是有线的，也可以是无线的，无论是有线还是无线传输，信号在传递过程中都会产生噪声干扰和信号衰减。

（4）接收设备。接收设备用于信号的识别，目的是从受到减损的接收信号中正确恢复出原始信号。它将接收到的信号放大后进行解调、译码操作，还原为原来的信号，提供给信宿。

（5）信宿。信宿将从接收设备得到的原始信号还原回相应的消息，从而完成一次信息的传递过程。

通信系统除了完成信息的传递外，有时还需要在不同的传输系统之间进行交换，传输系统和交换系统共同构成一个完整的通信系统，或称为通信网络。

2. 模拟通信系统模型

模拟通信系统是指利用模拟信号传递数据的通信系统，如图 2-3 所示。在模拟通信系统中，其信道中传输的必须是模拟信号。

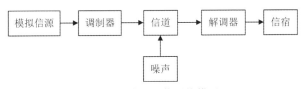

图 2-3　模拟通信系统模型

模拟通信系统主要包含两种重要变换。第一种是将连续消息变换成电信号（发送端信源完成）和把电信号恢复成最初的连续消息（接收端信宿完成）。第二种是将基带信号转换成适合信道传输的信号，这一变换由调制器完成。

3. 数字通信系统模型

数字通信系统是利用数字信号传输信息的系统，是构成现代通信网的基础。一个数字通信系统的基本任务就是把信源产生的信息变换成一定格式的数字信号，通过信道传输，到达接收端后，再变换为适宜于信宿接收的信息形式送至信宿。数字通信系统模型如图 2-4 所示。

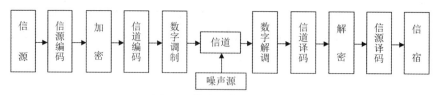

图 2-4 数字通信系统模型

由于模拟通信系统发展较久，过去和现在实际使用的国内和国际通信系统，均以模拟通信系统居多。

（三）通信中的传输介质

传输介质是通信系统中发送设备到接收设备信号传递所经过的物理通路，在传输过程中不可避免地产生信号衰减或其他损耗，而且距离越远衰减或耗损就越大。数据传输的特征和质量是由传输介质的特征和信号的特征决定的，每一种传输介质在带宽、延迟、成本和安装维护方面各不相同，传输数据的性能也不相同。

1. 同轴电缆

同轴电缆以单根铜导线为内芯（电缆铜芯），外裹一层绝缘材料（绝缘层），如图 2-5 所示，外覆密集网状导体（铜网），最外面是一层保护性塑料（外绝缘层）。金属屏蔽层能将磁场反射回中心导体，同时也使中心导体免受外界干扰。

同轴电缆的发展主要分为四代：第一代是 19 世纪中期开始利用聚乙烯材料作为实芯绝缘介质；第二代是利用化学发泡 PE 材料作为绝缘介质；第三代是藕芯纵孔 PE 材料作为绝缘介质；第四代是利用物理发泡 PE 材料作为绝缘介质。按照结构同轴电缆可分为泄漏同轴电缆、多芯同轴电缆、细径化同轴电缆、复合同轴电缆。按照用途可分为基带同轴电缆和宽带同轴电缆。

2. 双绞线

双绞线（Twisted Pair，TP）是一种综合布线工程中最常用的传输介质，一般由两根 22 ～ 26 号绝缘铜导线相互缠绕而成。实际使用时，双绞线是由多对双绞线一起包在一个绝缘电缆套管里的。如果把一对或多对双绞线放在一个绝缘套管中便成了双绞线电缆，一般直接称为"双绞线"。

双绞线既可以传输模拟信号，也可以传输数字信号。与其他传输介质相比，双绞线在传输距离，信道宽度和数据传输速度等方面均受到一定限制，但价格较为低廉。

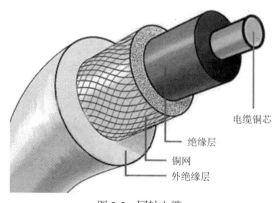

图 2-5 同轴电缆

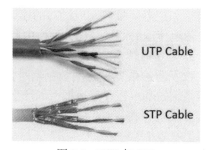

图 2-6 UTP 与 STP

（1）双绞线的分类

根据有无屏蔽层，双绞线分为屏蔽双绞线（Shielded Twisted Pair，STP）与非屏蔽双绞线（Unshielded Twisted Pair，UTP），如图 2-6 所示。两者的区别是屏蔽双绞线在双绞线与外层绝缘封套之间增加了一个屏蔽层，因而能够有效地防止电磁干扰。目前广泛使用的是非屏蔽双绞线，因为价格便宜，容易安装，性价比较高。

按照频率和信噪比进行分类，双绞线分为多个等级，每个等级的传输速率和应用环境不同。类型数字越大、版本越新，技术越先进、带宽也越宽，相应的价格也就越贵。

双绞线各类型及参数如表 2-1 所示。

表 2-1　双绞线类型及参数

网线类型	作　用	传输频率	最高传输速率
1 类线	报警系统或语音传输	750MHz	4Mbps
2 类线	旧的令牌网	1MHz	4Mbps
3 类线	10Mbps 网络	16MHz	10Mbps
4 类线	令牌局域网、10Base-T/100Base-T	20MHz	16Mbps
5 类线	100Base-T/1000Base-T	100MHz	100Mbps
超 5 类线	千兆网络	100MHz	1000Mbps
6 类线	传输速率高于 1Gbps 的网络	1 ～ 250MHz	1000Mbps
超 6 类线	万兆网络	500MHz	10Gbps
7 类线	万兆网络	600MHz	10Gbps

（2）双绞线的接头标准

在双绞线接头标准中应用最广的是 ANSI/EIA/TIA-568A（T568A）和 ANSI/EIA/TIA-568B（T568B），如图 2-7 所示。

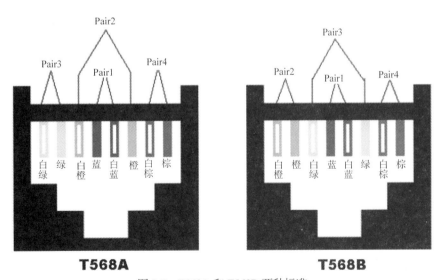

图 2-7　T568A 和 T568B 两种标准

这两个标准最主要的不同就是芯线序列的不同：T568A 的线序定义依次为白绿、绿、白橙、蓝、白蓝、橙、白棕、棕，T568B 的线序定义依次为白橙、橙、白绿、蓝、白蓝、绿、白棕、棕。

两个标准 T568A 和 T568B 没有本质的区别，只是连接 RJ-45（俗称水晶头）时 8 根双绞线的线序排列不同，在实际的网络工程施工中较多采用 T568B 标准。

3. 光纤

光纤是光导纤维的简写，是一种由玻璃或塑料制成的纤维，可作为光传导工具，如图 2-8 所示。

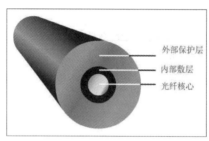

图 2-8　光纤结构

光纤一般都是使用石英玻璃制成，横截面积非常小，利用内部全反射原理来传导光束，分为单模光纤和多模光纤（模即 Mode，这里指入射角）。多模光纤直径较大，不同波长和相位的光束沿光纤壁不停地反射着向前传输，带宽约为 2.5Gbps。单模光纤的直径较细，光在其中直线传播，很少反射，所以色散减小、带宽增加，传输距离也得到加长。但是与之配套的光端设备价格较高，单模光纤的带宽超过 10Gbps。

4. 无线通信

无论使用双绞线、同轴电缆还是光纤作为传输介质，都是在通信设备之间建立一个物理的连接。在许多情况下，物理连接是不实际的，甚至是不可能的，这就需要无线通信。无线通信是指用电磁波来携带数据进行通信的方式，因为电磁波不需要任何介质来传导，所以人们把这种通信方式称为无线通信。

无线通信主要包括微波通信和卫星通信。微波是一种无线电波，它传送的距离一般只有几十千米。但微波的频带很宽，通信容量很大。微波通信每隔几十千米要建一个微波中继站。卫星通信是利用通信卫星作为中继站在地面上两个或多个地球站之间或移动体之间建立微波通信联系。

二、通信技术的发展

（一）萌芽阶段：现代通信的诞生

公元前 600 年左右，古希腊哲学家泰勒斯用家里的琥珀棒蹭一只小猫，发现琥珀棒把小猫的毛都吸起来了。泰勒斯认为，这和磁铁是一个原理，他将这种未知的神秘力量称为"电"。

1600 年，英国人威廉·吉尔伯特科学地研究了磁与电的现象，写成物理学史上第一部系统阐述磁学的科学专著《论磁》。

1752 年，美国人本杰明·富兰克林用雷电进行了各种电学实验，证明了天上的雷电与人工摩擦产生的电具有完全相同的性质。

1821 年，英国人迈克尔·法拉第发明了电动机。10 年后，他又发现了电磁感应定律，并且制造出世界上第一台能产生持续电流的发电机。

1865 年，英国物理学家詹姆斯·克拉克·麦克斯韦提出了麦克斯韦方程组，建立了经典电动力学，并且预言了电磁波的存在，说明了电磁波与光具有相同的性质，两者都是以光速传播的。

1876 年 2 月，29 岁的美国人亚历山大·格拉汉姆·贝尔向美国专利局提交了一项利用电磁感应原理进行通话的发明专利申请并获得批准，贝尔也因此被称为电话之父。

1896 年，意大利人伽利尔摩·马可尼实现了人类历史上首次无线电通信。此后无线电技术如雨后春笋般涌现出来，人类正式推开了无线通信时代的大门。

（二）蛰伏阶段：等待

在很长一段时间里，有线通信和无线通信都在各自的轨道上发展，相互间并没有走得很近。

1. 有线通信的发展

在电话被发明之后，人们的声音可以在电线上进行传输，声音信号首先转换成电信号，电信号通过电线传输，最后电信号再转换回声音信号。对于通信网络来说，要解决的主要问题就是如何布设和接续这些电线。当时的连线方式，是 1 对 1 直连模式（图 2-9），这种模式适用于用户数量很少的情况。随着用户的增加，电话网络变得越来越庞大，线路从几百条变成几千条、几万条，人们发现，传统的电话连线方式存在很大的问题。

采用直连方式，连接 N 部电话，需要 $N \times (N - 1)/2$ 条电话线，例如，10 000 部电话，就需要 49 995 000 条电话线。

图 2-9　直连模式

图 2-10　人工交换机

1878 年，世界上最早的电话交换机出现了。这种交换机，是由话务员进行人工操作的，由用户线、用户塞孔、绳路（塞绳和插塞）和信号灯等设备组成。用户要打电话，先与话务员通话，告诉话务员要找谁，然后由话务员进行接续，如图 2-10 所示。

人工交换机的缺点是显而易见的：容量很小，需要占用大量人力，工作繁重，效率低下，而且容易出错。于是，人们开始引入了"交换（Switch）"的概念。所谓"交换"，就是由交换机控制消息从哪里来，到哪里去。

1891 年，英国人 A. B. 史端乔为了避免电话转接过程中的人为干预和失误制作出了世界上第一台步进制电话交换机。为了纪念他，这种交换机被称为"史端乔交换机"，如图 2-11 所示。

图 2-11　史端乔交换机

1947 年 12 月，美国贝尔实验室的肖克莱、巴丁和布拉顿组成的研究小组，发明了晶体管。晶体管的诞生，掀起了微电子革命的浪潮，也为后来集成电路的降生吹响了号角。

1965 年，美国成功生产了世界上第一台商用存储程式控制交换机（也就是"程控交换机"），如图 2-12 所示。

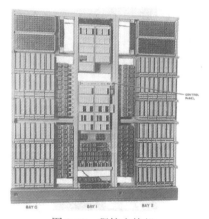

图 2-12　程控交换机

1970 年，法国拉尼翁开通了世界上第一个程控数字交换系统，标志着人类开始了数字交换的新时期。程控交换机的实质，就是电子计算机控制的交换机，它以预先编好的程序来控制交换机的接续动作，优点非常明显：接续速度快、功能多、效率高、声音清晰、质量可靠、容量大，占地面积更小。程控交换机的机架数仅为纵横制交换机的 1/10，而且每个机架的重量减轻一半多，非常有利于安装和维护。

2. 无线通信的发展

在马可尼发明无线电报之后的很长一段时间，无线通信都处于单向通信（单工通信）的状态。发信方发出信息，收信方接受信息，是一对多的方式。任何人都可以接收到发信方发出的无线电波，掌握密码本的人，才能够解密无线电波的内容。

1924 年第一条短波通信线路在瑙恩和布宜诺斯艾利斯之间建立，1933 年法国人克拉维尔建立了英法之间的第一条商用微波无线电线路，推动了无线电技术的进一步发展。

二战时期，摩托罗拉公司开发出 SCR-300 军用步话机，实现了距离可达 12.9 km 的远距离无线通信。SCR-300 采用了 FM 调频技术，具备一定的抗干扰能力和稳定的信号质量，但重量达到了 16 kg，需要专门的通信兵背负或者安装在汽车或飞机上。

1946 年，贝尔实验室在军用步话机的基础上，制造了世界第一部"移动通信电话"。虽然称为移动电话，体积却非常庞大，研究人员只能把它放在实验室的架子上，不久之后便被遗忘。直到半导体技术逐渐成熟之后，无线通信设备开始有了高速发展的基础。

1948 年，32 岁的克劳德·香农发表《通信的数学理论》，提出所有信息都可以用 0 和 1 两个数字来表达，通过数字化编码，就能实现信息的无误传输，创立了信息论，这篇文章也被称为是"数字时代的蓝图"。

3. 我国通信的发展

早在清朝末年，中国就有了电话和电话交换网络，那个时候还是人工交换机时代。1882 年，我国第一部磁石电话交换机在上海开通。1904年，北京的第一个官办电话局在东单二条胡同开通，当时使用的是 100 门人工交换机，如图 2-13 所示。

图 2-13　清朝的话务员和人工交换机

到 1949 年，我国的电话普及率不到 0.05%，全国的电话总用户数只有 26 万，我国电话交换机主要以人工交换机为主，步进制交换机为辅。

1960 年，我国自行研制的第一套 1 000 门纵横制自动电话交换机在上海吴淞局开通使用。后来，我国的通信技术发展进入了长期的停滞阶段。

1982 年，福州引进并开通了日本富士通的 F-150 万门程控电话交换机。

20 世纪 80 年代中后期，大量的中国通信设备制造企业如雨后春笋一般涌现。它们的主要研发目标，就是程控交换机。这里面，就有两家日后成长为世界级通信巨头的企业——华为和中兴。

与中兴和华为相比，大唐电信的起点要高得多。虽然 1993 年才成立，但是它依托原邮电部电信科学研究院，技术与人员均来源于后者。1986 年原邮电部一所就研制出了 DS-2000 程控数字交换机，1991 年十所又研发出了 DS-30 万门市话程控交换机，并于次年投入商用。1995 年，新成立的大唐推出了 SP30 超级数字程控交换机，容量可达 10 万门以上。

1991 年，HJD04（简称 04 机）万门数字程控交换机研制成功，从而一举打破了国外厂商的垄断。在 04 机技术基础上，巨龙通信设备有限公司成立。短短 3 年之内，其累计总销售额高达 100 多亿元，销量超过 1 300 万线，成绩相当惊人。

巨龙、大唐、中兴、华为和金鹏五朵交换机领域的金花（也称为"巨大金中华"）突破了国外厂商的重围，站住了脚跟，并一步一步改变了中国通信行业的格局。

（三）爆发阶段：从 1G 到 5G，日新月异的移动通信

1. 第一代移动通信：一家独大

移动通信的开端，理所当然地被称为 1G 时代。第一代无线通信系统和当时的有线通信系统一样都是基于模拟信号的通信方式，使用了多重蜂窝基站，允许用户在通话期间自由移

动并在相邻基站之间无缝传输通话。模拟信号有许多不足之处，比如信号容易受到干扰、语音品质低、覆盖范围不够广、容量低、保密性差等。

2. 第二代移动通信：两强对峙

20 世纪 80 年代后期，随着大规模集成电路、微处理器与数字信号技术的日趋成熟，人们开始研究模拟通信向数字通信的转型，很快就迎来了 2G 时代，数字移动通信技术闪亮登场。

为了摆脱 1G 时代通信标准被美国垄断的局面，1982 年欧洲邮电管理委员会成立了"移动专家组"，专门负责通信标准的研究。这个"移动专家组"的含义后来被改为"全球移动通信系统"（Global System for Mobile Communications），也就是大名鼎鼎的 GSM。

1G 的技术核心是 FDMA（频分多址），不同的用户使用不同频率的信道实现通信。2G GSM 的核心是 TDMA（时分多址），将一个信道平均分给 8 个通话者，一次只能一个人讲话，每个人轮流用 1/8 的信道时间。

美国高通公司推出的 CDMA（码分多址），相比于 GSM，容量更大，抗干扰性更好，安全性更高。不过由于 CDMA 起步较晚，GSM 已经在全球占据了大部分的市场份额，形成了事实上的全球主流标准。再加上使用高通的 CDMA 需要缴纳巨额的专利授权费。所以，虽然同属 2G 标准，CDMA 的影响力和市场规模和 GSM 无法相提并论。

3. 第三代移动通信：三足鼎立

20 世纪 80 年代，计算机技术日益成熟，计算机网络技术也随之得到蓬勃发展，相关基础理论逐渐完善，并最终催生出强大的互联网（Internet），计算机之间的数据通信需求呈爆炸式增长。

手机到了 2G 之后，越来越多的用户开始用得起手机。用户的需求，从能够打电话，进一步延伸到能够上网。为了对分组数据业务提供支持，移动通信演进出了 2.5G，也就是 GPRS（General Packet Radio Service，通用分组无线业务）。

GPRS 的上网速率很低，只有 115kbps，显然无法满足用户的需要。为了更快的网速，通信厂商们开始推出了 3G 技术。3G 的三大标准，分别是欧洲主导的 WCDMA、美国主导的 CDMA 2000 和中国推出的 TD-SCDMA。

2009 年中国颁发了 3G 商用牌照：中国移动的 TDS-CDMA、中国联通的 WCDMA 和中国电信的 CDMA 2000。中国对于 TD-SCDMA 的研发，相当于通信领域的"两弹一星"，从此之后，中国在通信技术标准上不再受制于人。

4. 第四代移动通信：再次统一

相比 3G，4G 网络在规范上前所未有的统一，全球均采用 LTE/LTE-Advanced 标准，最新标准下彻底取消了电路交换技术 CDMA，推出了全 IP 系统，使用 OFDM（Orthogonal Frequency Division Multiplexing，正交频分多址）提高频谱效率。MIMO（多入多出）和载波聚合等新技术的使用不仅使数据传输的速率从 3G 时代的 10 Mbps 数量级提高了 100 Mbps 的数量级，还为向 5G 演进奠定了技术基础。

4G 的重点是增加数据和语言容量，并且提高整体的体验质量，实现了更快速率的上网，基本满足了人们所有的互联网需求。人们可以随意的使用网络，包括用手机看视频、看直播、刷短视频甚至玩在线游戏，完全达到了和 Wi-Fi 相似的体验。

LTE（Long Term Evolution）原本是第三代移动通信向第四代过渡升级过程中的演进标准，包含 LTE FDD 和 LTE TDD（通常被简称为 TD-LTE）两种模式。2013 年随着 TD-LTE 的牌照发放，4G 的网络、终端、业务都进入正式商用阶段，也标志着我国正式进入了 4G

时代。

5. 第五代移动通信：万物互联

随着 4G 的广泛使用，人们对数据的使用量和延时问题的抱怨，促使各个国家和地区开始研究 5G 通信系统。

从用户的角度来说，1G 出现了移动通话，2G 普及了移动通话，2.5G 实现了移动上网，3G 实现了快速率的上网，4G 实现了更快速率的上网，并基本满足了人们所有的互联网需求，而 5G 将进一步增强人们的移动宽带应用使用体验。

从运营商和移动通信网络本身的角度来说，从 1G 到 4G，就是模拟到数字，频分到时分到码分到综合，低频到高频，低速到高速。系统的容量不断提升，安全性和稳定性也不断提升，成本在不断下降。最终，让通信从少数人的特权变成了所有人的福祉。而 5G 的超高速率和几何增长的连接密度是万物互联的基础保障，使工业互联网的应用覆盖全产业链、生产全过程成为可能。

案例实现

分组完成不同方式的通信，每组同学确定一位同学为起点，一位同学为终点，活动结束后按组讨论，总结归纳各种通信方式的优缺点。

步骤 1：手势沟通。第一位同学通过比画，向第二位同学传递信息，第二位同学比画给第三位同学，依次传递，直至最后一位同学，过程中不进行任何语言交流，由最后一位同学记录收到的信息。

步骤 2：图形沟通。第一位同学在纸上画一个东西，交给第二位同学，第二位同学在另一张纸上画出这样东西，传递给第三位同学，依次传递，直至最后一位同学，过程中不进行任何语言交流，由最后一位同学记录收到的信息。

步骤 3：语言沟通。各组同学完全打乱，同时进行信息传递，由第一位同学将一句话告诉离自己最近的一位同组同学，依次传递，直至最后一位同学，过程中尽可能做到同时说话，由最后一位同学记录收到的信息。

步骤 4：书信沟通。各组同学完全打乱，第一位同学在纸上写下一段内容，然后写上最后一位同学的座位（第几行第几列）和姓名，同组同学协助完成信息传递，由最后一位同学记录收到的信息。

步骤 5：电报通信。找一本书作为密码本，同组同学约定如何使用密码，然后用摩斯密码完成信息传递，由最后一位同学记录收到的信息。

步骤 6：电话通信。通过移动通信、微信、QQ 等方式直接语音通信，完成信息传递。

步骤 7：分组讨论，派出一位同学总结发言。

拓展阅读

北斗，北斗，收到请回答

北斗卫星导航系统（BeiDou Navigation Satellite System，BDS）是中国着眼于国家安全和经济社会发展需要，自主建设、独立运行的卫星导航系统，也是继 GPS、GLONASS 之后的第三个成熟的卫星导航系统，是中国为全球用户提供全天候、全天时、高精度的定位、导航和授时服务的国家重要空间基础设施。

图 2-14　呼叫北斗

图 2-15　北斗，北斗，收到请回答

图 2-16　活动二维码

　　智能手机是卫星导航系统最大的大众消费领域。北斗在以智能手机为代表的消费电子市场具有非常广阔的应用前景。2018 年 1 月，工业和信息化部电子信息司组织完成北斗在智能手机中的应用推广。突破了北斗服务及芯片在手机领域大规模应用的瓶颈问题，并通过了千万级应用的检验。

　　2021 年 6 月 23 日上午，北斗三号最后一颗组网卫星发射成功的同时，央视新闻与千寻位置网络有限公司联合发布了"呼叫北斗"H5 互动小应用（图 2-14），让每一个用户可以实时获取北斗卫星数据，知道自己所处的位置上，有多少颗北斗卫星可以提供服务。这个小应用迅速火遍全网，7 天之内，全球已有超过 1700 万人通过这个小应用来"呼叫北斗"。

　　"呼叫北斗"小应用给用户展示的北斗卫星数据，真实、实时。这得益于千寻位置网络有限公司建设运营全球规模最大的北斗地基增强系统"全球一张网"：通过建设在全国各地 2 600 多个地基增强站，7×24 小时全天时、全天候观测北斗卫星导航系统的电文信息，计算每颗卫星的实时位置、速度等信息，并将以上数据沉淀在"时空智能卫星实时数据监控系统"。

　　当"呼叫北斗"小应用调用用户当前所在地，与上面的数据做匹配，就能够得到当前所在地上方的北斗卫星数量。"时空智能卫星实时数据监控系统"通过接入千寻位置观测的上述数据，可以根据用户所在位置，为用户实时展现当前位置的可见北斗卫星数量，以及北斗卫星运行状态，如图 2-15 所示。

　　使用微信扫描二维码（图 2-16），查看自己所在的位置，有多少颗北斗卫星陪伴，并生成自己的海报，发送给朋友。

练习与提高

　　1. 人讲话的声音信号为（　　　）。

　　A. 模拟信号　　　　　B. 数字信号　　　　　C. 调相信号　　　　　D. 调频信号

　　2. 通信方式按照传输介质分类可以分为_____、无线通信两大类。

　　3. 一般通信系统模型由_____、发送设备、_____、接收设备和信宿等 5 个部分构成。

　　4. 主流的 3G 技术标准包括_____。

单元 2.2　现代通信技术举例

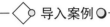◇导入案例◇

车联网中的通信

现代信息技术的核心是微电子技术、计算机技术和现代通信技术。现代通信技术主要包括数字通信、卫星通信、微波通信、光纤通信等。通信技术的普及应用，是现代社会的一个显著标志。通信技术的迅速发展大大加快了信息传递的速度，使地球上任何地点之间的信息传递速度缩短到几分钟之内甚至更短，加上价格的大幅度下降，通信能力的大大加强，多种信息媒体如数字、声音、图形、图像的传输，使社会生活发生了极其深刻的变化。

车联网概念引申自物联网（Internet of Things），根据行业背景不同，对车联网的定义也不尽相同。根据车联网产业技术创新战略联盟的定义，车联网是以车内网、车际网和车载移动互联网为基础，按照约定的通信协议和数据交互标准，在车与车、路、行人及互联网之间，进行无线通信和信息交换的大系统网络，是能够实现智能化交通管理、智能动态信息服务和车辆智能化控制的一体化网络，是物联网技术在交通系统领域的典型应用。

 技术分析

现代通信的基本特征是数字化，现代通信中传递和交流的基本上都是数字化的信息。传输技术主要有波分复用、同步数字体系、自动交换光网络和基于 SDH 的多业务传送平台等。在广域网、局域网和物联网中分别有不同的组网技术，广域网中主要有 DDN、X.25 分组交换数据网、PSTN 公共电话网、ISDN 综合业务数据网、Frame Relay 帧中继，局域网中主要有 ATM、令牌环网、FDDI 网、以太网、无线局域网，物联网中主要有移动通信、NB-IoT、LoRa、ZigBee、Wi-Fi、蓝牙等。

 知识与技能

一、通信中的传输技术

传输技术（Transmission Technology）指充分利用不同信道的传输能力构成一个完整的传输系统，使信息得到可靠传输的技术。传输系统是通信系统的重要组成部分，传输技术主要依赖于具体信道的传输特性。

（一）传输技术的概念

传输系统是通信系统的重要组成部分，传输技术主要依赖于具体信道的传输特性。古时候的火光传递信号、信鸽传书、旗语等，都属于传输技术的一部分，目的在于长距离的传递两者之间的信号。在科技时代，传输技术的应用范围更广，可以将生物信号、微电流信号长距离传送到远端的仪器或者显示设备。

1. 信道

信道分为有线信道和无线信道。有线信道又可进一步细分为架空明线、对称电缆、同轴电缆、光缆等。无线信道又可进一步分为地波传播（如级长波、超长波、长波、短波等）、天波传播（即经电离层反射传播）、视距传播（如超短波、微波）等。

2. 复用技术

有效性和可靠性是信道传输性能的两个主要指标。必须寻求提高传输效率的方法，使给定信道能传输多个信源信息，从而提高信道的利用率和传输能力，信道复用就是用来解决这个问题的。常见的复用技术有频分复用、时分复用、码分复用、波分复用等。

3. 同步技术

在某些传输方式（如数字通信系统）中，为了使系统有效和可靠地工作，还要求发信、收信两端准确同步，如比特同步、复接同步、帧同步、通信网中的网同步等，要做到这一点，需要采用同步技术。

4. 调制和最佳接收

不同传输介质的信道有各自适用的频率范围，为了使信息能在给定传输媒介的频率范围内传输，需要将信源信号的频谱搬移到给定频率范围内，可以通过选取适当的调制方式提高抗干扰能力。不同调制方式的抗干扰性能不同，在给定概率分布的噪声干扰下，对不同的调制方式可有其最佳接收方法。常用的调制方式有调幅、调频、调相等。

5. 信道编码

噪声干扰引起信号内部畸变，致使接收信号失真或产生错误。为了使信号具有抗干扰的能力，可以在传输前对信号进行处理，使其内部具有更强的规律性和相关性，以便在噪声对信号内部结构产生一定损伤时仍能根据其内在规律来发现甚至改正错误，恢复原有信息。这样的信号处理可用信道编码或差错控制编码来完成。

（二）传输技术的类型

传输技术的主要类型包括波分复用、同步数字体系、自动交换光网络和基于 SDH 的多业务传送平台等。

1. 波分复用（WDM）

WDM 技术使用单条光纤上的多个激光器同时发送波长激光，该技术具有有效性和经济性两大特点，是光纤网络扩容的重要手段。WDM 系统能够实现宽带利用率的最大化，可以将每束光波的数据传输速度提高到 10Gbps。

2. 同步数字体系（SDH）

SDH 技术是指在特定帧结构中对信号进行固定，并在电路层上进行复用，在光纤上以特定速率进行传输，是一种数字传输网络。SDH 技术的横向兼容性较好，对新型业务信号容纳、整合，组成全球通用、相互统一的数字化传输系统，提高传输可靠性。通过同步数字体系能够极大程度上降低管理及维护费用、实现灵活可靠和高效的网络运行与维护、最大限度增加网络资源的利用率。

3. 自动交换光网络（ASON）

ASON 技术的交换链接是利用网络传输智能化实现的，不仅兼具 IP 快捷性等优点，还具有 WDM 超容量功能和 SDH 保护功能，是一种高弹性且可拓展的光网络设备技术。ASON 技术的特点在于具有同步数字体系的保护功能，同时兼具 WDN 在信息储存方面的大容量特点。这些特点都能够有效帮助提高数据传输的速度，还可以提高数据处理的速度。

4. 基于 SDH 的多业务传送平台（MSTP）

MSTP 技术以 SDH 技术为核心，是一种新型的传输技术，不仅拥有 SDH 技术的传统优势，还能满足不同用户对传输数据不同的汇集要求和整合要求。MSTP 更适合处理以 TDM 业务为主的混合业务。这种新型技术的有效应用和推广，能够有助于实现向分组网的平稳过渡。

（三）传输技术的应用

光纤传输和无线传输是未来一段时期内最重要的两种传输技术。光纤传输将以其高带宽和高可靠性成为未来信息高速公路的主干传输手段；无线传输则以其高度的灵活性、机动性将成为信息社会人们普遍采用的通信形式，进而通过与光纤通信、卫星通信的结合，实现真正"全球通"。

1. 光纤传输

光纤传输是一种利用光纤作为传输媒介的方式，具有传输速率快、信息容量大、阻抗电磁噪声、维护成本较低、灵活性较好等优点。光纤传输可以对数字信号、模拟信号和视频进行传输，在极大程度上对电磁噪声进行阻抗，包括无线电、电机及周围电缆等造成的噪声，广泛应用于数字电视、语音视频等多个方面，涉及防御、军事和监控等多个领域的信息传递。

2. 无线传输

无线传输是一种利用电磁波进行信息传输的技术，具有应用成本较低、发挥稳定、变动情况较少、维护成本较低等优点。无线传输能实现即插即用，便利性较强，对环境条件的要求较低，应用时不需要布线，广泛应用于公共场合监控及大厦安防等，如超市、银行等场所。应用无线传输，可以实现功能一体化，并满足现代办公语音、视频和无线上网等方面的多种需求。

二、通信中的组网技术

组网技术就是网络组建技术，网络的类型有很多，根据不同的组网技术有不同的分类依据。设备组网配置的确定必须根据传输网络的实际需求来进行设计选择。

（一）网络拓扑

网络拓扑结构（Network Topology）是指用传输介质互联各种设备的物理布局或逻辑排列方式。如果两个网络的连接结构相同，则它们的网络拓扑相同，即使它们各自内部的物理接线、节点间距离可能会有不同。网络拓扑结构主要有星形拓扑、环形拓扑、总线型拓扑、树形拓扑、网状拓扑、蜂窝状拓扑以及混合型拓扑等。

1. 星形拓扑

星形结构是指各工作站以星形方式连接成网，如图 2-17 所示。网络有中央节点，其他节点与中央节点直接相连，这种结构以中央节点为中心，又称为集中式网络。中央节点执行集中式控制策略，负担比其他各节点重得多。

（1）优点：结构简单，连接方便，管理和维护都相对容易，而且扩展性强；网络延迟时间较小，传输误差低。

（2）缺点：可靠性低，中心节点故障全网就出问题；同时共享能力差，通信线路利用率不高。

2. 环形拓扑

环形结构由网络中若干节点通过点到点的链路首尾相连形成一个闭合的环，这种结构使公共传输电缆组成环形连接，数据在环路中沿着一个方向在各个节点间传输，信息从一个节点传到另一个节点，如图 2-18 所示。

图 2-17　星形拓扑

图 2-18　环形拓扑

（1）优点：信息流在网中沿着固定方向流动，两个节点间仅有一条通道，简化了路径选择的控制；环路上各节点的控制软件简单。

（2）缺点：信息源在环路中是串行地穿过各个节点，当环路中节点过多时会影响信息传输速率，使网络的响应时间延长；环路封闭不便于扩充；可靠性低，一个节点故障，将会造成全网瘫痪；维护难，对分支节点故障定位较难。

3. 总线型拓扑

总线型结构中所有设备均连接在一条总线上，各节点地位平等，无中心节点控制，每个节点均具有收、发功能，公用总线上的信息多以基带形式串行传递，其传递方向总是从发送信息的节点开始向两端扩散，如同广播电台发射的信息一样，因此又称为广播式计算机网络，如图 2-19 所示。各节点接受信息时进行地址检查，看是否与自己的地址相符，相符则接收信息，不相符则将信息丢弃。

（1）优点：总线型结构所需要的电缆数量少，线缆长度短，易于布线和维护。多个节点共用一条传输信道，信道利用率高。

（2）缺点：总线型网络常因一个节点出现故障而导致整个网络不通，因此可靠性不高。

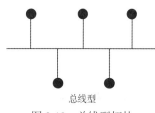
总线型
图 2-19　总线型拓扑

树形
图 2-20　树形拓扑

网状
图 2-21　网状拓扑

4. 树形拓扑

树形结构从星形结构演变而来，形状像一棵倒置的树，顶端是树根，树根以下带分支，每个分支还可再带子分支，树根接收各节点发送的数据，然后再广播发送到全网，如图 2-20 所示。我国电话网络即采用树形结构。

（1）优点：结构简单，成本低；网络中任意两个节点之间不产生回路，每个链路都支持双向传输；扩充方便灵活，寻找链路路径比较方便。

（2）缺点：在这种网络系统中，除叶节点及其相连的链路外，任何一个节点或链路产生的故障都会影响这个节点以下的网络。

5. 网状拓扑

网状结构各节点通过传输线互联起来，每一个节点至少与其他两个节点相连，具有较高的可靠性，但其结构复杂，实现起来费用较高，不易管理和维护，不常用于局域网，如图2-21所示。

（1）优点：可靠性高；可扩充性好；网络可建成各种形状，采用多种通信信道，多种传输速率。

（2）缺点：网络结构复杂，成本高，不易维护。

6. 蜂窝状拓扑

蜂窝状拓扑结构是无线局域网中常用的结构。它以无线传输介质（微波、卫星、红外等）点到点和多点传输为特征，是一种无线网，适用于城市网、校园网、企业网。

（1）优点：数据传输安全，消除了端用户通信时对中心系统的依赖性；速度快，一般用于主干网络。

（2）缺点：造价高，一般用于光纤网络；可靠性低，一个节点故障，将会造成全网瘫痪；维护难，对分支节点故障定位较难；当环路中节点过多时，影响信息传输速率，使网络的响应时间延长；环路是封闭的，不便于扩充。

7. 混合型拓扑

将两种或几种网络拓扑结构混合起来构成的一种网络拓扑结构称为混合型拓扑结构，这样的拓扑结构更能满足较大网络的拓展。

（1）优点：应用广泛，扩展灵活，速度较快。

（2）缺点：总线长度和节点数量上受限制，网络速率会随着用户的增多而下降，较难维护。

（二）广域网技术

广域网是跨地区的数据通讯网络，使用电信运营商提供的设备作为信息传输平台。常见的广域网技术有：DDN、X.25 分组交换数据网、PSTN 公共电话网、ISDN 综合业务数据网、Frame Relay 帧中继这五种。

1. DDN

DDN 是数字数据网（Digital Data Network）的简称，它由光纤、数字微波或卫星等数字传输通道和数字交叉复用设备组成，为用户提供高质量的数据传输通道，传送各种数据业务。DDN 的传输时延小、质量高，路由自动迂回，实现全透明传输，可支持数据、图像、话音等多媒体业务，适合于远程局域网间的固定互联，但租用费较高。

2. X.25 分组交换数据网

分组交换也称为包交换，它把用户要传送的数据按一定长度分割成若干个数据段，称为"分组"或"包"（Packet），然后在网络中以"存储—转发"的方式进行传送。X.25 分组交换可以实现多方通信，大大提高线路利用率，信息传递安全、可靠、传输速率高、覆盖区域广、线路租用费较低，适合于不同类型、不同速率的计算机之间的通信。

3. PSTN 公共电话网

PSTN 公共电话网是目前使用最广泛的网络系统，它的优点是覆盖区域广、易于使用、价格较低；缺点是网络线路质量较差，传输速率较低。PSTN 适合于对通信质量要求较低或作为备份网络连接的场合。

4. ISDN 综合业务数据网

ISDN 综合业务数字网实现用户线传输的数字化，提供一组标准的用户/网络接口，使用户能够利用已有的一对电话线，连接各类终端设备，分别进行电话、传真、数据、图像等多种业务通信，或者同时进行包括语音、数据和图像的综合业务（多媒体业务）通信。

5. Frame Relay 帧中继

帧中继是在用户 / 网络接口之间提供用户信息流的双向传输，并保持信息顺序不变的一种承载业务。用户信息以帧为单位进行传输，并对用户信息流进行统计复用。帧中继是 ISDN 综合业务数字网标准化过程中产生的一种重要技术，它是在数字光纤传输线路逐步替代原有的模拟线路，用户终端日益智能化的情况下，由 X.25 分组交换技术发展起来的一种传输技术。

（三）局域网技术

局域网的覆盖范围一般是方圆几千米之内，其具备的安装便捷、成本节约、扩展方便等特点使其在各类办公室内运用广泛。局域网可以实现文件管理、应用软件共享、打印机共享等功能，在使用过程当中，通过维护局域网网络安全，能够有效地保护资料安全，保证局域网网络能够正常稳定的运行。常见的局域网技术有：令牌环网、FDDI 网、ATM、以太网、无线局域网。

1. 令牌环网

令牌环网是 20 世纪 70 年代开发的，21 世纪以后这种网络比较少见。令牌环网在物理上采用了星形拓扑结构，但逻辑上仍是环形拓扑结构。其通信传输介质可以是非屏蔽双绞线、屏蔽双绞线和光纤等。在这种网络中，有一种专门的帧称为"令牌"，在环路上持续地传输来确定一个节点何时可以发送包。

优点：提供优先权服务，有很强的实时性，在重负载环路中，"令牌"以循环方式工作，效率较高。

缺点：控制电路较复杂，令牌容易丢失。

2. FDDI 网

FDDI（Fiber Distributed Data Interface，光纤分布式数据接口）是 20 世纪 80 年代中期发展起来一项局域网技术。由光纤构成的 FDDI 网的基本结构为逆向双环，一个环为主环，另一个环为备用环。当主环上的设备失效或光纤发生故障时，通过从主环向备用环的切换可继续维持 FDDI 的正常工作。这种故障容错能力是其他网络所没有的。

优点：较长的传输距离，较大的带宽，抗干扰能力强，安全性高。

缺点：成本高，网络迁移难，千兆以太网出现后逐渐被淘汰。

3. ATM 网

ATM（Asynchronous Transfer Mode，异步传输模式）的开发始于 20 世纪 70 年代后期，是一种单元交换技术，同以太网、令牌环网、FDDI 网络等使用可变长度包技术不同，ATM 使用 53 字节固定长度的单元进行交换，由于没有共享介质或包传递带来的延时，非常适合音频和视频数据的传输。

优点：吸取了电路交换实时性好，分组交换灵活性强的特点；采取定长分组（信元）作为传输和交换的单位；具有优秀的服务质量。

缺点：开销太大；技术复杂且价格昂贵。

4. 以太网

以太网是现实世界中最普遍的一种计算机网络。经典以太网是以太网的原始形式，运行速度从 3 ～ 10 Mbps 不等；而交换式以太网可运行在 100 Mbps、1 000 Mbps 和 10 000 Mbps，分别以快速以太网、千兆以太网和万兆以太网的形式呈现。IEEE 组织的 IEEE 802.3 标准制定了以太网的技术标准，它规定了包括物理层的连线、电子信号和介质访问层协议的内容。以太网是应用最普遍的局域网技术，取代了其他局域网技术，如令牌环、FDDI。

优点：价格低廉；维护和管理简单；软件支持丰富。

缺点：网络传输延时较大，吞吐量较小。

5. 无线局域网

WLAN 是 Wireless Local Area Network 的简称，应用无线通信技术将计算机设备互联起来，构成可以互相通信和实现资源共享的网络体系。无线局域网与传统的局域网最大的不同之处就是传输介质不同，传统局域网都是通过有形的传输介质进行连接的，如同轴电缆、双绞线和光纤等，而无线局域网则是采用空气作为传输介质的。正因为它摆脱了有形传输介质的束缚，所以这种局域网的最大特点就是网络的构建和终端的移动更加灵活，只要在网络的覆盖范围内，可以在任何一个地方与服务器及其他工作站连接，而不需要重新铺设电缆。

优点：灵活性和移动性强；安装便捷；易于网络规划和调整；故障定位容易。

缺点：网络性能不稳定；传输速度不稳定；安全性较低。

（四）物联网技术

物联网技术（Internet of Things，IoT）起源于传媒领域，是信息科技产业的第三次革命。物联网是指通过信息传感设备，按约定的协议，将任何物体与网络相连接，物体通过信息传播媒介进行信息交换和通信，以实现智能化识别、定位、跟踪、监管等功能。市场上物联网的组网技术主要有移动通信、NB-IoT、LoRa、ZigBee、Wi-Fi、蓝牙等。

1. 移动通信

移动通信技术主要应用在设备上网的场景。适合单个设备或者少量设备在无人值守或者偏远地区，没有有线网络宽带但是数据又需要传输到互联网的场景。例如街边的无人售货机、蜂巢储物柜等。但是通常使用 3G/4G/5G 技术的设备都需要使用 SIM 卡，需要付费。

优点：远距离（10 km），可接入互联网，移动性强。

缺点：4G/5G 成本高、功耗大，3G 即将退网。

2. NB-IoT

针对 3G/4G/5G 的缺点，一种新的技术诞生了，窄带物联网（Narrow Band Internet of Things, NB-IoT）可直接部署于 GSM 网络、UMTS 网络或 LTE 网络，以降低部署成本、实现平滑升级。

优点：远距离（10 km），低功耗，可接入互联网（可插手机卡），移动性强。

缺点：这几年高速发展，慢慢覆盖全国，但是某些地区仍没信号。

3. LoRa

LoRa 是低功耗局域网无线标准。它最大特点就是在同样的功耗条件下比其他无线方式传播的距离更远，实现了低功耗和远距离的统一，它在同样的功耗下比传统的无线射频通信距离扩大 3 ~ 5 倍。

优点：远距离（城镇 2 ~ 5 km，郊区 15 km），低功耗，安全。

缺点：速度慢，不可接入互联网。

4. ZigBee

ZigBee 是一种低速短距离传输的无线协议，主要是依靠无线网络进行传输，它能够近距离进行无线连接，属于无线网络通信技术，底层是采用 IEEE 802.15.4 标准规范的媒体访问层与物理层。主要特点有低速、低耗电、低成本、支持大量网上节点、支持多种网上拓扑、低复杂度、快速、可靠、安全。

优点：低速、低耗电、低成本，支持大量节点（最多 65 000 个），自组网。

缺点：不可接入互联网，距离短（10 ～ 100 m）。

5. Wi-Fi

Wi-Fi 又称作"热点"，是 IEEE 802.11 标准的无线局域网技术。

优点：设备可以接入互联网，避免布线。

缺点：传输距离有限（50 m），功耗大，必须有热点。

6. 蓝牙

蓝牙技术（Bluetooth）是由爱立信、诺基亚、东芝、IBM 和 Intel，于 1998 年 5 月联合宣布的一种无线通信新技术。

优点：低功率，便于电池供电设备工作；便宜，可以应用到低成本设备上；同时管理数据和声音传输；低延时。

缺点：连接过程烦琐，安全性低，传输距离有限（50 m），不同设备间协议不兼容，不可直接接入互联网。

案例实现

车辆具有高移动性，网络信号具有动态性，自动驾驶汽车在行驶过程中需频繁地信息交互。为车与路、与车、与人、与城市建立一个低延迟、抗干扰能力强的无线通信环境就显得十分必要。通信技术是车联网的关键核心技术，决定了车联网信息传输的实时性和有效性。车联网中的五大通信包括车内设备之间的通信、车内设备与道路之间的通信、车与云平台间的通信、车与人之间的通信、车与车之间的通信。

1. 车内设备之间的通信

指车辆内部各设备间的信息数据传输，用于对设备状态的实时检测与运行控制，建立数字化的车内控制系统。

2. 车内设备与道路之间的通信

是指借助地面道路固定的、预先设置的通信设施，实现车辆与道路间的信息交流，用于车辆管理平台监测道路车辆的状况，道路车辆感知周边环境的状况，引导车辆选择最佳行驶路径。

3. 车与云平台间的通信

是指车辆通过卫星无线通信或移动蜂窝等无线通信技术实现与车联网服务平台的信息传输，接受平台下达的控制指令，实时共享车辆数据。

4. 车与人之间的通信

是指用户可以通过 Wi-Fi、蓝牙、蜂窝等无线通信手段与车辆进行信息沟通，使用户能通过对应的移动终端设备监测并控制车辆。

5. 车与车之间的通信

是指车辆与车辆之间实现信息交流与信息共享，包括车辆位置、行驶速度等车辆状态信息，可用于判断道路车流状况。

分组通过查阅资料、讨论等方式对这五大通信所用到的通信技术进行分析，以表格的形式列举出来。

练习与提高

1. (　　) 可以看成是星形拓扑结构的扩展。

A. 网状拓扑　　　　　B. 总线型拓扑　　　　C. 树形拓扑　　　　D. 环形拓扑

2. 光纤按其光信号传输的模式数量可分为 (　　)。

A. 长波长和短波长光纤　　　　　　　B. 单模和多模

C. 阶跃和渐变光纤　　　　　　　　　D. 骨架式和套管式

3. 信号可分为模拟信号与_____信号，从时间域来看，_____信号是一种离散信号，_____信号是一种连续变化信号。

4. SDH 的含义是_____。

5. 常见的复用技术有_____，_____，_____，_____等。

单元 2.3　5G 技术

导入案例

全世界瞩目的 5G

从无人驾驶到智慧城市，甚至包括虚拟作战，5G 的价值和应用受到了全世界的关注。5G 技术应用毫米波，需要和 Wi-Fi 一样密集建立基站，因为成本高、一些频段被占用，在一些国家和地区，5G 不易商业化。5G 技术在中国的应用发展迅猛，5G 标志着中国在通信技术领域实现了超越。

技术分析

从 1G 到 4G，基本着眼点是解决人和人的沟通问题。人和物、物和物的连接，从 5G 开启。5G 在定义标准时有三个场景：高速率的传输，海量的连接和高可靠低时延的应用。

知识与技能

第五代移动通信技术（5th Generation Mobile Communication Technology，5G）是具有高速率、低时延和大连接特点的新一代宽带移动通信技术，是实现人机物互联的网络基础设施。

一、5G 技术的基本知识

（一）5G 技术的发展背景

移动通信延续着每十年一代技术的发展规律，已历经 1G、2G、3G、4G 的发展。每一次代际跃迁，每一次技术进步，都极大地促进了产业升级和经济社会发展。从 1G 到 2G，实现了模拟通信到数字通信的过渡，移动通信走进了千家万户；从 2G 到 3G、4G，实现了语音业务到数据业务的转变，传输速率成百倍提升，促进了移动互联网应用的普及和繁荣。

4G 解决了人与人随时随地通信的问题，随着移动互联网快速发展，新服务、新业务不断涌现，移动数据业务流量爆炸式增长，急需研发下一代移动通信（5G）系统。作为一种新型移动通信网络，5G 不仅要解决人与人通信，为用户提供增强现实、虚拟现实、超高清（3D）视频等更加身临其境的极致业务体验，更要解决人与物、物与物通信问题，满足移动医疗、车联网、智能家居、工业控制、环境监测等物联网应用需求。

（二）5G 技术的基本概念

5G 移动网络与早期的 2G、3G 和 4G 移动网络一样，也是数字蜂窝网络，运营商覆盖的服务区域被划分为许多被称为蜂窝的小地理区域。表示声音和图像的模拟信号在手机中被数字化，由模数转换器转换并作为比特流传输。蜂窝中的所有 5G 无线设备通过无线电波与蜂窝中的本地天线阵和低功率自动收发器（发射机和接收机）进行通信。

5G 网络的主要优势在于数据传输速率远远高于以前的蜂窝网络，最高可达 10 Gbps，比先前的 4G LTE 蜂窝网络快 100 倍。另一个优势是更快的响应时间，网络延迟低于 1 毫秒，而 4G 为 30 ～ 70 毫秒。

（三）5G 技术的关键技术

1. 5G 的三大应用场景

5G 有三大应用场景：增强移动宽带 eMBB、海量机器类通信 mMTC 和高可靠低时延通信 uRLLC。

（1）增强移动宽带 eMBB

最直观的表现就是网速的翻倍提升，超高的传输速率。在 5G 下用户可以轻松看在线 2K/4K 视频和 AR/VR，峰值速度可以达到 10 Gbps。

（2）海量机器类通信 mMTC

依靠 5G 强大的连接能力，促进垂直行业融合，实现从消费到生产的全环节、从人到物的全场景覆盖，即"万物互联"，通过各类传感器和终端能构建智能化的生活。

（3）高可靠低时延通信 uRLLC

在这个场景下通信响应速度将降至毫秒级，可以应用在车联网、工业控制、远程医疗等特殊行业，其中车联网的市场潜力普遍被外界看好，如自动驾驶汽车探测到障碍后的响应速度比人的反应更快。

通过三大应用场景可以看出，5G 不仅应具备高速度，还应满足低时延的要求。从 1G 到 4G，移动通信的核心是人与人之间的通信，个人的通信是移动通信的核心业务。5G 的通信不仅仅是人的通信，而是物联网、工业自动化、无人驾驶等被引入，通信从人与人之间通信，开始转向人与物的通信，直至机器与机器之间的通信。

2. 5G 技术的性能指标

（1）峰值速率需达到 10 ～ 20 Gbps，以满足大数据量传输。

（2）空中接口时延低至 1 ms，满足自动驾驶、远程医疗等实时应用。

（3）超大网络容量，具备百万连接/平方公里的设备连接能力。

（4）频谱效率要比 LTE 提升 10 倍以上。

（5）连续广域覆盖和高移动性下，用户体验速率达到 100 Mbps。

（6）流量密度达到 10 Mbps/m^2 以上。

（7）移动性支持 500 km/h 的高速移动。

（8）系统协同化，智能化水平提升，表现为多用户，多点，多天线，多摄取的协同组网，以及网络间灵活地自动调整。

3. 5G 无线关键技术

5G 国际技术标准重点满足灵活多样的物联网需要。5G 为支持三大应用场景，采用了灵活的全新系统设计。在频段方面，与 4G 支持中低频不同，考虑到中低频资源有限，5G 同时支持中低频和高频频段，其中中低频满足覆盖和容量需求，高频满足在热点区域提升容量的需求。为了支持高速率传输和更优覆盖，5G 采用新型信道编码方案、性能更强的大规模天线技术等。为了支持低时延、高可靠，5G 采用短帧、快速反馈、多层/多站数据重传等技术。

4. 5G 网络关键技术

5G 采用全新的服务化架构，支持灵活部署和差异化业务场景；全服务化设计，模块化网络功能，支持按需调用，实现功能重构；采用服务化描述，易于实现能力开放，有利于引入 IT 开发实力，发挥网络潜力。5G 支持灵活部署，实现硬件和软件解耦，控制和转发分离；采用通用数据中心的云化组网，网络功能部署灵活，资源调度高效；支持边缘计算，云计算平台下沉到网络边缘，支持基于应用的网关灵活选择和边缘分流。通过网络切片满足 5G 差异化需求，网络切片是指从一个网络中选取特定的特性和功能，定制出的一个逻辑上独立的网络，它使得运营商可以部署功能、特性服务各不相同的多个逻辑网络，分别为各自的目标用户服务。

二、5G 技术的应用领域

1. 工业领域

以 5G 为代表的新一代信息通信技术与工业经济深度融合，为工业乃至产业数字化、网络化、智能化发展提供了新的实现途径。5G 在工业领域的应用涵盖研发设计、生产制造、运营管理及产品服务 4 个大的工业环节，主要包括 16 类应用场景，分别为：AR/VR 研发实验协同、AR/VR 远程协同设计、远程控制、AR 辅助装配、机器视觉、AGV 物流、自动驾驶、超高清视频、设备感知、物料信息采集、环境信息采集、AR 产品需求导入、远程售后、产品状态监测、设备预测性维护、AR/VR 远程培训等。

2. 车联网与自动驾驶

5G 车联网助力汽车、交通应用服务的智能化升级。5G 网络的大带宽、低时延等特性，支持实现车载 VR 视频通话、实景导航等实时业务。借助于车联网（包含直连通信和 5G 网络通信）的低时延、高可靠和广播传输特性，车辆可实时对外广播自身定位、运行状态等基本安全消息，交通灯或电子标志标识等可广播交通管理与指示信息，支持实现路口碰撞预警、红绿灯诱导通行等应用，显著提升车辆行驶安全和出行效率，后续还将支持实现更高等级、复杂场景的自动驾驶服务，如远程遥控驾驶、车辆编队行驶等。

3. 能源领域

在电力领域，能源电力生产包括发电、输电、变电、配电、用电五个环节，目前 5G 在电力领域的应用主要面向输电、变电、配电、用电四个环节开展，应用场景主要涵盖了采集监控类业务及实时控制类业务，包括：输电线无人机巡检、变电站机器人巡检、电能质量监测、配电自动化、配网差动保护、分布式能源控制、高级计量、精准负荷控制、电力充电桩等。

在煤矿领域，5G 应用涉及井下生产与安全保障两大部分，应用场景主要包括：作业场所视频监控、环境信息采集、设备数据传输、移动巡检、作业设备远程控制等。煤矿利用 5G 技术的智能化改造能够有效减少井下作业人员，降低井下事故发生率，遏制重特大事故，实现煤矿的安全生产。当前取得的应用实践经验已逐步开始规模推广。

4. 教育领域

5G 在教育领域的应用主要围绕智慧课堂及智慧校园两方面开展。5G+ 智慧课堂，凭借 5G 低时延、高速率特性，结合 VR/AR/ 全息影像等技术，可实现实时传输影像信息，为两地提供全息、互动的教学服务，提升教学体验；5G 智能终端可通过 5G 网络收集教学过程中的全场景数据，结合大数据及人工智能技术，可构建学生的学情画像，为教学等提供全面、客观的数据分析，提升教育教学精准度。5G+ 智慧校园，基于超高清视频的安防监控可为校园提供远程巡考、校园人员管理、学生作息管理、门禁管理等应用，解决陌生人进校、危险探测不及时等安全问题，提高校园管理效率和水平；基于 AI 图像分析、GIS（地理信息系统）等技术，可对学生出行、活动、饮食安全等环节提供全面的安全保障服务，让家长及时了解学生的在校位置及表现，打造安全的学习环境。

5. 医疗领域

5G 通过赋能现有智慧医疗服务体系，提升远程医疗、应急救护等服务能力和管理效率，并催生 5G+ 远程超声检查、重症监护等新型应用场景。5G+ 超高清远程会诊、远程影像诊断、移动医护等应用，在现有智慧医疗服务体系上，叠加 5G 网络能力，极大提升远程会诊、医学影像、电子病历等数据传输速度和服务保障能力。在抗击新冠肺炎疫情期间，解放军总医院联合相关单位快速搭建 5G 远程医疗系统，提供远程超高清视频多学科会诊、远程阅片、床旁远程会诊、远程查房等应用，支援新冠肺炎危重症患者救治，有效缓解抗疫一线医疗资源紧缺问题。

5G+ 应急救护等应用，在急救人员、救护车、应急指挥中心、医院之间快速构建 5G 应急救援网络，在救护车接到患者的第一时间，将病患体征数据、病情图像、急症病情记录等以毫秒级速度、无损实时传输到医院，帮助院内医生做出正确指导并提前制订抢救方案，实现患者"上车即入院"的愿景。

6. 文旅领域

5G 在文旅领域的创新应用将助力文化和旅游行业步入数字化转型的快车道。5G 智慧文旅应用场景主要包括景区管理、游客服务、文博展览、线上演播等环节。5G 智慧景区可实现景区实时监控、安防巡检和应急救援，同时可提供 VR 直播观景、沉浸式导览及 AI 智慧游记等创新体验，大幅提升了景区管理和服务水平，解决了景区同质化发展等痛点问题；5G 智慧文博可支持文物全息展示、5G+VR 文物修复、沉浸式教学等应用，赋能文物数字化发展，深刻阐释文物的多元价值，推动人才团队建设；5G 云演播融合 4K/8K、VR/AR 等技术，实现传统节目线上线下高清直播，支持多屏多角度沉浸式观赏体验，5G 云演播打破了传统艺术演艺方式，让传统演艺产业焕发了新生。

7. 智慧城市领域

5G 助力智慧城市在安防、巡检、救援等方面提升管理与服务水平。在城市安防监控方面，结合大数据及人工智能技术，5G+ 超高清视频监控可实现对人脸、行为、特殊物品、车等精确识别，形成对潜在危险的预判能力和紧急事件的快速响应能力；在城市安全巡检方面，5G 结合无人机、无人车、机器人等安防巡检终端，可实现城市立体化智能巡检，提高城市日常巡查的效率；在城市应急救援方面，5G 通信保障车与卫星回传技术可实现建立救援区域海陆空一体化的 5G 网络覆盖；5G+VR/AR 可协助中台应急调度指挥人员直观、及时了解现场情况，更快速、更科学地制订应急救援方案，提高应急救援效率。

8. 信息消费领域

5G 给垂直行业带来变革与创新的同时，也孕育新兴信息产品和服务，改变人们的生活方式。在 5G+ 云游戏方面，5G 可实现将云端服务器上渲染压缩后的视频和音频传送至用户终端，解决了云端算力下发与本地计算力不足的问题，解除了游戏优质内容对终端硬件的束缚和依赖，对于消费端成本控制和产业链降本增效起到了积极的推动作用。在 5G+4K/8K VR 直播方面，5G 技术可解决网线组网烦琐、传统无线网络带宽不足、专线开通成本高等问题，可满足大型活动现场海量终端的连接需求，并带给观众超高清、沉浸式的视听体验；5G+ 多视角视频可实现同时向用户推送多个独立的视角画面，用户可自行选择视角观看，带来更自由的观看体验。在智慧商业综合体领域，5G+AI 智慧导航、5G+AR 数字景观、5G+VR 电竞娱乐空间、5G+VR/AR 全景直播、5G+VR/AR 导购及互动营销等应用已开始在商圈及购物中心落地应用，并逐步规模化推广。

9. 金融领域

金融科技相关机构正积极推进 5G 在金融领域的应用探索，应用场景多样化。银行业是 5G 在金融领域落地应用的先行军，5G 可为银行提供整体的改造。前台方面，综合运用 5G 及多种新技术，实现了智慧网点建设、机器人全程服务客户、远程业务办理等；中后台方面，通过 5G 可实现"万物互联"，从而为数据分析和决策提供辅助。除银行业外，证券、保险和其他金融领域也在积极推动"5G+"发展，5G 开创的远程服务等新交互方式为客户带来全方位数字化体验，线上即可完成证券开户核审、保险查勘定损和理赔，使金融服务不断走向便捷化、多元化，带动了金融行业的创新变革。

案例实现

使用测速软件"SPEEDTEST"进行 5G 网络和 4G 网络的测试。

（1）安装并打开"SPEEDTEST"，系统会自动根据所处的网络选择要连接测速的服务器，本例根据中国移动的 5G 网络自动选择了中国移动的服务器，可以看到，中国移动左侧显示的是"5G"，如图 2-22 所示。

（2）单击"开始"，系统会自动连接服务器进行 5G 测速，如图 2-23 所示。

（3）5G 测速完成，即可查看到网络的下载速度和上传速度等信息，由于移动通信网络受到的影响因素较多，多次测速的结果可能会相差较大，如图 2-24 所示。

（4）移动网络切换到 4G，不同手机的设置不尽相同，如图 2-25 所示。

（5）打开"SPEEDTEST"，可以看到，中国移动左侧显示的是"LTE"，表示当前处于 4G LTE 网络，如图 2-26 所示。

（6）单击"开始"，系统会自动连接服务器进行 4G 测速，如图 2-27 所示。

（7）4G 测速完成，即可查看到网络的下载速度和上传速度等信息，如图 2-28 所示。可以看到，5G 网络的传输速度相较于 4G 网络提升巨大。

（8）单击"结果"，可以查看多次测速的结果，如图 2-29 所示。可以看到，不同位置，不同时段测速的差异较大，但总体上，5G 网络的传输速度明显高于 4G 网络。

图 2-22　打开"SPEEDTEST"

图 2-23　进行 5G 测速

图 2-24　查看 5G 测速结果

图 2-25　切换移动网络到 4G

图 2-26　准备 4G 测速

图 2-27　进行 4G 测速

图 2-28　查看 4G 测速结果

图 2-29　查看更多测试结果

 拓展阅读

成都大邑西岭雪山 5G 智慧林场

执法、运输、测绘、搜索、救援……无人机正被应用于越来越多的场景中。而通过 5G 网络，无人机正逐步在物流、农业、巡检、安防等多个场景实现全时化、智能化应用。

"窗含西岭千秋雪"，成都市大邑县的西岭雪山因杜甫的佳句而为人们所熟知。2019 年，中国电信与大邑县公安局、大邑县应急管理局携手打造的 5G+AI 无人机防灾及救援应用，成功完成大邑县应急救援演练，充分展示了 5G 应用在山区日常巡检和野外救援中的积极作用。5G 智慧林场解决方案及应用场景如图 2-30 所示。

1. 5G 救援添"智慧"

本次应急救援演练所处的西岭雪山是世界自然遗产、大熊猫栖息地、AAAA 级旅游景区，每年吸引游客 100 万人次前来游玩。近年来，游客因未按照景区路线游览、自行探险导致的迷路事件时有发生。

演练开始，两名游客登上西岭雪山拍摄日出，但因不熟悉路线迷路了，无法返程，于是拨打 110 求助。接到求助电话后，110 迅速向大邑县应急救援指挥中心汇报，指挥中心立即要求各部门协同搜救，协调中国电信 5G 无人机进入景区寻找迷路游客。

随着指挥人员一声令下，5G 无人机升空巡检，开始执行搜救任务，并通过中国电信 5G 网络实时向指挥中心回传现场的高清视频画面。

5G 无人机实时回传的画面，通过部署于天翼云的 AI 分析能力，智能判别画面中的物体，应急救援指挥中心根据视频画面迅速锁定迷路游客的位置坐标，指挥属地派出所、森林公安和民兵救援队，迅速将被困游客带至安全地带，圆满完成应急救援演练。

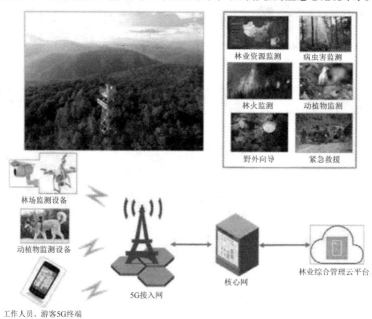

图 2-30　5G 智慧林场解决方案及应用场景

据应急救援指挥中心负责人介绍，以往的应急救援需要人工地毯式搜索，搜索地域广、时间长、成本高、难度大。而在本次救援活动中，5G 无人机实时回传的高清画面有效解决了由于山区地形地貌结构复杂，人工搜索耗时长的问题，使搜索效率极大提高，为应急救援提供了信息化支持。

2. 5G 防灾让安全随时在线

5G 无人机防灾及救援应用还被广泛应用于林业防护灾害预警和山区日常巡逻中，有效解决了人工巡检面积大、难度高、具有一定危险性的问题，助力推动智慧管理水平不断提升。

当发生紧急森林火灾时，无人机操作人员根据接警指令在地面站上操作发出控制指令，无人机即可利用其不受地面交通影响的机动灵活性、快速性，从部署地迅速飞抵目标区域，第一时间将火灾现场的视频、照片等数据采集保存并通过 5G 网络实时传输至指挥中心，便于指挥决策，减少人员伤亡。

　　5G 无人机搭载光电吊舱，配合 5G 实时图传，全天候 24 小时监控可疑火点火情；即使是在夜晚，也能依靠红外吊舱清晰地发现热源火情，及时回传画面至指挥部或相关负责单位。5G 无人机还能对盗砍盗伐可疑区域进行长时间盘旋监控，根据实际情况，随时调整飞行航线，追踪定位盗伐者位置，并释放音效或拉烟进行警示震慑。

练习与提高

　　1. 在 5G 技术发展成熟之前，无线网络共发展了（　　　）代。

　　A. 1　　　　　　　　B. 2　　　　　　　　C. 4　　　　　　　　D. 6

　　2. 5G 可以与（　　　）行业深度融合，从而带来"万物互联"新机遇。

　　A. 教育　　　　　　　B. 工业　　　　　　　C. 服务　　　　　　　D. 交通

　　3. 5G 的三大应用场景分别是：_____、_____和_____。

　　4. 列举 5G 技术的发展应用领域。

技术体验二　三网融合

一、体验目的

体验三网融合中的数字通信。

二、体验内容

（一）理论学习环节

1. 三网融合的现状

"三网融合"又叫"三网合一"，指电信网络、有线电视网络和互联网的相互渗透、互相兼容、并逐步整合成为统一的信息通信网络，其中互联网是其核心部分。三网融合对于技术的应用实践有着较高的要求，在实际构建的过程中还需要实现各个网络层的相互连通。三网融合应用广泛，遍及智能交通、环境保护、政府工作、公共安全、平安家居等多个领域。

三网融合打破了此前广电在内容输送、电信在宽带运营领域各自的垄断，明确了互相进入的准则——在符合条件的情况下，广电企业可经营增值电信业务、比照增值电信业务管理的基础电信业务、基于有线电视网络提供的互联网接入业务等；而国有电信企业在有关部门的监管下，可从事除时政类节目之外的广播电视节目生产制作、互联网视听节目信号传输、转播时政类新闻视听节目服务、IPTV 传输服务、手机电视分发服务等。简单地说，三网融合就是手机可以看电视、上网，电视可以打电话、上网，计算机也可以打电话、看电视，三者之间相互交叉，形成你中有我、我中有你的格局。

2. 三网融合的业务体系

（1）互联网

互联网（Internet）又称因特网，是网络与网络之间所串连成的庞大网络。这些网络以一组通用的协议相连，形成逻辑上的单一且巨大的全球化网络，在这个网络中有交换机、路由器等网络设备，各种不同的连接链路，种类繁多的服务器和数不尽的计算机、终端。使用互联网可以将信息瞬间发送到千里之外，它是信息社会的基础。

（2）电信网

电信网（Telecommunication Network）是构成多个用户相互通信的多个电信系统互联的通信体系，是人类实现远距离通信的重要基础设施，利用电缆、光纤或者其他电磁系统，传送、发射和接收标识、文字、图像、声音或其他信号。电信网是由传输、交换、终端设施和信令过程、协议，以及相应的运行支撑系统组成的综合系统。电信网的战略发展趋势集中在 5 个方向：网络业务应用的 IP 化趋势，网络窄带接入的无线化趋势，网络交换技术的分组化趋势，网络基础设施的宽带化趋势，网络功能结构的扁平化趋势。

（3）有线电视网

有线电视（Cable Television，CATV）网是高效廉价的综合网络。有线电视网利用有线电视铺设的同轴电缆进行数据信号的传递，它具有频带宽、容量大、多功能、成本低、抗干扰能力强、支持多种业务连接千家万户的优势，它的发展为信息高速公路的发展奠定了基础。同时，由于其免去了铺设线缆的麻烦，只需要在用户端增加设备即可访问网络，极大地便利了网络的普及。

3. 三网融合的关键技术

（1）数字化技术

数字化技术（Digitization Technology）是运用"0"和"1"两个数字编码，通过计算机、光缆、通信卫星等设备来表达、传输和处理信息的技术。一般包括数字编码、数字压缩、数字传输、数字调制解调等技术。

（2）TCP/IP 协议栈

TCP/IP 协议，或称为 TCP/IP 协议栈，或互联网协议系列。TCP/IP 协议栈包含了一系列构成互联网基础的网络协议。TCP/IP 代表了两个协议：TCP 传输控制协议和 IP 互联网协议。

传输控制协议（Transmission Control Protocol，TCP）是一种面向连接的、可靠的、基于字节流的传输层通信协议，是为了在不可靠的互联网络上提供可靠的端到端字节流而专门设计的一个传输协议。

IP 协议主要负责通过网络连接在数据源主机和目的主机间传送数据包，是互联网协议群（Internet Protocol Suite，IPS）中众多通信协议中的一个，也是其中最重要的一个。

除了 TCP 和 IP 以外，TCP/IP 协议栈还包括了大量的可选协议，比如支撑万维网 WWW 的超文本传输协议 HTTP，动态配置 IP 地址的 DHCP(Dynamic Host Configuration Protocol，动态主机配置协议），接收邮件用的 POP3（Post Office Protocol version 3，邮局协议版本 3），用于动态解析以太网硬件地址的 ARP（Address Resolution Protocol，地址解析协议）等。

（3）光通信技术

光通信（Optical Communication）是以光波为载波的通信方式。增加光路带宽的方法有两种：一是提高光纤的单信道传输速率；二是增加单光纤中传输的波长数，即波分复用技术（WDM）。按光源特性，可分为激光通信和非激光通信；按传输介质，可分为大气激光通信和光纤通信；按传输波段，可分为可见光通信、红外光通信和紫外光通信。

传输网络的最终目标是构建全光网络，在接入网、城域网、骨干网完全实现"光纤传输代替铜线传输"。光纤通信之所以受到人们的极大重视，这是因为和其他通信手段相比，具有通信容量大、中继距离长、保密性能好、适应能力强、体积小、重量轻、原材料来源丰富等优点。同时，光纤通信也有质地脆、机械强度差、切断和接续需要一定的工具设备和技术、分路与耦合不灵活、光纤的弯曲半径不能过小（> 20 cm）、供电困难等缺点。

（4）软件技术

软件技术（Software Technology）是指为计算机系统提供程序和相关文档支持的技术，主要包括软件开发、编程技术等方面基本知识和技能，进行系统软件开发、软件测试、系统维护等。例如：Office 软件等办公软件的开发与测试，手机中 iOS、Android 系统开发与迭代，各类软件的测试与维护等。所谓程序，是指为使计算机实现所预期的目标而编排的一系列步骤，没有软件，计算机就没有存在的必要，也就没有蓬勃发展的计算机应用。

（二）体验环节

课堂按 3 ～ 5 人进行分组，利用莫尔斯电码表对需要传递的信息进行编码，然后利用教室里除语言交流外一切手段进行信息的传递。

三、体验环境

课堂以组为单位进行体验环节的组织，每组成员自行决定信息的发送方和接收方。

四、体验步骤

（一）信息编码

发送方使用莫尔斯电码表，对要传递的信息进行编码。

1. 莫尔斯电码的表示方法

有两种“符号”是用来表示字元：划和点，或是长和短。发报的速度是由点的长度来决定的，而且被当作是发报的时间参考。划一般是三个点的长度；点划之间的间隔是一个点的长度；字元之间的间隔是三个点的长度；而单词之间的间隔是七个点的长度。在刚开始的时候，初学者可以发送点划间隔短小、短而快的字元，夸大符号以及单词之间的间隔时间。相比较来说，这种方式更加容易被掌握。莫尔斯电码表如图 2-31 所示。

莫尔斯电码表

字符	电码符号	字符	电码符号	字符	电码符号
A	•—	N	—•	1	•————
B	—•••	O	———	2	••———
C	—•—•	P	•——•	3	•••——
D	—••	Q	——•—	4	••••—
E	•	R	•—•	5	•••••
F	••—•	S	•••	6	—••••
G	——•	T	—	7	——•••
H	••••	U	••—	8	———••
I	••	V	•••—	9	————•
J	•———	W	•——	0	—————
K	—•—	X	—••—	?	••——••
L	•—••	Y	—•——	/	—••—•
M	——	Z	——••	( )	—•——•—
				—	—••••—
				•	•—•—•—

图 2-31　莫尔斯电码表

2. 特殊符号

以下是一些有特殊意义的点划组合，它们由两个字母的莫尔斯电码连成一个使用，这样可以省去把它们作为两个字母发送所必须的中间间隔时间。

AR：·—·—·（停止，消息结束）

AS：·—···（等待）

K：—·—（邀请发射信号）（一般跟随 AR，表示“该你了”）

SK：···—·—（终止，联络结束）

BT：—···—（分隔符）

···—·（我将重新发送最后一个单词）

····（同样）

·········（错误）

（二）信息传递

利用教室里的一切可用物品或工具进行信息的传递，例如纸笔、手机短信、手机闪光灯等。接收方接收到编码后对编码进行编译，得到要传递的信息。

五、结果

通信在形式上传输的是消息，实质上传输的本质内容是信息，发送端需要将信息表示成具体的消息，再将消息加载至信号上，才能在实际的通信系统中传输。

信号在接收端（信息论里称为信宿）经过处理变成文字、语言或图像等形式的消息，人们再从中得到有用的信息。

深度技术体验

自动驾驶技术

模块三

机器人流程自动化

 学习情境

我们所面对的工作可能会有如下情况存在：枯燥、重复、频繁、数量大、复杂性低、容易出错等。在完成这些工作的时候，人们表现得就像机器人一样，做着机械的事。例如财务工作，多数是录入报表，计算税务，尽管是一些简单性的工作，却需要日复一日地重复性完成。

在信息技术高速发展的时代，我们非常需要有一种"数字劳动力"，它可以像机器人一样，模拟人类工作，协助人类处理一些低价值、重复度高的工作内容。机器人不会疲倦、不会犯错，而且不会受人的主观情感因素的波动影响，这都能有效地降低操作的风险；而且机器人能够方便地进行复制操作，当工作量翻番的时候，在复制之后，同样的机器人程序将以同样的方式来应对，而不会出现两个不同的机器人处理同样的业务却得出截然不同的结果的情况；机器人的工作效率也远高于人类，并且不会因为工作时间延长而出现疲劳和准确率降低等问题，因此综合工作效率预计可达到人类的 5 ~ 10 倍。

学习目标

知识目标

1. 掌握机器人流程自动化（RPA）的基本概念；
2. 掌握机器人流程自动化（RPA）的基本功能；
3. 掌握机器人流程自动化（RPA）的实现。

技能目标

1. 使用 RPA 编辑器搭建简单的自动化流程；
2. 利用专业书籍、网站资料获得帮助信息；

3. 能够运用新的知识和概念解决新的问题。

素养目标

1. 能够主动适应"人工智能 +"的工作环境和信息化社会的工作特点;
2. 具有精益求精的工匠精神与坚持不懈的创新精神,不断完善工作流程;
3. 具有高质量发展背景下的团队意识与互助精神。

单元 3.1　机器人流程自动化概述

◇ 导入案例 ○

规则明确的重复性劳动

　　小张是某公司人力资源部门的工作人员,主要负责公司新员工的招聘与录用工作,每天需要登录众多的招聘网站发布与维护招聘信息、下载投递过来的候选人简历、根据岗位的招聘要求筛选出候选人、以邮件的方式通知面试,并将简历信息发送到用人部门,提醒面试时间与地点。

 ## 技术分析

　　需求痛点:人力资源部门在众多招聘网站发布和维护招聘信息,需要占用大量的人力和时间;招聘过程中大量的人工操作导致新员工招聘时间过长,招聘效率得不到保障。

　　解决方案:使用 RPA 机器人每天自动登录各大招聘网站,自动下载投递过来的候选人简历,根据岗位的招聘要求,选取简历中的关键信息,筛选出符合要求的候选人,以邮件方式通知面试,并将简历信息发送到用人部门,提醒面试时间与地点。

 ## 知识与技能

一、机器人流程自动化的基本概念、发展历程和功能

(一)机器人流程自动化的基本概念

　　机器人流程自动化(Robotic Process Automation, RPA)是一种通过软件机器人模拟人与计算机的交互过程,实现工作流程自动化执行的技术应用。RPA 机器人可以根据流程设定完成计算机操作,替代或辅助人完成规则明确的重复性劳动,成为一种新兴的"数字劳动力"。

　　RPA 不是现实世界中的机器人,而是一种机器人程序,有人叫它"数字员工"或"虚拟员工"。

　　RPA 工作示意图如图 3-1 所示。

(二)机器人流程自动化的发展历程

　　RPA 并不是一个新兴概念,其发展至今主要经历了四个阶段:

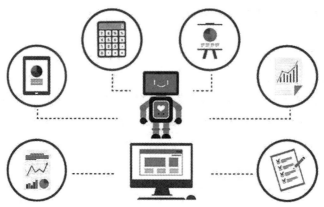

图 3-1　RPA 工作示意图

1. 辅助性 RPA（Assisted RPA）——RPA 1.0

在 RPA 1.0 阶段，作为"虚拟助手"出现的 RPA，几乎涵盖了机器人自动化的主要功能，以及现有桌面自动化软件的全部操作。部署在员工 PC 机上，以提高工作效率。缺点则是难以实现端到端的自动化，成规模的应用还很难。

2. 非辅助性 RPA（Unassisted RPA）——RPA 2.0

在 RPA 2.0 阶段，被称为"虚拟劳动力"的 RPA，主要目标即实现端到端的自动化，以及虚拟员工分级。主要部署在 VMS 虚拟机上，能够编排工作内容，集中化管理机器人、分析机器人的表现等。缺点则是对于 RPA 机器人的工作仍然需要人工的控制和管理。

3. 自主性 RPA（Autonomous RPA）——RPA 3.0

在 RPA 3.0 阶段，其主要目标是实现端到端的自动化和成规模多功能虚拟劳动力。通常部署在云服务器和 SaaS 上，特点是实现自动分级、动态负载平衡、情景感知、高级分析和工作流。缺点则是处理非结构化数据仍较为困难。

4. 认知性 RPA（Cognitive RPA）——RPA 4.0

RPA 4.0 将是未来 RPA 发展的方向。开始运用人工智能、机器学习以及自然语言处理等技术，以实现非结构化数据的处理、预测规范分析、自动任务接受处理等功能。

目前，尽管大多数 RPA 软件产品，都还集中在 2.0—3.0，但其发展已相当成熟，产品化程度亦很高。一些行业巨头已经开始向 RPA 4.0 发起了探索。

（三）机器人流程自动化的功能

RPA 可以按照事先约定好的规则，对软件进行鼠标单击、敲击键盘、数据处理等操作。

（1）RPA 可模仿人类完成重复性的工作，如重复性处理发票、重复性处理订单等。

（2）RPA 可模仿人的眼睛来完成图像识别，如识别图像里的安全隐患等。

（3）RPA 可进行内容类识别和理解，如外贸企业经常处理大量不同国家语言的订单，如可能有来自希腊的订单、来自俄罗斯的订单，可通过机器人帮助翻译。

（4）RPA 可进行对话理解，如一个关于汽车的应用，当用户想了解汽车报价时，只需在终端上说"我想了解 ×× 车"，RPA 将相关话术理解后自动返回查询结果。

（5）RPA 可自动进行自我管理，如可能存在上千个 RPA 机器人同时工作的情况，这些机器人可自动进行调度任务。

二、机器人流程自动化的特点

RPA 软件的目标是使符合某些适用性标准的基于桌面的业务流程和工作流程实现自动化，一般来说这些操作在很大程度上是重复的、数量比较多的，并且可以通过严格的规则和结果来定义。RPA 的特点如下所述。

（1）它是一个软件，是用于企业实现自动化的。

（2）它允许通过配置来模拟人的行为。

（3）它可以与其他系统进行交流通信。

（4）它可以重复执行。

（5）它不会犯错误。

（6）它比人工成本低得多。

三、机器人流程自动化成功部署的应用价值

（一）直接价值

1. 节省成本

（1）通过自动化技术降低运营成本，减少人力投入；

（2）RPA 主要降低人力成本、管理成本以及可能存在的配置成本。

2. 提升运营效率

（1）考虑机器人的合理工作日程编排，充分发挥单个机器人的使用效率；

（2）尽量采用不需要有人参与协作的机器人运行方式，减少人机交互带来的效率损失。

3. 提高质量

（1）提高流程质量从而最大化地提升该流程的交付成果质量，减少过程浪费；

（2）RPA 流程处理基于结构化数据，因此理论上可以达到 100% 准确性。

4. 提升合规性和安全性

（1）RPA 可以记录业务处理的每个步骤，以防手动错误并为合规管理员提供完整透明的信息；

（2）较大提升企业中的风险和合规部门的检查效率。

5. 提高运营敏捷性

（1）RPA 投入少、周期短、见效快、易学易会，较大提升企业运营敏捷性；

（2）RPA 同时也具有可扩展性。

6. 实施见效快

（1）最大程度地平衡效率与成本，且投资回报周期短；

（2）RPA 维护便利、交付简单、投产速度快。

（二）间接价值

1. 提升客户体验

（1）为企业后台运营与内部作业提供帮助，后台的加速带来前台的加速，最终体现为客户服务效率的提升；

（2）协助客户实现自助服务。

2. 提升员工满意度，带来员工技能转型

（1）准确地执行员工的手工任务，使员工将更多的时间投入到更多有价值的工作中；

（2）RPA 可以为员工带来工作环境的转型，使其有机会转移到更有挑战性、更具创造力、更有价值的工作中。

3. 赋能企业业务流程标准化

（1）让 IT 标准化的层级做到更细，即"操作步骤"级，同时可以让机器人保留每个操作细节的数据；

（2）不仅是一种技术工具支持细节流程的固化，同时也是一种推动流程标准化的理念和手段。

4. 深化科技部门与业务部门的合作关系

（1）改变传统企业的业务部门和科技部门的合作方式；

（2）由于 RPA 项目具有风险小、建设周期短、见效快的特点，科技部门能够迅速实现业务部门所提出的新增需求或变更需求。

四、机器人流程自动化的应用场景

RPA 是在计算机上运行的软件机器人，不是工厂中的实体机器人，其应用场景要符合两大条件，一是大量重复，从必要性的角度，让 RPA 有必要；二是规则明确，从可行性的角度，让 RPA 有可能。

在此基础上，RPA 有以下典型应用场景，如图 3-2 所示。

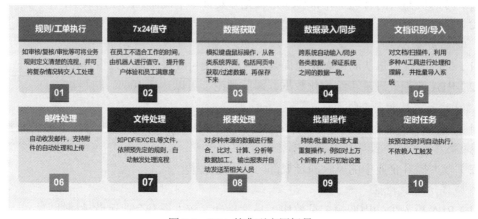

图 3-2　RPA 的典型应用场景

五、机器人流程自动化的典型工具

UiPath 是当前市场上最受欢迎的 RPA 自动化工具之一。UiPath 公司的 UiPath 学院提供了免费的线上课程，丰富的在线学习资源可以让用户了解 RPA 概念并学习 RPA 开发技术；用户还可下载免费的社区版用于实践操作，并通过 UiPath 的资格认证，成为开发者、架构师等。

国内的 RPA 企业云扩科技公司，是全球 RPA 领域的创新者，公司以自研的云扩 RPA 平台为核心，致力于为各行业客户提供智能的 RPA 机器人产品与解决方案。云扩科技提供了完整的 RPA 产品线以及丰富的生态社区支持，包含云扩 RPA 平台（本地版 +SaaS 版）、机器人认知服务平台、流程挖掘套件、云扩市场和云扩学院。机器人认知服务平台让机器人具备文档理解、图像识别、信息抽取等 AI 能力；流程挖掘套件帮助业务人员快速地梳理适合机器人执行的业务流程；云扩市场让开发者与企业客户可以灵活地定制与扩展云扩 RPA 的能力；云扩学院则为 RPA 开发者提供了丰富的交互式学习体验。

六、机器人流程自动化的平台架构

RPA 技术以 RPA 软件平台为落地载体，实现企业业务流程的自动化。典型的企业级 RPA 软件平台包括设计平台、机器人、控制平台三个基本组成部分，如图 3-3 所示，三者共同实现 RPA 机器人的正常运行，相互之间

图 3-3　RPA 的平台架构

无缝协作，可以提供高性能、低成本和极致用户体验的端到端解决方案。完善的 RPA 产品矩阵真正赋能企业，从每个微观业务流的智能自动化，到构建完整的智能生产力平台。

案例实现

人力资源作为企业管理的重要组成部分，正在经历着数字化带来的深刻变革。人力资源数字化转型是将运营人力资源流程转变为自动化和数据驱动的过程。

在人力资源日常管理中，诸如简历筛选、新员工办理入职、薪资核算、个税申报等，都可以应用 RPA 来完成，如图 3-4 所示。

利用 RPA 进行人力资源管理可以提高工作效率，其项目效益分析如图 3-5 所示。以人力资源的招聘管理为例，依托 RPA 完成自动筛选人才简历，其工作流程如图 3-6 所示。

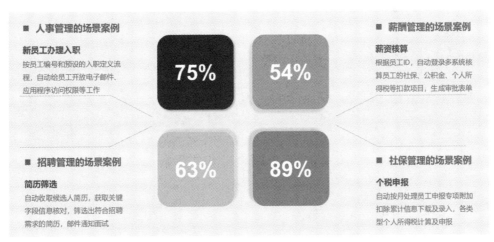

图 3-4　RPA 在人力资源日常管理中的应用

图 3-5　人力资源 RPA 项目效益分析

图 3-6　人力资源 RPA 工作流程

 练习与提高

RPA 适用于哪些应用场景？请举例说明。

单元 3.2 RPA 机器人的创建和实施

◇ 导入案例 ◇

应用 RPA 机器人实现自动登录网站

人力资源部门每天需要登录众多招聘网站发布和下载招聘信息，如果手动操作完成则需要占用大量的人力和时间。使用 RPA 机器人，就可以实现每天自动登录各大招聘网站完成相应的工作内容。本单元任务就是创建一个自动化项目，进行自动登录网站的操作。

技术分析

RPA 的核心在于编辑器的流程编写，可以把它想象成一个可视化的编程软件——通过组件拖曳和桌面录制等浅显易用的方法代替繁琐又深奥的编程语言。

本单元主要是练习创建一个自动化项目，整个项目作为开启 RPA 学习之旅，主要涉及网页端的操作。

知识与技能

以云扩 RPA 平台为例进行软件机器人的创建和实施。

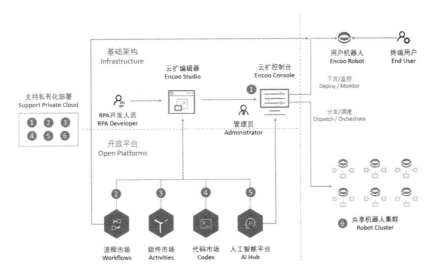

图 3-7 云扩 RPA 基础架构

云扩 RPA 平台（Encoo RPA Platform）是云扩科技自主研发的企业级 RPA 平台，其基础架构如图 3-7 所示。云扩 RPA 平台由三大核心产品组成，分别是：

云扩 RPA 编辑器（Encoo Studio），即 RPA 编辑工具，利用可视化界面设计出各种自动化的流程。

云扩 RPA 机器人（Encoo Robot），即 RPA 执行工具，用于执行编辑工具设置好的流程。

云扩 RPA 控制台（Encoo Console），即 RPA 控制中心，用于集中调度、管理和监控所有机器人和流程。

这三个工具相互配合，帮助企业快速实现业务流程的自动化。

一、云扩 RPA 编辑器

云扩 RPA 编辑器是人人可用的自动化开发平台。使用 Encoo Studio，用户能够通过拖曳组件的方式，快速创建出简单易用、功能强大的业务自动化流程。这些流程可以发布至控制台、机器人中进行管理与执行。

（一）云扩 RPA 编辑器下载与安装

（1）云扩 RPA 编辑器安装包下载。云扩 RPA 编辑器为桌面版应用程序，安装包下载入口：云扩 RPA 控制台→首页→安装包下载，下载后双击安装包，根据向导进行安装，与控制台共享一套账户，如图 3-8 所示。

社区版：供普通用户下载后，自行使用。每个社区版控制台可以激活一个社区版编辑器。

企业版：需购买，若试用，则需公司授权。

图 3-8　云扩 RPA 编辑器应用程序

（2）下载完成后双击安装包进行安装。

（3）在弹出的"软件许可协议"框中，勾选"已阅读并同意软件许可协议"，单击"确定"。

（二）云扩 RPA 编辑器激活

首次安装并运行编辑器后，将会自动打开"选择激活方式"窗口，提示用户进行激活。编辑器的激活，可分为如下两种情况。

社区版编辑器激活：只能通过"登录控制台"激活，此激活方式仅限拥有控制台时使用。

企业版编辑器激活：可通过"登录控制台"或"使用许可证"激活。

（三）项目搭建的一般流程

云扩 RPA 编辑器的工作过程与其他应用程序并没有太大区别，即从无到有完成一个自动化项目的完整过程。

1. 设置工作区

使用云扩 RPA 编辑器创建一个自动化项目。

2. 编辑自动化项目

编辑自动化项目就是将业务流程在编辑器中通过拖曳组件的方式来实现。云扩 RPA 编辑器还包含可以帮助用户更快开展工作及编辑高质量自动化项目的工具。

3. 调试

在这个迭代阶段，可以继续编辑流程，但更着重于识别并清除流程中的错误以提高正确性。

4. 查看日志

通过编辑器的"日志"功能，可以查看整个自动化项目的运行信息，掌握自动化项目的详细运行状况，可以看到整个业务流程的单节状态是否正常，还可以通过日志定位报错组件。

5. 发布

经过多次运行测试并达到交付标准的自动化项目，可以利用编辑器的"发布"功能将项目发布到控制台和流程市场中。

（四）创建项目

创建项目包括创建流程项目、创建组件项目、从模板新建项目三种方式，以下主要介绍创建流程项目、创建组件项目的相关内容。

1. 创建流程项目

流程项目是用于管理所有跟单个自动化任务相关的所有流程文件的集合，比如需要创作一个定时处理客户订单的自动化流程，就可以创建一个流程项目，跟这个任务相关的所有子流程文件、依赖项等信息都会出现在这个项目中。流程项目是进行开发、发布以及部署给机器人运行的基本单位。通常情况下，每一个独立的工作任务都应该创建一个新的流程项目。

流程项目中包含了以下两个部分：

自动创建的 Main.xaml 流程文件。该文件作为流程执行时的开始文件，包含编辑器的主要流程。

其他的 .xaml 流程文件。这些文件需要通过"调用流程"组件，将其与 Main.xaml 文件连接起来，因为当运行或调试自动化流程时，将从 Main.xaml 文件开始。

（1）创建

在浏览器中，搜索天气预报，获取明天的天气信息，并进行提示：明天是否有雨。

① 打开云扩 RPA 编辑器。

② 新建一个项目，并输入项目名称（以 MyFirstProject 为例），如图 3-9 所示。

注：针对高级设置下的"桌面录制技术"选择，推荐使用 UIA3。

UIA3 和 UIA 的区别在于对不同技术的支持力度不同：对于 WPF 和 Windows Store Apps，UIA3 支持力度更佳；对于 C# 和 WinForms，UIA 支持力度更佳。要注意是：UIA3 和 UIA 不可以同时使用于同一个项目中。

③ 从组件面板，搜索"打开浏览器"组件，并将其拖入到编辑区域连接至开始节点。

④ 在该组件的属性面板中，输入以下内容（图 3-10）。

浏览器类型：IE。

网址："https://www.baidu.com"。

⑤ 双击"打开浏览器"组件，并单击"智能录制"，打开桌面录制器。

图 3-9　云扩 RPA 编辑器创建流程项目　　图 3-10　"打开浏览器"组件属性面板

⑥ 打开 IE 浏览器的百度网站的首页，然后单击桌面录制器的"智能录制"进行网站操作录制，如图 3-11 所示。

图 3-11　"智能录制"进行网站操作录制

⑦ 单击百度首页的搜索文本框，在出现的弹框中输入要搜索的词条（以天气为例），如图 3-12 所示。

图 3-12 百度搜索文本框界面

⑧ 单击"百度一下",或者按 Enter 键。

⑨ 打开桌面录制器界面,选择"文本"→"获取文本",当出现黄色矩形框时,单击明天的天气信息以获取天气文本,如图 3-13 所示。

⑩ 按 Esc 快捷键结束网站操作的录制。

⑪ 单击桌面录制器的"保存 & 退出",将录制好的自动化流程保存至编辑器中,如图 3-14 所示。

图 3-13 桌面录制器"获取文本"界面

图 3-14 桌面录制器"保存 & 退出"界面

⑫ 打开变量列表,创建一个字符串型(String)变量 weather,用于存储获取到的天气文本,如图 3-15 所示。

图 3-15 创建字符串型变量 weather 界面

⑬选中"获取文本"组件，在属性面板中，输入以下内容（图 3-16）。

文本：weather。

⑭从组件面板拖入一个"条件（If）"组件连接到"获取文本"组件，在该组件的属性面板中，输入以下内容（图 3-17）。

判断条件：weather.Contains(" 雨 ")。

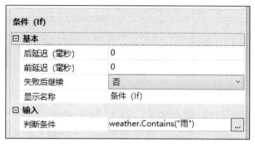

图 3-16　"获取文本"组件属性面板　　　图 3-17　"条件（If）"组件属性面板

⑮拖入一个确认框组件到条件的 Then 部分，并在该组件的属性面板中，输入以下内容（图 3-18）。

标题：" 明日天气提醒 "。

描述：" 明天有雨，记得带伞哦 "。

⑯拖入另一个确认框到条件的 Else 部分，并在该组件的属性面板中，输入以下内容。

标题：" 明日天气提醒 "。

描述：" 明天无雨，出去走走吧 "。

（2）运行

①单击"运行"来尝试运行自动化流程，如图 3-19 所示。

②运行过程中，编辑器会自动回放录制的过程，并提示明天是否有雨。

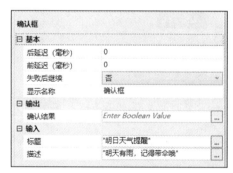

图 3-18　"确认框"组件属性面板

图 3-19　运行流程界面

2. 创建组件项目

组件项目是一个包含一个或多个可重复使用组件的项目。通过将该项目发布到组件市场，可以将其作为组件包安装到其他项目中，作为依赖项进行使用。

创建组件项目类似于"创建流程项目"，其主要区别在于组件项目可在其他项目中进行引用。

（1）创建

从一个 Excel 文件中获取部分数据，并将其添加到另一个 Excel 文件中。

① 打开云扩 RPA 编辑器。

② 在开始页，新建一个组件项目，并输入项目名称（以 Excel 数据迁移为例）。选择位置并设置类型，关于高级设置可查看"创建流程项目"，此处皆使用默认值，如图 3-20 所示。

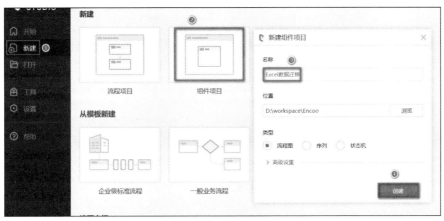

图 3-20 云扩 RPA 编辑器创建组件项目

③ 打开参数列表，创建两个字符串型（String）的输入变量，其将作为发布后组件的输入属性，如图 3-21 所示。

读取路径——要读取数据的 Excel 文件所在路径。

写入路径——要写入数据的 Excel 文件所在路径。

图 3-21 参数列表

④ 从组件面板搜索"打开/新建"组件，并将其拖入到编辑区域连接至开始节点，如图 3-22 所示。

图 3-22 "打开/新建"组件

⑤ 在该组件的属性面板，输入以下内容（图 3-23）。

文件路径：读取路径。

图 3-23 "打开 / 新建"组件属性面板

⑥ 从组件面板搜索"读取区域"组件，并将其拖入到"打开 / 新建"组件内部，如图 3-24 所示。

图 3-24 "读取区域"组件

⑦ 在该组件的属性面板，输入以下内容（图 3-25）。

工作表："Sheet1"——要读取数据的工作表名称（以默认名称 Sheet1 为例）。

图 3-25 "读取区域"组件属性面板

区域："A1:B6"——要读取的区域。

数据：Data——单击该字段后的输入框，输入 Data 作为变量名称，全选 Data 并使用快捷键 Ctrl+B 创建该变量。

⑧ 再次从组件面板拖入一个"打开 / 新建"组件，连接到上一个"打开 / 新建"组件，如图 3-26 所示。

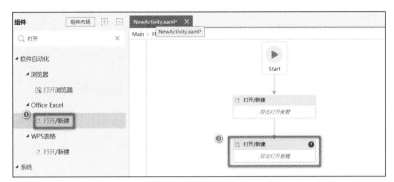

图 3-26　"打开 / 新建"组件

⑨ 在该组件的属性面板，输入以下内容（图 3-27）。

文件路径：写入路径。

图 3-27　"打开 / 新建"组件属性面板

⑩ 从组件面板搜索"写入区域"组件，并将其拖入到第二个"打开 / 新建"组件内部，如图 3-28 所示。

图 3-28　"写入区域"组件

⑪ 在该组件的属性面板，输入以下内容（图 3-29）。

工作表："Sheet1"——要写入数据的工作表名称（以默认名称 Sheet1 为例）。

起始单元格："A1"。

数据表：Data。

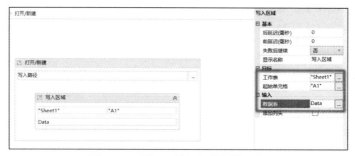

图 3-29 "写入区域"组件属性面板

（2）运行

① 单击"运行"或使用快捷键 Ctrl+F5 来尝试运行。

② 设置参数的默认值并确认，将会从第一个 Excel 文件中读取一部分数据填写到第二个 Excel 文件中，如图 3-30 所示。

图 3-30 "设置流程参数"界面

（3）发布

如果要将这个项目作为可重用的组件，添加到其他自动化项目中，就需要将其打包，发布到组件市场中。

① 打开创建的组件项目。

② 在菜单栏中单击"发布"→"组件市场"，如图 3-31 所示，打开发布窗口。

图 3-31 发布组件项目界面

　　选择要发布的目标市场，若没有市场，可通过"开始"→"设置"→"管理市场"进行创建。在"最新版本号"字段中，可以设置当前发布的版本号；在"描述"字段中，可以添加有关此组件项目的详细信息。

　　（4）导出

　　如果需要将组件项目导出，供其他项目进行引用，可选择项目，右击选择"导出项目"，在弹出的"导出项目"对话框中，按需选择导出相关配置，如图 3-32 所示。

图 3-32　"导出项目"对话框

　　注：导出的组件项目以 .egs 为扩展名，区别于以 .dgs 为扩展名的流程项目。

　　（5）安装并使用组件

　　如果要在另外一个自动化项目中使用该组件项目，需要先安装，将其添加为自动化项目的依赖项。

　　① 创建一个流程项目。

　　② 在组件面板中，单击"组件市场"，打开组件市场窗口。

　　③ 选择之前创建的市场，搜索发布的组件项目并选择。

　　④ 单击"安装"，安装完成关闭窗口。此时，该组件项目已添加到当前流程项目中，并在组件面板中可见，如图 3-33 所示。

图 3-33　添加组件为自动化项目的依赖项

　　⑤ 从组件面板中，将"Excel 数据迁移"组件拖入到编辑区域并连接到开始节点。

　　⑥ 在该组件的属性面板，输入以下内容。

　　读取路径："C:\Users\用户名\Documents\Encoo\使用组件项目所编辑的组件\start.xlsx"——要读取数据的 Excel 文件全路径。

　　写入路径："C:\Users\用户名\Documents\Encoo\使用组件项目所编辑的组件\final.xlsx"——要写入数据的 Excel 文件全路径。

　　注：若组件含有路径类属性，不能使用相对路径，必须使用全路径。

⑦ 单击"运行",即可将源表的部分数据迁移到目的表中,如图 3-34 所示。

A	B	C源表	D
序号	姓名	性别	
1	A	男	
2	B	男	
3	C	女	
4	D	男	
5	E	女	
6	F	女	
7	G	女	
8	H	男	
9	I	妇	
10	J	男	

	A目的表	C
1	序号	姓名
2	1	A
3	2	B
4	3	C
5	4	D
6	5	E
7		
8		
9		
10		
11		
12		

图 3-34 数据迁移

(五)打开项目

云扩 RPA 编辑器支持打开多种形式的项目或流程,如最近使用的项目、本地项目、控制台流程。

1. 打开最近使用的项目

如果最近有使用编辑器打开过一些项目,则可以在"开始"→"打开"→"最近使用"列表中显示,用户可对其进行相关操作。

2. 打开本地项目

如果需要打开本地已存在的项目,则可以在"开始"→"打开"→"本地项目"列表中选择后打开。

3. 打开控制台流程

如果需要打开已发布至控制台的流程,则可以在"开始"→"打开"→"控制台流程"列表中选择后打开。通过打开"控制台流程"可以让用户对控制台的流程进行查看和编辑。

(1)打开云扩 RPA 编辑器,使用控制台账号进行登录,如图 3-35 所示。

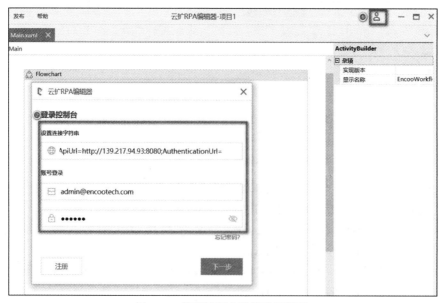

图 3-35 使用控制台账号登录界面

（2）选择"打开"→"控制台流程"，将会获取到所在资源组下的所有流程，如图 3-36 所示。

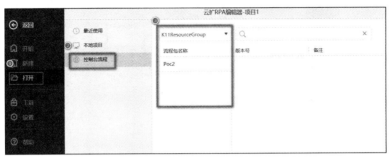

图 3-36　"控制台流程"界面

（3）通过资源组下拉列表，可以选择想要查看的资源组，选择完成，将会把该资源组下的流程全部加载出来。

（4）在流程列表处，选择要查看的流程，单击将会在版本列表看到该流程的所有版本。

（5）在版本列表处，选择一个要打开的版本，单击将会自动下载流程并打开它。

注：若当前流程为已下载的流程，再次打开将会提示"流程已经下载，是否重新下载"，若选择是，将会覆盖已下载的流程。

4. 编辑与发布流程

（1）按照一般编辑步骤编辑打开的流程。

（2）编辑完成，可以将该流程再次发布到控制台，如图 3-37 所示。

图 3-37　流程发布到控制台界面

注：发布的流程将作为一个新版本存在，并不会覆盖原有流程。

（六）发布自动化项目

发布自动化项目就是允许将编辑成功的自动化项目进行发布及存储，以便后续机器人执行或共享流程，如图 3-38 所示。

自动化项目发布到控制台：将存储在流程包管理页面，以便分配给指定机器人执行。

自动化项目发布到机器人：将自动化项目直接交付给对应机器人进行执行。

自动化项目发布到流程市场：将存储在指定的流程市场中，以便实现共享。

注：只有组件项目才可以发布至组件市场。组件项目发布至组件市场后，将存储在指定的组件市场中，以便实现共享。

图 3-38　自动化项目发布界面

1. 发布到控制台

云扩 RPA 编辑器项目发布到控制台界面，如图 3-39 所示。

（1）"资源组"，可以选择需要将项目发布到哪个资源组中。

（2）"流程包名称"，默认情况下为项目名称，不可更改。

（3）"版本号"，可以查看项目的"当前版本号"，然后根据需要添加"最新版本号"。若更改版本号信息，需注意的是最新版本号要大于当前版本号。

（4）"备注"（可选），主要输入与当前自动化项目有关的版本及其他信息的相关介绍，备注的内容不可超过 220 个字符。

（5）"包含依赖项"，勾选后，发布项目时依赖项将会包含到流程包中；不勾选，则表示依赖项不包含在流程包中。

图 3-39　云扩 RPA 编辑器项目发布到控制台界面

2. 发布到机器人

云扩 RPA 编辑器项目发布到机器人界面，如图 3-40 所示。

（1）"机器人"，显示的是当前系统中已激活的机器人名称。

（2）"流程包名称"，默认情况下为项目名称，不可更改。

（3）"版本号"，可以查看项目的"当前版本号"，然后根据需要添加"最新版本号"。若更改版本号信息，需注意的是最新版本号要大于当前版本号。

（4）"备注"（可选），主要输入与当前自动化项目有关的版本及其他信息的相关介绍，备注的内容不可超过 200 个字符。

（5）"包含依赖项"，勾选后，发布项目时依赖项将会包含到流程包中；不勾选，则表示依赖项不包含在流程包中。

图 3-40　云扩 RPA 编辑器项目发布到机器人界面

3. 发布到流程市场

云扩 RPA 编辑器发布到流程市场界面，如图 3-41 所示。

（1）"市场"，可以选择需要将项目发布到哪个流程市场中。需注意，首次发布需在"开始"→"设置"→"管理市场"中进行配置。

（2）"流程包名称"，默认情况下为项目名称，不可更改。

图 3-41　云扩 RPA 编辑器项目发布到流程市场界面

（3）"版本号"，可以查看项目的"当前版本号"，然后根据需要添加"最新版本号"。若更改版本号信息，需注意的是最新版本号要大于当前版本号。

（4）"图标"（可选），主要用于对当前发布的流程进行标识。

（5）"描述"，主要输入对当前自动化项目的功能等相关介绍，描述的内容不可超过 200 个字符。

（6）"标签"（可选），用于定义当前流程。

（7）"包含依赖项"，勾选后，发布项目时依赖项将会包含到流程包中；不勾选，则表示依赖项不包含在流程包中。

单击"发布"，该项目将会发布到指定位置。

发布成功后，在页面右下角提示：发布成功的项目名称、该项目的版本号，如图 3-42 所示。

图 3-42　项目发布成功界面

二、云扩 RPA 机器人

云扩 RPA 机器人是稳定、高效、安全、可靠的自动化流程执行者。它的主要功能就是执行已经在编辑器中开发好的流程任务。

（一）云扩 RPA 机器人下载与安装

云扩 RPA 机器人为桌面版应用程序，安装包下载入口：云扩 RPA 控制台→首页→安装包下载，下载后根据向导进行安装，与控制台共享一套账户。

社区版：供普通用户下载后，自行使用。每个社区版控制台可以激活一个社区版机器人。

企业版：需购买，若试用，则需公司授权。

注：一台机器上只允许安装一个机器人，若计算机上安装过老版本的机器人，应用会要求先卸载老版本的机器人再进行安装。

（二）云扩 RPA 机器人激活

机器人可以通过两种方式激活，如图 3-43 所示。

图 3-43　云扩 RPA 机器人激活

当拥有控制台时，通过绑定控制台激活；尚未购买控制台时，通过许可证激活。

社区版机器人：只能通过第一种方式激活。

企业版机器人：可以通过以上两种方式激活。

（三）概览

1. 未激活时的概览界面

当机器人初次安装或升级成功后，进入概览界面，此界面的机器人名称默认显示为：云扩机器人-当前 Windows 用户名，单击"激活"按钮可按向导来激活机器人，如图 3-44 所示。

图 3-44　未激活时的概览界面

注：机器人未激活时，流程库和定时任务相关功能均无法使用。

2. 激活时的概览界面

机器人激活成功后进入概览界面，此界面展示当前机器人全局数据，如图 3-45 所示。

图 3-45　激活时的概览界面

（四）流程库

机器人可以通过桌面单击的方式执行流程，也可以通过控制台集中管理执行流程。

注：同一机器人同一时间只能执行一个流程，仅在流程执行结束后，方可执行下一个流程。

1. 执行本地流程

（1）打开本地流程库。

（2）单击导入流程，将编辑器导出的项目文件（*.dgs）导入本地流程库。

（3）选择想要执行的流程，可以输入流程名单击"搜索"进行查询。

（4）单击"执行"时，将会弹窗确认信息，如图 3-46 所示。

图 3-46　执行本地流程界面

流程：显示当前需要执行的流程名称和版本号。

参数：若当前流程需要传入参数，执行后会弹窗提示输入参数。若参数类型为 Encoo.
DataType.FilePathEncoo.DataType.FolderPath 时，可根据参数类型选择文件或文件夹路径，无
需手动填写。

选项：各选项参数解释如表 3-1 所示。

表 3-1　各选项参数解释

选　项	说　　　明
录制视频	是否需要在流程执行过程中录制某种执行状态视频
执行过程截图	是否需要在流程执行过程中进行截图。截图后的图片保存在当前流程日志目录下的 Screenshots 文件夹下。图片名称格式：|流程名称|－|截图时间：年月日时分秒|.jpg，如：小 E 绘画大师-20210501164102599.jpg
以管理员权限执行	是否以管理员身份执行，勾选表示以管理员身份执行，否则以普通用户身份执行
超时时间	运行时间超过设定的时间时终止流程。如勾选"超时时间 1 分钟"，表示需要在 1 分钟之内执行完成，否则终止流程

（5）单击"确认"，流程在快速准备后将自动执行，如图 3-47 所示。

2. 执行控制台流程

（1）打开流程库，单击"控制台流程库"，即可获取流程库所有流程包，如图 3-48
所示。

（2）可以通过流程包名搜索找到想要执行的流程包。

（3）选择要执行的版本，单击"执行"。

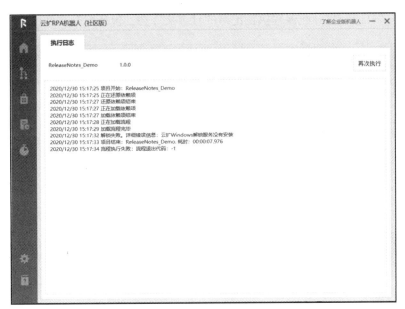

图 3-47　流程自动执行界面

图 3-48　执行控制台流程界面

3. 终止流程

当流程正在执行时，用户可以随时终止流程运行。

（1）打开本地 / 控制台流程库，找到正在运行的流程，如图 3-49 所示。

（2）单击"终止"，或使用快捷键 Shift+F5 终止当前正在运行的流程。

（3）确认终止后，机器人将强制终止正在运行的流程，无论流程运行到哪一步。终止操作无法撤回，无法删除。需谨慎操作。

4. 查看日志（包括录制的流程执行视频）

当流程执行结束后，用户可查看日志。

（1）打开本地 / 控制台流程库，找到运行过的流程。

（2）单击"日志"打开此流程执行记录的日志文件夹，包括视频文件，如图 3-50 所示。

图 3-49　流程运行界面

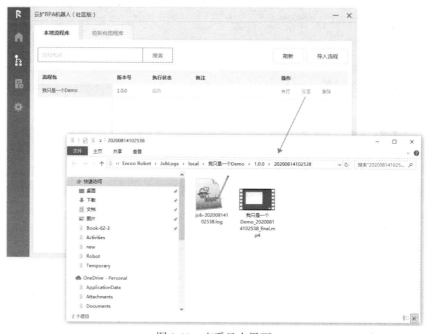

图 3-50　查看日志界面

5. 删除流程

支持用户删除本地流程库流程，若删除控制台流程库中的流程需前往控制台。

（1）打开本地流程库，选中将要删除的流程及版本号。

（2）单击"删除"，弹窗确认是否删除当前版本。单击"确定"则把此版本流程删除，如图 3-51 所示。

图 3-51 删除流程界面

（五）流程执行历史

展示流程执行的历史记录，每条记录包括以下几个要素，如图 3-52 所示。

（1）流程库：当前流程所属流程库。

（2）流程：当前记录执行的流程名称。

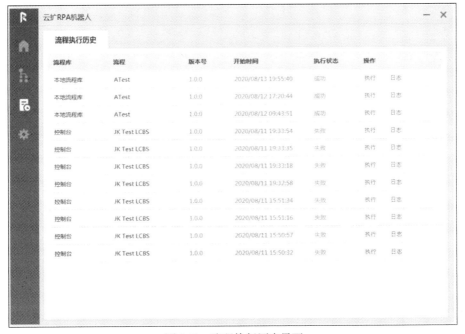

图 3-52 流程执行历史界面

（3）版本号：当前记录执行的流程版本号。

（4）开始时间：当前流程开始执行的时间。

（5）执行状态：当前记录的执行结果。

（6）操作：可直接从记录中单击"执行"再次执行当前流程，单击"日志"查看当前记录的详细信息。

（六）正在执行

执行日志界面展示正在执行的流程详细信息，如图 3-53 所示，仅当有流程正在执行时出现。

（1）查看日志：查看当前正在执行或执行完成的流程的日志文件。

（2）再次执行：当前流程因手动终止或运行失败等原因导致的暂停，经调试后，可再次执行该流程。

图 3-53   执行日志界面

三、云扩 RPA 控制台

云扩 RPA 控制台是企业级 RPA 的中央控制中心，高效连接并管理编辑器、机器人、AI 服务、数据中心等业务模块，实现各模块的统一管理与协作。

（一）用户登录

用户登录界面是用户进入云扩 RPA 控制台的入口，通过注册、登录账号，即可进入云扩 RPA 控制台的首页，如图 3-54、图 3-55 所示。

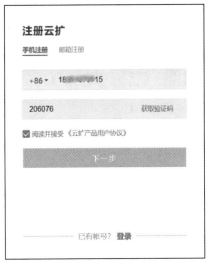

图 3-54　注册界面　　　　　　　　　　　　图 3-55　登录界面

（二）首页

主要用于对控制台中的各类常用应用、服务以及实用链接进行快速导航，同时提供编辑器、机器人安装包的下载功能，如图 3-56 所示。

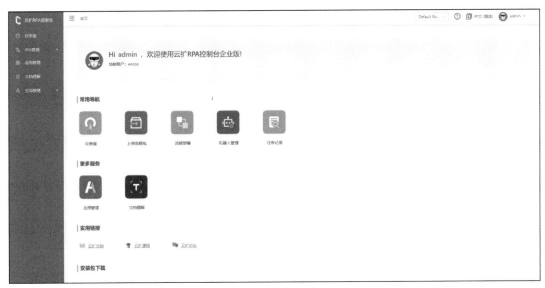

图 3-56　云扩 RPA 控制台首页

（1）常用导航：提供仪表盘、流程部署、机器人管理等常用应用的快速导航。

（2）更多服务：提供文档理解、应用管理等其他服务的快速导航。

（3）实用链接：提供云扩文档、课程、论坛等地址的快速跳转。

（4）安装包下载：选择对应的安装包单击，即可快速下载编辑器、机器人客户端，如图 3-57 所示。

（5）服务地址：用于编辑器客户端连接控制台时使用，如图 3-58 所示。

图 3-57　安装包下载

图 3-58　云扩 RPA 控制台服务地址

（三）总体监控

用于提供各类 RPA 数据统计分析功能，展现企业机器人、流程任务运行及状况，便于快速了解企业 RPA 系统运行现状以及进行各类调度，如图 3-59 所示（本功能仅企业版可见）。

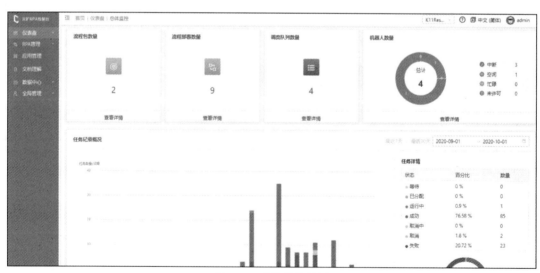

图 3-59　总体监控界面

（四）机器人监控

可按今日、最近 7 天、最近 30 天或自定义时间段，查看机器人运行状况，如图 3-60 所示（本功能仅企业版可见）。

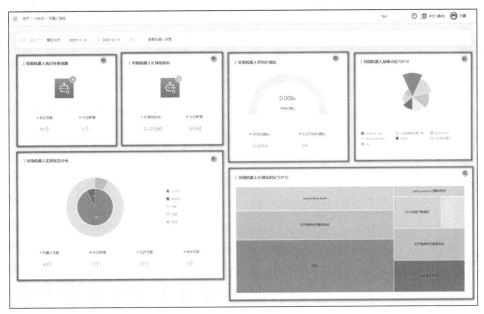

图 3-60　机器人监控界面

云扩 RPA 控制台参数说明如表 3-2 所示。

表 3-2　云扩 RPA 控制台参数说明

序号	参　数	说　明
1	可用机器人执行任务总数	统计当前资源组下所有机器人在当前时间段范围内的执行流程数
2	可用机器人忙碌总时长	统计当前资源组下所有机器人在当前时间段范围内的忙碌总时长（所有机器人处于忙碌状态时间的累计）
3	可用机器人平均忙碌比	统计当前资源组下所有机器人在当前时间段范围内平均忙碌比（所有机器人的忙碌总时长 / 当前时间段范围内所有机器人的存在总时长）
4	可用机器人故障占比 TOP10	统计所有流程数出现故障（即失败）的分布情况，每个机器人故障百分比 = 当前机器人失败的流程数 / 这段时间失败的总流程数
5	可用机器人实时状态分布	统计当前资源组下所有机器人在当前时间段范围内机器人的状态分布情况，机器人状态分为已许可、未许可、中断、忙碌、空闲等
6	可用机器人忙碌总时长 TOP10	展示当前资源组下所有机器人的忙碌情况（执行流程数）以及具体的流程包的情况

（五）机器人运行统计表

主要用于展示当前资源组下所有机器人的执行任务次数、完成次数、忙碌时长及忙碌比等情况。默认展示最近 7 天数据，可自由筛选时间段范围内的机器人运行数据，如图 3-61 所示（本功能仅企业版可见）。

（六）流程部署

流程部署主要用于对流程包进行部署，并建立流程与机器人之间的关联关系，支持参数赋值、失败尝试配置等操作（本功能仅企业版可见）。

流程部署完之后，可以对该流程进行以下操作。

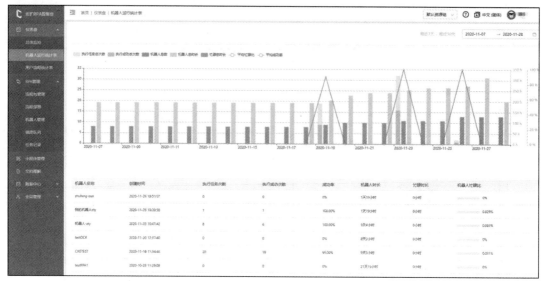

图 3-61　机器人运行统计表

（1）创建任务计划：通过定时方式触发对应的流程任务。

（2）手动执行流程：可以通过手动方式立即执行对应的流程任务。

（3）查看流程部署任务列表：可以查看该流程部署通过各种方式触发的流程任务记录及对应的日志详情。

1. 新建流程部署

在流程部署界面中单击"新建"按钮即可开始新建，如图 3-62 所示。

图 3-62　云扩 RPA 管理流程部署界面

（1）第一步，基本配置。

① 填写流程部署基本信息，选择对应的流程包以及流程包版本号。

② 设置失败最大尝试次数，流程执行失败后将按照该次数自动进行重试。

③ 设置任务优先级：优先级越高该任务将被越先执行。

④ 对流程包中的参数进行赋值。

手动赋值：填写需要进行赋值的参数值，如图 3-63 所示。

图 3-63　云扩 RPA 流程包参数赋值界面

导入资产：单击"导入资产"即可选择在资产管理界面中用预先存储的资产进行赋值，如图 3-64 所示。

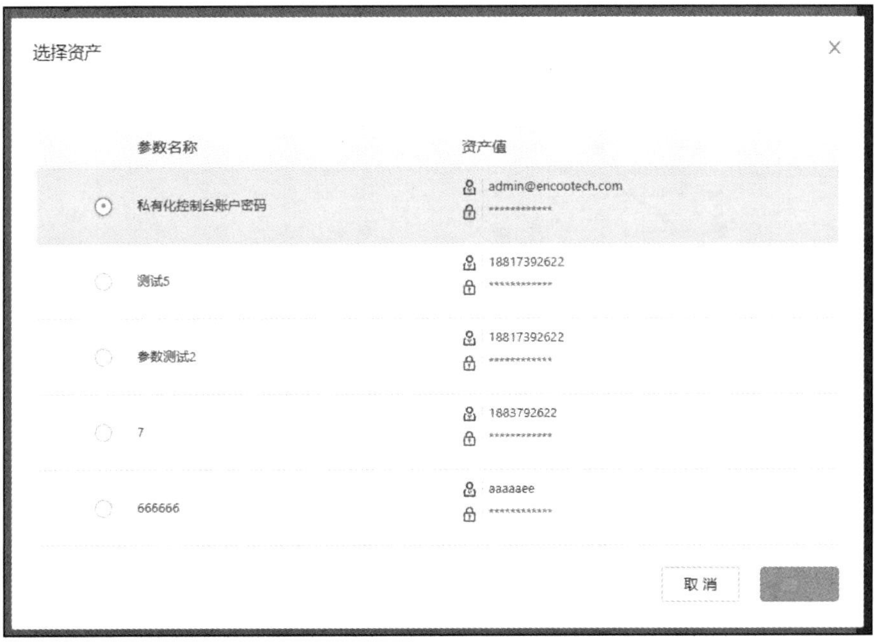

图 3-64　导入资产

（2）单击"下一步"，开始配置机器人执行目标，选择指定队列执行 / 指定机器人执行。

① 指定队列执行：从该资源组下已创建的队列进行选择，如图 3-65 所示。

图 3-65　指定队列执行界面

② 指定机器人执行：展示该资源组下所有机器人，通过勾选选定，支持按照名称及标签进行搜索，如图 3-66 所示。

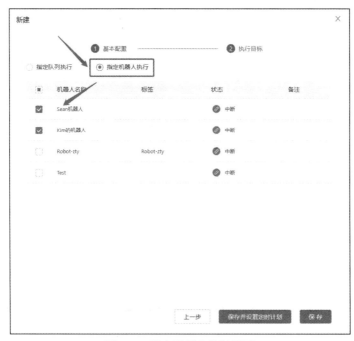

图 3-66　指定机器人执行界面

单击"保存"即完成流程部署新建，单击"保存并设置定时计划"即开始快捷配置定时计划。

2. 查看流程部署配置信息

单击流程部署中的"配置"按钮即可查看流程部署的配置信息，如图 3-67 所示。

图 3-67 流程部署配置信息界面

3. 基本配置及参数修改

在流程部署的配置界面中单击"编辑"按钮即可对基本配置信息及参数信息进行修改，如图 3-68 所示。修改完成后单击"保存"按钮即可。

图 3-68 基本配置及参数修改界面

4. 删除流程部署

单击所选的流程部署，单击选项中的"删除"按钮即可删除相应的流程部署，如

图 3-69 所示。

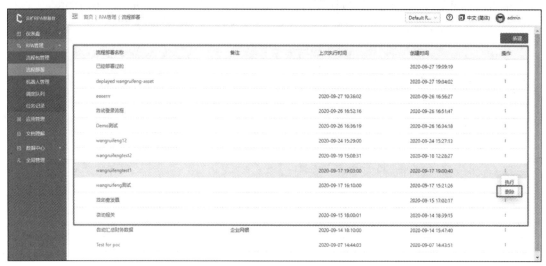

图 3-69　删除流程部署界面

 案例实现

创建一个自动化项目，实现自动打开官网。通过组件完成"打开官网"的流程。

（1）新建自动化项目

① 单击"流程项目"，新建项目。

② 单击"新建项目"窗口的"创建"按钮，确定创建项目，如图 3-70 所示。

图 3-70　创建项目

（2）打开流程文件 Main.xaml

双击项目面板中的"Main.xaml"，或者单击快速访问页的"Main.xaml"，如图 3-71 所示。

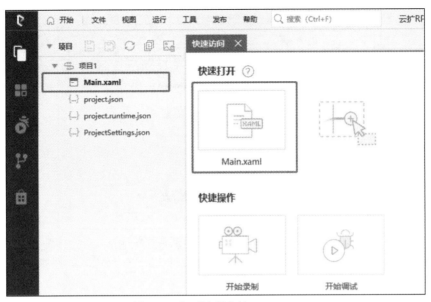

图 3-71 打开流程文件 Main.xaml

（3）添加"打开浏览器"组件

① 打开组件面板。

② 选择"软件自动化"→"浏览器"→"打开浏览器"组件。

③ 拖曳"打开浏览器"组件到编辑区域，并连接到开始节点，如图 3-72 所示。

图 3-72 拖曳"打开浏览器"组件到编辑区域并连接到开始节点

（4）设置"打开浏览器"组件属性

① 在编辑区域选中"打开浏览器"组件。

② 在组件的"网址"属性中，输入 "https://academy.encoo.com/learn"，如图 3-73 所示。

注：网址一定要填写在英文双引号中。

图 3-73 "打开浏览器"组件属性界面

（5）添加"输入文本"组件

① 双击"打开浏览器"组件，进入组件内部。

② 在组件面板中，选择"界面自动化"→"输入文本"组件。

③ 拖曳"输入文本"组件到"打开浏览器"组件内部，如图 3-74 所示。

图 3-74 拖曳"输入文本"组件到"打开浏览器"组件内部

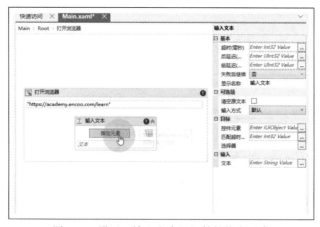

图 3-75 设置"输入文本"组件的指定元素

（6）设置"输入文本"组件：指定元素

①选中"输入文件"组件，单击组件上的"指定元素"，如图 3-75 所示。

②鼠标悬停在网页中的"搜索文本框"元素上，然后单击，如图 3-76 所示。

图 3-76　鼠标悬停在网页中的"搜索文本框"元素上

注：指定元素前请先用 IE 浏览器打开 https://academy.encoo.com/learn 网站。

（7）设置"输入文本"组件：设置属性

在属性面板的"文本"属性中输入"网站自动化"，如图 3-77 所示。

图 3-77　设置"输入文本"组件的设置属性

（8）添加"点击"组件

①在组件面板中，选择"界面自动化"→"点击"组件。

②拖曳"点击"组件到"输入文本"组件下方并连接"输入文本"组件，如图 3-78 所示。

（9）设置"点击"组件：指定元素

①在编辑区域选中"点击"组件，单击组件上的"指定元素"，如图 3-79 所示。

②鼠标悬停在网页中搜索文本框的"搜索"按钮元素上，如图 3-80 所示。

注：指定元素前请先用 IE 浏览器打开 https://academy.encoo.com/learn 网站。

图 3-78　添加"点击"组件

图 3-79　设置"点击"组件的指定元素

③ 单击"搜索"按钮，打开浏览器，如图 3-81 所示。

图 3-80　鼠标悬停在网页中搜索文本框的"搜索"按钮元素上

图 3-81　"打开浏览器"流程

（10）运行流程
①打开运行面板。
②单击"运行"，如图 3-82 所示。

图 3-82　运行流程

注：在以上操作过程中，可以将地址换成任意想要访问的网站。

 练习与提高

创建一个自动化项目，实现在搜索引擎中获取数据，并保存在 Excel 文件中。

技术体验三　图片类型转换

一、体验目的

了解如何使用典型的自动化组件，学会使用云扩 RPA 机器人"流程市场"中的流程。

二、体验内容

通过云扩 RPA 机器人"流程市场"中的流程，使用自动化组件中的图片转换工具来进行图片类型的转化。

三、体验环境

1. 已安装云扩 RPA 机器人。

2. 已有需要转换格式的图片，支持的图片格式有：jpg, jpeg, png, heic, gif, bmp, ico, tif, tiff。

四、体验步骤

1. 打开云扩 RPA 机器人，在工具栏中单击"流程市场"。

2. 搜索"云小扩机器人–图片类型转换工具"流程名称，即可找到此流程。

3. 光标移至机器人位置处，弹出流程简介与"查看""运行"按钮。

4. 单击"查看"按钮查看本机器人文档介绍。

5. 单击"运行"启动机器人。

（1）启动机器人后，会弹出"云小扩机器人–图片类型转换工具"对话框，如图 3-83 所示。

图 3-83　云小扩机器人–图片类型转换工具界面

（2）单击"添加文件"按钮，打开选择文件窗口，如图 3-84 所示。

（3）选择需要处理的图片并单击"打开"按钮，此时，选择的图片会显示在文件列表面板（图 3-85）中，可选择多个图片，或从图片右端单击"删除"按钮，删除不需要的图片。

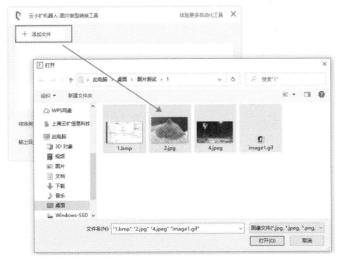

图 3-84　选择文件窗口

图 3-85　文件列表面板

（4）单击"转换类型"选择目标转换格式，目前支持 jpg、png、bmp 格式。

（5）勾选"转换后打开文件夹"，用来设置转换完后自动打开文件夹。

（6）单击"开始转换"按钮，机器人会将选择的图片文件依次转换为预期格式文件，转换完成的文件左边会显示勾选图标，并自动打开文件夹，如图 3-86 所示。

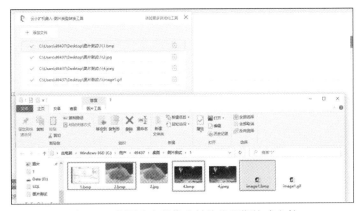

图 3-86　将图片文件依次转换为预期格式文件

（7）转换结束后关闭窗口，机器人运行结束。

五、结果

机器人会将选择的图片文件依次转换为预期格式文件，转换完成的文件左边会显示勾选图标，并自动打开文件夹。

深度技术体验

Email 自动化

模块四

虚拟现实

 学习情境

　　戴上 VR（虚拟现实）眼镜，新疆喀纳斯湖的美景实时呈现在眼前；通过 VR 修复技术，人们可以观赏景德镇御窑昔日盛景；进入微信小程序，足不出户就能全景观看楼盘样板房……虚拟现实技术的多种应用新场景正变成现实。中国虚拟现实产业的市场规模正持续扩大，行业应用愈加丰富。

　　从 2018 年开始，一年一届的世界 VR 产业大会聚焦虚拟现实发展的关键和共性问题，探讨产业发展趋势和解决之道；展示虚拟现实领域的最新成果、前沿技术和最新产品，推动行业应用和消费普及；搭建虚拟现实国际交流平台，引导全球资源和要素向中国汇聚。

 学习目标

知识目标

1. 理解虚拟现实技术的基本概念；
2. 了解虚拟现实技术的发展历程、应用场景和未来趋势；
3. 了解不同虚拟现实引擎开发工具的特点和差异。

技能目标

1. 能理解虚拟现实应用开发的流程和相关工具；
2. 能简单操作虚拟现实引擎开发工具 Unity。

素养目标

1. 能使用虚拟现实技术知识，理解虚拟现实技术在学习、工作、生活中的应用；
2. 形成使用虚拟现实技术解决问题的思维，能在工作、生活情境中提出相应解决方案；

3. 能清晰描述虚拟现实技术在本专业领域的典型应用案例。

单元 4.1　虚拟现实技术概述

◇ 导入案例 ◇

"百度世界 2021"大会中的"沉浸式"体验

2021 年 8 月 18 日，百度联合央视新闻举办"百度世界 2021"大会。以"AI 这时代，星辰大海"为主题（图 4-1），奉献了一场"AI 嘉年华"：新物种车外景开跑，小度家族的新成员亮相，AI 社区就在我们身边。AI 产业和 AI 生活的画卷已展开。

图 4-1　百度世界 2021 主题

图 4-2　主持人与火星车数字人祝融号

会上，央视主持人、嘉宾还与火星车数字人祝融号（图 4-2），展开了一场对话。祝融号数字人与主持人流畅对话，不仅准确回答了"火星上能否种土豆"的问题，还以"登火星"为题作了一首诗。随后，舞台上生成了与主持人一模一样的数字主持人（图 4-3），并为他换上了航天服（图 4-4），让他跟祝融号数字人做朋友。

图 4-3　主持人与数字主持人

图 4-4　主持人与换上航天服的数字主持人

那么，演播室变成了火星、数字主持人、火星车数字人祝融号这些场景是怎样实现的呢？这是央视应用 VR、XR 等创新技术，实现虚拟世界与现实世界无缝转换的"沉浸式"体验。

技术分析

本单元涉及的技术知识有：虚拟现实的基本概念及特征、虚拟现实技术的发展历程、虚拟现实的不同形式及其异同、虚拟现实系统的硬件设备、虚拟现实开发的软件技术、虚拟现实的应用领域和发展趋势。

 知识与技能

一、虚拟现实的基本概念、特征及发展历程

（一）虚拟现实的概念

所谓虚拟现实（Virtual Reality, VR），就是虚拟和现实相互结合。从理论上来讲，虚拟现实技术是一种可以创建和体验虚拟世界的计算机仿真系统，它利用计算机生成一种模拟环境，使用户沉浸到该环境中。虚拟现实技术就是利用现实生活中的数据，通过计算机技术产生的电子信号，将其与各种输出设备结合使其转化为能够让人们感受到的现象，这些现象可以是现实中真真切切的物体，也可以是人们肉眼所看不到的物质，通过三维模型表现出来。因为这些现象不是直接能看到的，而是通过计算机技术模拟出来的现实中的世界，故称为虚拟现实。

（二）虚拟现实的特征

1. 沉浸感（Immersion）
沉浸感是让用户成为并感受到自己是计算机系统所创设虚拟环境中的一部分，使用户感知到虚拟世界的触觉、味觉、嗅觉、运动感知等多方面的刺激，从而产生思维共鸣，造成心理沉浸，给人一种身临其境的感觉。沉浸感取决于用户的感知系统，是虚拟现实的主要特征。

2. 交互性（Interaction）
交互性是指用户进入计算机系统所创设虚拟环境中时，通过相应的技术，让用户跟环境产生相互作用，当用户进行某种操作时，周围的环境也会做出某种反应。如用户接触到虚拟环境中的物体时，用户的手上能够感受到；用户对物体施加某个动作时，物体的位置和状态就会发生相应的改变。

3. 想象性（Imagination）
想象性是指用户进入计算机系统所创设虚拟环境中时，可以拓宽认知范围，创造客观世界不存在的场景或不可能发生的环境。想象性可以使得用户根据自己的感觉与认知能力吸收知识，发散拓宽思维，创立新的概念和环境。

（三）虚拟现实技术的发展历程

一般认为，2016 年是虚拟现实技术发展的元年。但是，虚拟现实技术不是一下子就出现的，它是经过长期的积累而逐步产生的，只不过到了 2016 年，虚拟现实的概念才开始被人们所关注，虚拟现实技术得到了高速的发展，在工业、军事、医疗、航天、教育、娱乐等诸多行业被广泛应用。虚拟现实技术的发展大致分为四个阶段。

1. 探索阶段
可以说虚拟现实的本质就是人类在自然环境中的感官和动态的交互式模拟。

（1）全景图。全景图可以算是最早的虚拟现实的尝试。全景图（Panorama）一词最早由爱尔兰画家 Robert Barker 提出，他发明了一种新技法来弥补在凹面上作画时出现的视觉扭

曲，这种新技法于 1787 年被授予了专利，并取名为"全景"。全景图如图 4-5 所示。直到 19世纪中叶，全景图仍是常用的景观和历史事件的表现方式，这些绘画旨在填充观众的整个视野，使他们感受到一些历史事件或场景。

（2）立体镜。人类之所以能洞察立体空间，主要是由左右眼所看到的图像不同而产生的，这种现象被叫作双目视差。1838 年，英国科学家查尔斯·惠斯通利用双目视差原理发明了立体镜（Stereoscope），如图 4-6 所示，通过立体镜观察两个并排的立体图像或照片会给用户提供纵深感和沉浸感。

图 4-5　全景图

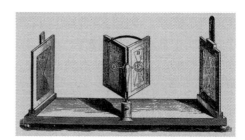

图 4-6　立体镜

1956 年，好莱坞的电影摄影师 Morton Heilig 发明了堪称世界上第一台 3D VR 体验设备Sensorama，这是一套只供一人观看、具有多种感官刺激的立体显示装置。它模拟驾驶汽车，生成立体的图像、立体的声音效果，并产生不同的气味，座位也能根据场景的变化产生摇摆或振动，还能感觉到有风在吹动，在当时，这套设备非常先进，但观众无法交互操作。

2. 萌芽阶段

图 4-7　头盔式立体显示器

随着电子技术和计算机技术的发展，人类逐渐创造出了更多更丰富的方式来刺激感官。

1965 年，被誉为"计算机图形学之父"和"虚拟现实之父"的图灵奖获得者伊凡·苏泽兰提出了感觉真实、交互真实的人机协作新理论，这一理论后来被公认为在虚拟现实技术中起着里程碑的作用。1968 年，伊凡·苏泽兰研制成功了带跟踪器的头盔式立体显示器（Helmet Mounted Display, HMD），如图 4-7 所示。HMD 由两个LCD 或 CRT 显示器分别显示左右眼的图像，这两个图像由计算机分别驱动，两个图像中存在微小差异，人眼获取这种带有差异的信息之后在脑海中产生立体感。这套装置被公认为是虚拟现实和增强现实的鼻祖，但是太过笨重，而且计算机生成的图形是非常原始的线框和对象。

3. 概念形成阶段

1969 年，迈伦·克鲁格建立了一个人工现实实验室通过投影仪、摄像机和专用硬件将用户的轮廓显示在屏幕上，用户能够在不同的房间内进行相互作用。通过这个技术，计算机分析并记录用户的行为并产生相应的人工环境，用户就能在屏幕上直观的观察他们的行为的结果。1973 年，迈伦·克鲁格提出了"Artificial Reality"（人工现实），这是早期出现的虚拟现实的词语。

1977 年，数据手套出现，如图 4-8 所示，意味着交互技术方面的突破。

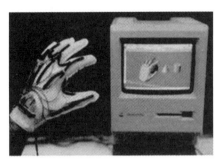

图 4-8 数据手套

1984 年，杰伦·拉尼尔创立了游戏公司 VPL Research，研发出了一系列虚拟现实设备，包括头戴式显示器和手套如图 4-9 所示。1987 年，杰伦·拉尼尔正式提出了"Virtual Reality"一词，因此他被誉为虚拟现实之父。

图 4-9 虚拟现实设备

4. 高速发展阶段

1990 年，三维图形生成、多传感器交互和高分辨率显示等技术开始应用于 VR 中。

1996 年，世界第一个虚拟现实环球网投入运行，使 Internet 用户可以在由一个立体虚拟现实世界组成的网络中遨游，身临其境般地欣赏风光、参观博览会、到大学课堂听课等。

21 世纪以来，VR 技术高速发展，VR 由简单的有声、有形、有动态的模型逐步演变发展到想象、交互、沉浸的 VR 技术。虚拟现实技术的理论基础和应用得到了快速的发展，软件开发系统不断完善。

2012 年，Oculus 公司成立，其研发的 Oculus Rift 这款用于游戏的 VR 头戴设备，如今已发展成为普通的电子消费产品，如图 4-10 所示。

图 4-10 Oculus Rift

2014 年，Google 发布了 Google CardBoard，意在将智能手机变成一个虚拟现实的原型设备，如图 4-11 所示。

图 4-11　Google CardBoard

2016 年，苹果发布了一款 VR 头盔，放入 iPhone 智能手机，然后打开一个应用程序播放 360° 视频，再把它戴在头上观看另一个虚拟世界，如图 4-12 所示。

图 4-12　View-Master

2017 年，Magic Leap 公司公布了旗下第一款增强现实 AR 眼镜产品 Magic Leap One，如图 4-13 所示。

图 4-13　Magic Leap One

在这一阶段，虚拟现实技术从研究型阶段转向为应用型阶段，广泛运用到了科研、航空、医学、军事等领域。

（四）虚拟现实的不同形式及其异同

1. 虚拟现实（Virtual Reality, VR）

VR 通过计算机模拟真实感的图像、声音和其他感觉，从而复制出一个真实或者假想的场景，并且让人觉得身处这个场景之中，还能够与这个场景发生交互。

2. 增强现实（Augmented Reality, AR）

AR 直接或间接地观察真实场景，但其内容通过计算机生成的组成部分被增强，计算机生成的组成部分包括图像、声音、视频或其他类型的信息。

（1）现场感，通过直接（镜片透视）或间接（摄像头拍摄、实时播放）观察真实世界，处于什么现场就显示什么现场。

（2）增强性，对现场显示的内容增加额外信息，包括图像、声音、视频或其他信息。

（3）相关性，计算机必须对现场进行认知，增加的内容和现场具有相关性，包括位置相关、内容相关、时间相关等。

3. 混合现实（Mixed Reality, MR）

MR 将真实场景和虚拟场景非常自然地融合在一起，它们之间可以发生具有真实感的实时交互，让人们难以区分哪部分是真实的，哪部分是虚拟的。

（1）现场感，这点与 AR 相同。

（2）混合性，真实场景和虚拟场景自然地融合在一起，发生真实感交互，包括遮挡、碰撞等。

（3）逼真性，虚拟场景的显示效果接近真实场景，不容易辨别。

4. 融合软件

融合软件是将多台投影机投射出的画面进行边缘重叠的软件图像技术，可通过融合图像技术将融合亮带进行几何矫正、色彩处理，最终显示出一个没有物理缝隙，并更加明亮、超大、高分辨率的整幅画面，画面的效果就像是一台投影机投射的画面。

5. 全息投影（Front-Projected Holographic Display）

全息投影技术属于 3D 技术的一种，原指利用干涉原理记录并再现物体真实的三维图像的技术。而后随着科幻电影与商业宣传的引导，全息投影的概念逐渐延伸到舞台表演、展览展示等商用活动中。

普通的摄影技术仅能记录光的强度信息（振幅），深度信息（相位）则会丢失。而全息技术的干涉过程中，波峰与波峰的叠加会更高，波峰波谷叠加会削平，因此会产生一系列不规则的、明暗相间的条纹，从而把相位信息转换为强度信息记录在感光材料上。

6. 扩展现实（Extended Reality, XR）

XR 包含了 AR、VR、MR，利用硬件设备结合多种技术手段，将虚拟的内容和真实场景融合。

7. VR，AR 和 MR 之间的异同点和关系

（1）VR 和 AR 的异同点和关系

相同点：VR 和 AR 都具有虚拟性，追求沉浸感和交互性。

不同点：VR 要尽可能地隔绝现实，AR 要尽可能多地引入现实，两者在这方面的要求截然相反。VR 设备将眼睛和屏幕封闭起来，让外面的光线进不来，而 AR 设备会选用透光率高的镜片，广角的摄像头等部件，将外面的光线尽量请进来。

VR 首先强调的是沉浸感，完整的虚拟现实体验，由于虚拟场景可以人为设计，也不要求现场感。真实场景的画面往往是会破坏 VR 沉浸感，因此 VR 需要隔绝外界光线，让虚拟场景占满整个视野，避免真实场景画面进入眼睛。

AR 首先强调的是现场感，AR 展现的内容必须和现场息息相关，没有现场也就谈不上增强了，所以 AR 要尽可能将真实现场的画面占满用户的整个视野，要让用户很自然地观察真实现场。AR 必须对场景的三维结构和内容进行实时理解，如要知道地面位置、墙壁位置、空间尺寸等；AR 还要对场景中的内容能够正确识别，如哪是汽车、哪是人、哪是建筑等。对场景理解后就可对其进行增强了，增强的方面可以非常多，比如把墙壁的颜色换掉、在地面上显示导航箭头、在物品旁边显示名字等。

（2）MR 和 AR 的异同点和关系

相同点：MR 和 AR 都是对现实的增强。AR 对虚拟图像的真实感不做严格要求，但越

真实越好，而 MR 对虚拟图像具有严格的真实感要求，因此 AR 的定义比 MR 更加宽泛，MR 比 AR 更加严格，因此 MR 和 AR 是被包含关系，MR 是 AR 的子集（高真实感的 AR）。

不同点：MR 强调虚拟图像的真实性，需要对真实场景进行像素级交叉和遮挡，要求虚拟场景具有真实的光照，和真实场景自然混合在一起；而 AR 更加强调虚拟图像的信息性，需要在正确的位置出现，给用户增加信息量，但其对真实场景的遮挡和光照不做强调。

二、虚拟现实的应用领域和发展趋势

（一）虚拟现实的应用领域

1. 航空航天领域

由于航空航天是一项耗资巨大，非常繁琐的工程，所以，人们利用虚拟现实技术进行模拟，在虚拟空间中呈现出现实中的航天飞机与飞行环境，使飞行员在虚拟空间中进行飞行训练和实验操作，最大限度地降低训练费用、提高实验的成功率。

2. 军事领域

在军事方面，人们将地图上的山川地貌、海洋湖泊等数据通过计算机进行处理，利用虚拟现实技术，能将原本平面的地图变成一幅三维立体的地形图，再通过全息技术将其投影出来，模拟进行军事演习等训练。

另外，军事训练期间，可以利用虚拟现实技术去模拟无人机的飞行、射击等动作；战争期间，军人也可以通过眼镜、头盔等机器操控无人机进行侦察和执行任务，减小战争中军人的伤亡。

3. 医学领域

医学专家们利用计算机，在虚拟空间中模拟出人体组织和器官，让学生在其中进行模拟操作，并且能让学生感受到手术刀切入人体肌肉组织、触碰到骨头的感觉，使学生能够更快的掌握手术要领。而且，主刀医生们在手术前，也可以建立一个病人身体的虚拟模型，在虚拟空间中先进行一次手术预演，这样能够大大提高手术的成功率，让更多的病人得以痊愈。

4. 文化、艺术、娱乐领域

虚拟现实技术在影视业得到了广泛应用，以虚拟现实技术为主建立的观影设施，可以让观影者体会到置身于真实场景之中的感觉，让体验者沉浸在影片所创造的虚拟环境之中；同时，虚拟现实技术在游戏领域也得到了快速发展。三维游戏几乎包含了虚拟现实的全部技术，使游戏在保持实时性和交互性的同时，大幅提升了游戏的真实感。

5. 教育培训

通过 VR 教学，体验 VR 沉浸世界，寓教于乐，摆脱了枯燥的传统课堂，学习中融入乐趣；在 VR 新兴科技中沉浸互动式的学习体验，将学习与科技融为一体；体验逼真，从内容到模型、动画，从视觉到听觉、感官，都精益求精，交互中带来逼真的 VR 体验。

6. 设计领域

在设计领域，人们可以利用虚拟现实技术把室内结构、房屋外形表现出来，使之变成可以看得见的物体和环境。同时，在设计初期，设计师可以将自己的想法通过虚拟现实技术模拟出来，可以在虚拟环境中预先看到室内的实际效果，这样既节省时间，又降低成本。

（二）虚拟现实的发展趋势

虚拟现实硬件技术升级与内容持续丰富将刺激消费市场；虚拟现实的行业应用正在成为

产业高质量发展的动力；虚拟现实与 5G、AI、8K 等新一代信息技术将走向更加融合的发展趋势。

三、虚拟现实的开发流程和相关工具

（一）虚拟现实的开发流程

1. 采集

虚拟场景中的模型和纹理贴图都要来源于真实场景，因此，需事先通过摄像采集材质纹理和真实场景布局。

2. 建模

在虚拟场景中看到的任何物品或者模型都是真实场景中实物的再现，这就是虚拟现实给人一种真实场景的感觉，因此，要通过建模来构建场景，在建模过程中还要不断优化模型。

3. 交互

交互技术是虚拟现实项目中的一个关键点。场景中的交互功能是将虚拟场景与用户连接在一起的开发纽带，它协调整个虚拟系统的工作和运转。

4. 渲染

虚拟现实项目除了需要运行流畅之外，场景渲染也很重要，渲染出逼真的场景能给用户带来真实的沉浸感。

（二）虚拟现实系统的硬件设备

1. 建模设备

建模设备包括 3D 扫描仪等。3D 扫描仪或称三维立体扫描仪，融合光、机、电和计算机技术于一体，主要用于获取物体外表面的三维坐标及物体的三维数字化模型。

2. 显示设备

显示设备主要包括以下几种：

（1）虚拟现实头显，或称头戴式显示器，是虚拟现实的显示设备。它利用人的左右眼获取信息差异，引导用户产生一种身在虚拟环境中的感觉。

（2）双目全方位显示器，是一种立体显示设备，是一种特殊的头部显示设备。

（3）大型投影系统，是由 3 个面以上（含 3 面）硬质背投影墙组成的高度沉浸的虚拟演示环境，配合三维跟踪器，用户可以在被投影墙包围的系统近距离接触虚拟三维物体，或者随意漫游在"真实"的虚拟环境。

（4）智能眼镜，配合自然交互界面，相当于手持终端的图像接口，不需要点击，只需要使用人的本能行为，例如摇头晃脑、讲话、转眼等，就可以和智能眼镜进行交互。因此，这种方式提高了用户体验，操作起来更加自然随心。

3. 声音设备

声音设备主要包括三维立体声、语音识别等。

（1）三维立体声：是由计算机生成的、能由人工设定声源在空间中的三维位置的一种合成声音。这种声音技术不仅考虑到人的头部、躯干对声音反射所产生的影响，还对人的头部进行实时跟踪，使虚拟声音能随着人的头部运动相应变化，从而能够得到逼真的三维听觉效果。

（2）语音识别：VR 的语音识别系统让计算机具备人类的听觉功能，使人—机能以语言

这种人类最自然的方式进行信息交换。

4. 交互设备

交互设备包括：数据手套、操纵杆、动作捕捉设备和数据衣等。

（1）数据手套：数据手套是虚拟仿真中最常用的交互工具。它设有弯曲传感器，使操作者以更加直接、自然、有效的方式与虚拟世界进行交互，大大增强了互动性和沉浸感。

（2）操纵杆：操纵杆是一种可以提供前后左右上下 6 个自由度及手指按钮的外部输入设备。由于操纵杆采用全数字化设计，所以其精度都比较高。

（3）动作捕捉系统：在 VR 系统中，动作捕捉系统可以实现人与 VR 系统的交互，必须确定参与者的头部、手、身体等位置的方向，准确地跟踪测量参与者的动作，将这些动作实时监测出来，以便将这些数据反馈给显示和控制系统。动作捕捉系统可分为机械式、声学式、电磁式、光学式等。

（4）数据衣：数据衣是一种常用的动作捕捉设备。数据衣是为了让 VR 系统识别全身运动而设计的输入装置。这种衣服装备着许多触觉传感器，穿在身上，衣服里面的传感器能够根据身体的动作探测和跟踪人体的所有动作。

（三）虚拟现实开发的软件技术

1. 虚拟现实开发的编程语言

虚拟现实开发的编程语言有很多，目前主要以 C# 和 Java 两种语言为主，其中 C# 在这个领域适用性更强，也比较容易上手。

2. 虚拟现实技术的建模工具软件

最常用到的几款软件是 3DS Max、Maya、Rhino 等。

（1）3DS Max

3D Studio Max，简称 3DS Max，是目前市场销售量最大的三维建模、动画及渲染软件。3DS Max 是容易上手的 3D 软件，其最早应用于计算机游戏中的动画制作，后开始参与影视片的特效制作。

（2）Maya

Maya 是世界顶级的三维动画软件，主要应用领域是专业的影视广告、角色动画、电影特技等。Maya 功能完善，工作灵活，易学易用，制作效率高，渲染真实感强。

（3）Rhino

Rhinocero，简称 Rhino，它的基本操作和 AutoCAD 有相似之处，目前广泛应用于工业设计、建筑、家具、鞋模设计，擅长产品外观造型建模。

3. 虚拟现实开发引擎

（1）引擎

在软件开发中，游戏引擎是指一些已编写好的可编辑游戏系统或者一些交互式实时图像应用程序的核心组件，是控制所有游戏功能的主程序，包括：计算碰撞、物体的相对位置、接受玩家的输入、输出适当音效等。

对于游戏，玩家所体验到的剧情、关卡、美工、音乐、操作等内容都是由游戏的引擎直接控制的，它扮演着发动机的角色，把游戏中的所有元素捆绑在一起，在后台指挥它们同时、有序地工作。

经过不断的进化，如今的游戏引擎已经发展为一套由多个子系统共同构成的复杂系统，从建模、动画到光影、粒子特效，从物理系统、碰撞检测到文件管理、网络特性，还有专业的编辑工具和插件，几乎涵盖了开发过程中的所有重要环节。

（2）引擎式开发的特点

通过开发引擎进行开发，有以下三个特点：

① 所见即所得。引擎式开发只需要在开发后台进行配置，即可完成软件开发的过程，整个过程都是可视化的配置，不生成源代码，不需要编码后进行打包、编译、发布的过程，开发和维护效率得到极大的提高。

② 内嵌高级语言。即便是实现复杂的效果，这个过程仍然不需要生成或修改底层源代码，由于源码没变，技术底层可以统一维护和升级。

③ 流水线式开发。引擎式开发是已经写好了的标准规则，就如标准流水线般，通过表单、视图、流程等各环节，最终实现引擎式的输出已开发好的软件。

（3）常见的 VR 开发引擎

常见的 VR 开发引擎有：VRML、Unreal Engine、Cortona3D、WireFusion、Virtools、VRP、Unity、MaxPlay 等。

其中虚幻引擎（Unreal Engine）和 Unity 是目前最流行的。

 案例实现

作为央视首档移动端 4K 直播节目，"百度世界 2021" 大会不仅以历经实践的直播技术为基础，更在直播间搭建了一个 38 m×5 m 的 8K 超高清巨型弧屏，通过 AI 结合 VR、XR 等创新技术的应用，在现场打造了视、听、触多维融合的舞台立体空间，通过视觉交互技术的融合，实现虚拟世界与现实世界无缝转换的"沉浸式"体验，不仅刷新了裸眼 3D 的舞台效果，同时也面向行业、合作伙伴、广大用户和媒体，对人工智能技术进行了一次创新式全民科普。

具体来看，通过 XR 技术，在央视主会场，新发布的"汽车机器人"与主持人及嘉宾"穿越时空"相见；依托 AR、VR、MR 等视觉交互技术融合，演播室一会儿瞬间变成跳水训练现场，呈现首个"3D+AI"跳水训练系统的应用，如图 4-14 所示。演播室一会儿又瞬间变成火星、城市夜景。这次直播，基本上是在虚拟世界与现实世界间无缝切换。

图 4-14 "3D+AI" 跳水训练系统的应用

本次大会除了线上直播之外，还设置了 VR 分会场。用户只需要进入百度世界大会官网，在手机端就可以体验身临其境的感觉。

 练习与提高

2021 年 8 月 2 日，第十九届中国国际数码互动娱乐展览会在上海新国际博览中心落下帷幕，DuMix AR 首次亮相的明星数字员工引起了全场观众的瞩目。明星数字员工是基于 DuMix AR 智能虚拟形象生成及应用系统推出的 3D 卡通虚拟形象。

进入"百度大脑"官方网站，了解"DuMix AR"相关内容。

单元 4.2　简单虚拟现实应用程序开发

 导入案例

用 Unity 创建简单的几何模型

Unity 是一个强大的游戏开发引擎。在游戏开发中使用的模型常常是从外部导入的，Unity 为了方便游戏开发者快速创建模型，提供了一些简单的几何模型，其中包括立方体、球体、圆柱体、胶囊体等。

用 Unity 创建几个简单的几何模型。

 ## 技术分析

本单元介绍有关虚拟现实应用程序开发，了解常用虚拟现实开发引擎，了解 VR 开发引擎 Unity 的基本使用，并体验用 Unity 创建简单的几何模型。

 ## 知识与技能

一、常用虚拟现实开发技术简介

（一）360 度全景虚拟技术

其实现的方式有 Flash 和 Java。其实说它是虚拟现实技术，比较牵强，因为它实际上是一张全景图片，可以控制旋转进行观看。

（二）虚幻引擎

虚幻引擎是由著名游戏公司 EPIC 开发的，EPIC 中国唯一授权机构——GA 游戏教育基地坐落于上海。虚幻引擎的设计目的非常明确，每一个方面都具有比较高的易用性，尤其侧重于数据生成和程序编写的方面。

（三）VRP

VRP 是中国本土大型引擎，经过了好几代的升级，目前已经支持一些 HDR 运动模糊之类的效果，操作非常简单。

（四）Unity

Unity 是虚拟现实的后起之秀，一起步就被定义为高端大型引擎，且受到业内的广泛关注。起初只可以运行于 Mac 系统，后来扩展到 Windows 系统，Unity 自带了不少的工具，方便制作。丰富的互动支持十多个平台的跨平台发布。

二、虚拟现实开发引擎 Unity 使用简介

（一）Unity 的特色与应用领域

1. Unity 的特色

业界现有的商用游戏引擎和免费游戏引擎数不胜数，但是多数游戏引擎价格高，游戏开发成本高。而 Unity 是让人们可以轻松开发的优秀游戏引擎，价格合理，同时以其强大的跨平台特性与绚丽的 3D 渲染效果进入游戏引擎前列，所以现在很多商业游戏及虚拟现实产品都采用 Unity 引擎来开发。

（1）高能低价易用

Unity 支持从单机应用到大型多人联网游戏的开发。

Unity 的着色器系统进行了功能整合，具有易用性、灵活性、高性能的特点。

Unity 提供了具有柔和阴影以及高度完善的烘焙效果的光影渲染系统。

Unity 游戏开发引擎在价格方面有着其他引擎无法比拟的优势，大幅降低了游戏开发成本。

Unity 游戏开发引擎易于上手，降低了对游戏开发人员的要求。

（2）跨平台

开发人员可以通过不同的平台进行开发。在游戏开发完后即可一键发布到常用的主流平台或运营商的目标平台上。

Unity 只需一键即可完成游戏作品的多平台开发和部署，让开发者的作品在多平台呈现。

（3）综合编辑

Unity 的用户界面具备视觉化编辑、详细的属性编辑器和动态游戏预览等特性。

Unity 中创新的可视化模式让开发人员能够轻松构建互动体验，当游戏运行时可以实时修改参数值，方便开发，为游戏开发节省大量时间。

（4）资源导入

项目可以自动导入资源，并根据资源的改动自动更新。Unity 几乎支持所有主流的三维格式，贴图材质自动转换为 Unity 格式，并能和大部分相关应用程序协调工作。

（5）脚本语言

Unity 集成了 MonoDeveloper 编译平台，支持 C#、JavaScript 和 Boo 三种脚本语言，其中 C# 和 JavaScript 是在游戏开发中最常用的脚本语言。

（6）地形编辑器

Unity 内置强大的地形编辑系统，该系统可使游戏开发者实现游戏中任何复杂的地形，支持地形创建和树木与植被贴片，支持自动的地形 LOD、水面特效等，尤其是低端硬件亦可流畅运行广阔茂盛的植被景观，能够方便地创建游戏场景中所用到的各种地形。

（7）物理特效

物理引擎是模拟牛顿力学模型的计算机程序，其中使用了质量、速度、摩擦力和空气阻力等变量。Unity 内置 PhysX 物理引擎，游戏开发者可以用高效、逼真、生动的方式复原和模拟真实世界中的物理效果，例如碰撞检测、弹簧效果、布料效果、重力效果等。

2. Unity 的应用领域

Unity 在游戏开发、虚拟仿真、动漫、教育、建筑、电影等多个行业中都得到了广泛运用。

（1）游戏应用

3D 游戏是 Unity 游戏引擎重要的应用方向之一，从最初的文字游戏到二维游戏、三维

游戏，再到网络三维游戏，游戏的发展进阶在保持实时性和交互性的同时，其逼真度和沉浸感也在不断地提高和加强。

（2）虚拟仿真教育应用

将 Unity 应用于虚拟仿真教育是教育技术发展的一个飞跃。它营造了自主学习的环境，由传统的"以教促学"的学习方式变为学习者通过自身与信息环境的相互作用来得到知识、技能的新型学习方式。

（3）军事与航天工业应用

模拟训练一直是军事与航天工业中的一个重要课题，这为 Unity 提供了广阔的应用前景。

（4）室内设计应用

Unity 引擎可以实现虚拟室内设计效果，能够作为一个以视觉形式反映设计者思想的优秀设计工具。在装修房屋之前，首先要对房屋的结构、外形做细致的构思，辅以大量的设计图纸使之定量化。虚拟室内设计可以将这种构思变成可视化的虚拟物体和环境，这让传统的设计模式突破到了数字化的所见即所得的境界，大幅提高设计与规划的质量与效率。

Unity 提供了让设计者完全按照自己意愿去构建和装饰虚拟房间的条件。除此之外，还能够任意变换自己在房间中的位置、视角去观察设计的效果。

（5）城市规划应用

城市规划一直是对全新的可视化技术需求最为迫切的领域之一，利用 Unity 引擎进行虚拟城市规划能够带来切实可观的经济效益。展现规划方案时，虚拟现实系统的沉浸感和互动性给展示对象带来强烈的、逼真的感官冲击，使展示对象获得身临其境的感官体验。还可以通过数据接口在实时的虚拟环境中随时获取项目的数据资料，方便大型复杂工程项目的规划、设计、投标、报批等措施的开展。

（6）工业仿真应用

随着时代的发展，当今世界工业已然发生巨大变化，先进科学技术的应用显现出不可小觑的作用。Unity 引擎已经被世界各地的一些大型企业广泛应用到工业仿真的各个环节，意图在于提高企业的开发效率；加强数据采集、分析、处理能力；减少决策失误；降低企业运作风险。

（7）文物古迹展示、保护应用

利用 Unity 引擎，结合网络技术，可以将文物古迹的展示、保护提高到一个崭新的阶段。

首先表现在将文物古迹实体通过影像数据采集手段建立三维实物或模型数据库，保存文物古迹原有的各种形式的数据和空间关系等重要资源，实现濒危文物古迹资源的科学、高精度和永久的保存。其次，利用这些技术来提高文物修复的精度，预先判断、选取将要采用的保护手段，同时可以缩短修复工期。

通过计算机网络来整合统一大范围内的文物古迹资源，并且通过网络在大范围内利用虚拟技术更加全面、生动、逼真地展示文物古迹，从而使文物古迹脱离地域限制，实现资源共享，真正成为全人类可以拥有的文化遗产。

（二）Unity 下载安装

Unity 软件的下载与安装十分便捷，游戏开发者可根据个人计算机的类型有选择地安装基于 Windows 平台或 MacOS 平台的 Unity 软件。

接下来将着重介绍基于 Windows 平台的 Unity 软件的下载与安装步骤。

1. Unity Hub 的下载

Unity Hub 是一个集社区、项目管理、学习资源、安装于一体的工作平台，通过 Unity Hub 可以简化多个 Unity 版本的查找、下载及安装的过程。

要安装 Unity 游戏引擎的最新版，可以访问 Unity 官方网站。

单击官网中的"下载 Unity"进入 Unity 下载页面，如图 4-15 所示。

图 4-15 Unity 下载页面

图 4-16 选择 Windows 下载

单击从 Hub 下载，选择 Windows 下载，如图 4-16 所示。得到 Unity Hub 的安装包。

2. Unity Hub 的安装

（1）双击下载得到的安装包进行安装，Unity Hub 安装界面如图 4-17 所示。

图 4-17 Unity Hub 安装界面

（2）单击"我同意"按钮，选定安装位置，如图 4-18 所示，单击"安装"，安装完成后的界面如图 4-19 所示。

图 4-18 选定安装位置

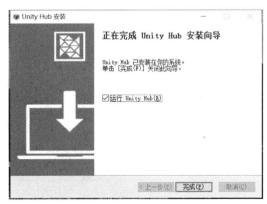

图 4-19 安装完成后的界面

（3）单击完成按钮，系统运行 Unity Hub 并显示其登录界面，如图 4-20 所示。

图 4-20　登录界面

3. 从 Unity Hub 安装 Unity Editor

（1）单击"Sign in"按钮并根据提示登录账号后，弹出 Unity Editor 安装对话框，如图 4-21 所示。

图 4-21　Unity Editor 安装对话框

（2）选择安装路径后，单击"Install Unity Editor"，进入获取许可证界面，如图 4-22 所示。

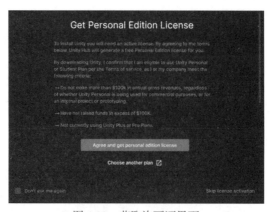

图 4-22　获取许可证界面

（3）单击"Agree and get personal edition license"，获取版本许可后，Unity Hub 将自动下载并安装 Unity Editor，如图 4-23 所示。

（4）安装完成后，便可使用 Unity Editor 进行开发。

图 4-23　Unity Hub 下载并安装 Unity Editor

三、用 Unity Editor 开发简单虚拟现实应用程序举例

（一）Unity Editor 视图界面

1. Unity Editor 界面布局

Unity Editor 拥有强大的编辑界面，游戏开发者在创建游戏过程中可以通过可视化的编辑界面创建游戏。Unity Editor 主界面如图 4-24 所示，Unity Editor 的基本界面布局包括工具栏、菜单栏以及 5 个主要的视图操作窗口，这 5 个视图分别为：Hierarchy 层次视图、Project 项目视图、Inspector 检视视图、Scene 场景视图及 Game 游戏视图。

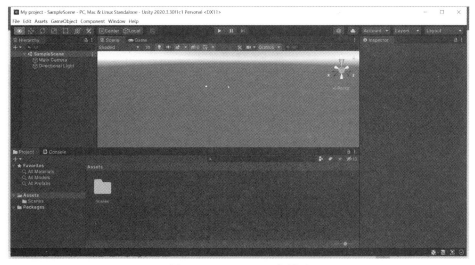

图 4-24　Unity Editor 主界面

右上角 Layouts 按钮用于改变视图模式，该按钮在单击后会弹出下拉列表，列表中部分选项及其说明见表 4-1。

表 4-1 Layouts 下拉列表中部分选项及其说明

选 项	说 明
2 by 3	是一个经典的布局，很多开发人员使用这样的布局
4 Spilt	可以呈现 4 个 Scene 视图，通过控制 4 个场景可以更清楚地进行场景的搭建
Wide	将 Inspector 视图放置在最右侧，将 Hierarchy 视图与 Project 视图放置在一列
Tall	将 Hierarchy 视图与 Project 视图放置在 Scene 视图的下方

当完成了窗口布局自定义时，执行"Window"→"Layouts"→"Save Layout"菜单命令，在弹出的小窗口中输入自定义窗口布局的名称，单击"Save"按钮，可以看到"Window"→"Layouts"菜单中新增了该自定义窗口布局。

2. Unity Editor 菜单栏与快捷键

菜单栏是 Unity Editor 操作界面的重要组成部分之一，其主要用于汇集分散的功能与板块，使游戏开发者以较快的速度查找到相应的功能内容，如图 4-25 所示。

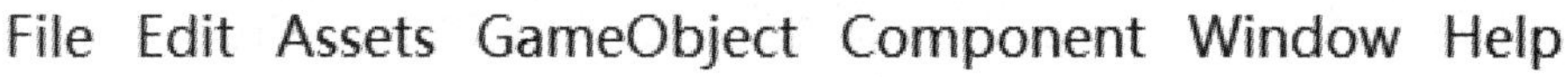

File Edit Assets GameObject Component Window Help

图 4-25 Unity Editor 菜单栏

- File 菜单主要用于打开和保存场景项目，同时也可以创建新场景。
- Edit 菜单用于场景对象的基本操作（如撤销、重做、复制、粘贴）以及项目的相关设置。
- Assets 菜单主要用于资源的创建、导入、导出以及同步相关的功能。
- GameObject 菜单主要用于创建、显示游戏对象。
- Component 菜单主要用于在项目制作过程中为游戏物体添加组件或属性。
- Window 菜单主要用于在项目制作过程中显示 Layout（布局）、Scene（场景）、Game（游戏）和 Inspector（检视）等窗口。

3. Unity Editor 工具栏与常用工具

Unity Editor 的工具栏中，常用工具见表 4-2。

表 4-2 常用工具

工 具	功 能	快捷键	图 标
平移窗口工具	平移场景视图画面	鼠标中键	
位移工具	针对单个或两个轴向做位移	W	
旋转工具	针对单个或两个轴向做旋转	E	
缩放工具	针对单个轴向或整个物体做缩放	R	
矩形手柄	设定矩形选框	T	
变换轴向	与 Pivot 切换显示，以对象中心轴线为参考轴做移动、旋转及缩放	无	 Center

续　表

工　具	功　能	快捷键	图　标
变换轴向	与 Center 切换显示，以网格轴线为参考轴做移动、旋转及缩放	无	Pivot
变换轴向	与 Global 切换显示，控制对象本身的轴向	无	Global
变换轴向	与 Local 切换显示，控制世界坐标的轴向	无	Local
播放	播放游戏以进行测试	无	▶
暂停	暂停游戏测试	无	❚❚
单步执行	单步进行测试	无	▶❙
图层下拉列表	设定图层	无	Layers ▾
页面布局下拉列表	选择或自定义 Unity Editor 页面布局方式	无	Layout ▾

（二）Unity 的基本操作

Unity 创建项目可以简单地理解为：一款完整的游戏就是一个项目（Project），游戏中的每一个关卡对应的就是项目之下的场景（Scene）。

1. 创建新项目

启动 Unity Hub 后，单击左侧“Projects”选项来创建新项目，如图 4-26 所示。

单击“New Project”（新建项目）按钮打开新建项目界面，输入项目名称（Project Name）并且选择项目存放路径（Location），项目模板（Templates）配置为 2D 或 3D，如图 4-27 所示，单击“Create project”完成新建项目。

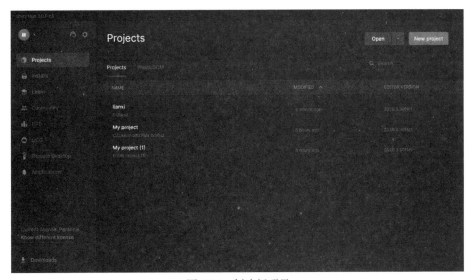

图 4-26　创建新项目

成功新建项目后，该项目中会自带一个名为“Main Camera”的相机和一个名为“Directional Light”的直线光。

图 4-27 设置新建项目参数

2. 新建场景

由于每个项目中可能会存在多个不同的场景，所以尝试去新建场景。

选择 Unity Editor 菜单栏上的"File"→"New Scene"即可新建场景。

3. 创建游戏对象

选择菜单栏上的"Game Object"→"3D Object"→"Cube"命令创建一个立方体。可自行尝试创建其他游戏对象组件。最后使用场景控件调整对象组件的位置，从而完成游戏组件的创建。

4. 添加游戏对象组件

游戏对象组件可以通过 Inspector（属性编辑器）来显示。组件与组件之间可以附加。

为之前创建的立方体（Cube）组件添加刚体组件（Rigidbody）：①选中立方体（Cube）；②单击组件选项（Component）；③单击物理选项（Physics）；④单击刚体组件（Rigidbody）。

刚体组件添加完成后，在场景视图中单击立方体（Cube）并将其拖曳到平面上方，然后单击"Play"按钮进行测试，可以发现立方体（Cube）会做自由落体运动，与地面发生相撞，最后停在地面。

5. 保存项目

单击菜单栏上的"File"→"Save Scene"或使用 Ctrl+S 组合键，然后输入一个文件名即可保存项目。

案例实现

在 Unity Editor 中，可以通过执行"GameObject"→"3D Object"菜单命令创建基本几何体。

（1）建立一个空项目，设置其名称以及存储路径。然后单击"Create"按钮即生成一个新项目。

（2）执行"File"→"Save Scene"命令，保存场景，将其命名为 scene。

（3）执行"GameObject"→"3D Object"→"Plane"菜单命令创建一个平面，设置位置在（0，–1，–2）处，如图 4-28 所示。

图 4-28　创建一个平面

图 4-29　创建一个球体

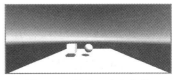
图 4-30　创建一个立方体

执行"GameObject"→"3D Object"→"Sphere"命令创建一个球体，设置位置在（0，0，-3）处，如图 4-29 所示。

执行"GameObject"→"3D Object"→"Cube"命令创建一个立方体，设置位置在（-2，0，-3）处，如图 4-30 所示。

执行"GameObject"→"3D Object"→"Capsule"命令创建一个胶囊体，设置位置在（0，-2，-3）处，如图 4-31 所示。

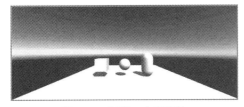
图 4-31　创建一个胶囊体

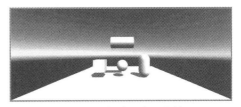
图 4-32　创建一个圆柱体

执行"GameObject"→"3D Object"→"Cylinder"命令创建一个圆柱体，设置位置在（0，0，90）处，如图 4-32 所示。

（4）保存项目，并选择 PC 平台发布后，即可运行游戏。

 拓展阅读

"央视春晚 2021"中的虚拟现实技术

2021 年 2 月 5 日，《2021 年春节联欢晚会》第三次联排在中央广播电视总台一号演播厅举行。此次联排以科技手段打造焕然一新的视觉效果，包括采用国际最新的数字影像互动技术以及 AR、XR 技术与节目内容互融互通，赋予观众沉浸式的视听享受。

整场晚会将科技美学与精品内容融合为一体，AR、XR、电影特效技术等将现实舞台上无法完成的效果精彩呈现，融通虚拟空间与现实世界。

相对于一般的 AR 场景，春晚作品在 AR 创作上更为复杂、精细。这些作品需要反复推敲各类动作效果和质感细节，使它们准确对应节目内容节点以及灯光、舞美、大屏幕变化，自然地融入舞台实景当中。被 AR 效果覆盖的观众席能随着节目需要变换场景，与主舞台无缝连接，这相当于把春晚舞台搬到了整个演出现场。

XR 技术打造了多场景及空间转场变化，让观众有种移步换景、身临其境的沉浸式体验。虚拟效果更加注重节目立意的深度发掘与打造，加之电影特效技术的运用，为电视机和手机前的观众带来一场突破感官体验的惊喜之旅。

这次央视的 AR 团队在 4K 应用经验和技艺都比较娴熟：基于 12Gb 的 SDI 贯穿了 AR 制作的全流程，最大程度地降低了制式转换带来的衰减，兼顾了 4K 与高清信号的质量；在设备方面，从最初的高清单机位 AR 到现在的 4K 超高清多机位 AR，现场还使用了摇臂机位和伸缩臂，借助于可伸缩摇臂的大范围镜头调度，AR 场景的现场感和空间感得到进一步发挥，能够实现许多意想不到的效果，如 AR 在镜头当中的穿越感；渲染引擎从传统的图形渲染到现在的"次世代"引擎。

练习与提高

1. 通过世界 AR 产业大会官方网站，了解虚拟现实技术的发展和成就。
2. 熟悉 Unity Hub 的基本操作，新建并保存一个项目，在项目中创建一个圆柱体。
3. 上网了解虚拟博物馆（或称数字博物馆、博物馆数字展厅）。
4. 了解百度地图 APP 中 AR 实景导航的使用。

技术体验四 Unity 综合案例

一、体验目的

1. 了解 Unity 的资源加载功能。
2. 熟悉 Unity 的基本操作。

二、体验内容

整合资源加载与自由物体创建等知识，辅以资源包创建一个简单的 3D 场景。

三、体验环境

能上网的、并且安装好 Unity 的计算机一台。

四、体验步骤

1. 创建一个空项目，进行常规设置后生成一个新项目。

2. 创建一个平面，单击 Project 面板中的 "+" 号旁的倒三角，选择材质（Material），创建一个材质并在属性框中对其颜色进行赋值，如图 4-33 所示。

3. 执行 "Window" → "Assets Store" 命令进入 Unity 资源商店，如图 4-34 所示。单击下端的 "Serach online" 登录资源商店，在窗口右侧选择 "3D" 模型，如图 4-35 所示。

图 4-33 Project 面板

图 4-34 登录资源商店

图 4-35 Unity 资源商店

4. 在 "3D" 模型列表中选择免费的资源进行下载，单击 "添加至我的资源"，如图 4-36 所示。

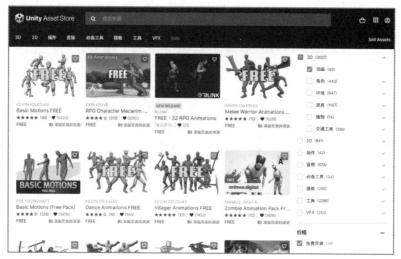

图 4-36　选择资源

　　然后进入登录界面，选择登录方式，如电子邮件方式，如图 4-37 所示。登录后，资源导入 Unity 中。

图 4-37　登录方式

图 4-38　我的资源

　　在"我的资源"中单击"在 Unity 中打开"，如图 4-38 所示。进入 Package Manager 窗口，如图 4-39 所示。单击"Download"下载资源，下载完成后出现"Import"按钮，如

图 4-40 所示。然后单击 "Import" 即可导入资源到 Unity 项目中。

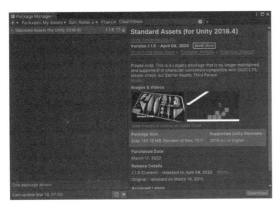

图 4-39 Package Manager 窗口　　　　　　图 4-40 Import 按钮

5. 导入完成后，文件出现在 Project 面板中的 Model 文件夹中，如图 4-41 所示。

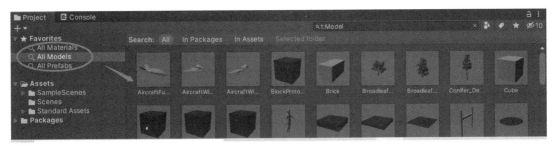

图 4-41 Model 文件夹

6. 将一些模型拖入 Hierarchy 视图，进行位置调整，注意要让摄像机能够看清建筑模型的全景视图，如图 4-42 所示。

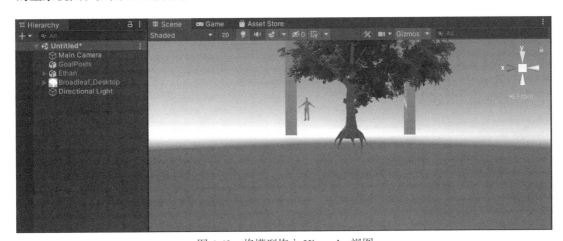

图 4-42 将模型拖入 Hierarchy 视图

7. 在 Game 视图中查看最终的效果。

8. 单击 "File" → "Save"，可以保存项目。单击 "File" → "Build and Run"，可以将项目生成可执行文件并出现 "演示" 按钮，单击 "演示" 按钮即可演示项目。

五、结果

Unity 是非常专业的游戏引擎，能够创建实时、可视化的 2D 和 3D 动画、游戏，Unity 尤其适合 AR、VR 的开发。虚拟现实的开发并不是那么神秘莫测，Unity 的入门也没有想象的那么难。如果有意做虚拟现实开发，可以找专门介绍 Unity 的教材进行学习，通过 Unity 的实际操作，逐步感受虚拟现实开发。

深度技术体验

申城全息演唱会

模块五

区 块 链

 学习情境

　　新华社北京 2019 年 10 月 25 日电中共中央政治局 10 月 24 日下午就区块链技术发展现状和趋势进行第十八次集体学习。中共中央总书记习近平在主持学习时强调，区块链技术的集成应用在新的技术革新和产业变革中起着重要作用。我们要把区块链作为核心技术自主创新的重要突破口，明确主攻方向，加大投入力度，着力攻克一批关键核心技术，加快推动区块链技术和产业创新发展。

　　习近平在主持学习时发表了讲话。他指出，区块链技术应用已延伸到数字金融、物联网、智能制造、供应链管理、数字资产交易等多个领域。目前，全球主要国家都在加快布局区块链技术发展。我国在区块链领域拥有良好基础，要加快推动区块链技术和产业创新发展，积极推进区块链和经济社会融合发展。

　　习近平强调，要强化基础研究，提升原始创新能力，努力让我国在区块链这个新兴领域走在理论最前沿、占据创新制高点、取得产业新优势。要推动协同攻关，加快推进核心技术突破，为区块链应用发展提供安全可控的技术支撑。要加强区块链标准化研究，提升国际话语权和规则制定权。要加快产业发展，发挥好市场优势，进一步打通创新链、应用链、价值链。要构建区块链产业生态，加快区块链和人工智能、大数据、物联网等前沿信息技术的深度融合，推动集成创新和融合应用。要加强人才队伍建设，建立完善人才培养体系，打造多种形式的高层次人才培养平台，培育一批领军人物和高水平创新团队。

　　从以上报道可见，国家层面对区块链非常重视，要把区块链作为核心技术自主创新的重要突破口。作为新时代的大学生，学习区块链技术的相关知识，关注区块链技术发展现状和趋势，理解区块链技术在各行各业的应用，是非常必要的。

 学习目标

知识目标

1. 了解区块链的概念、发展历史、技术基础、特性等；
2. 了解区块链技术的价值和未来发展趋势；
3. 了解比特币等典型区块链项目的机制和特点；
4. 了解分布式账本、非对称加密算法、智能合约、共识机制的技术原理。

技能目标

1. 能清楚辨别区块链的中的公有链、联盟链、私有链；
2. 能理解区块链技术在金融、供应链、公共服务、数字版权等领域的应用场景；
3. 能清晰描述区块链技术在本专业领域的典型应用案例。

素养目标

1. 能使用区块链技术知识，理解区块链技术在学习、工作、生活中的应用；
2. 形成使用区块链技术解决问题的思维，能在工作、生活情境中提出相应解决方案。

单元 5.1　区块链技术概述

导入案例

成都探索区块链技术保障农民工发薪

　　新华社成都 2021 年 5 月 31 日电（记者江毅）　1 天的劳作之后，32 岁的外架工谢刚掏出手机打开一个 App，当天的工作量、工价在屏幕上一目了然："打工这么久，还是头一回知道每天自己挣了多少钱，这下不容易扯皮了。月薪通过 App 打到卡上，一分不差。"谢刚所在的工地上，180 多名工友通过同样的方式，了解自己的务工收入。

　　这款名为"安心筑"的 App 所使用的国密算法区块链技术由一家科技公司联合某大学密码与计算机安全实验室自主研发。

　　那么"安心筑"是怎样的一款 App？国密算法是什么呢？

技术分析

　　在导入案例中所涉及的技术知识是区块链，本单元介绍区块链的概念、发展历史、技术基础、特性；区块链的特点、分类与价值；区块链技术在金融、供应链、公共服务、数字版权等各行各业的应用。

知识提示

一、区块链技术的定义、发展历程及重要概念

（一）区块链的定义

区块链是分布式数据存储、点对点传输、共识机制、加密算法等计算机技术的新型应用模式。区块链有狭义和广义之分。

狭义的区块链是一种按照时间顺序将数据区块以顺序相连的方式组合成的一种链式数据结构，并以密码学方式保证的不可篡改和不可伪造的分布式账本。

广义的区块链是利用块链式数据结构来验证与存储数据、利用分布式节点共识算法来生成和更新数据、利用密码学方式保证数据传输和访问的安全、利用由自动化脚本代码组成的智能合约来编程和操作数据的一种全新的分布式基础架构与计算范式。

（二）区块链的发展历程

区块链技术经过了区块链 1.0、区块链 2.0 和区块链 3.0 的发展历程。

1. 基于区块链 1.0 的数字货币

比特币的兴起将区块链推到了前台。区块链 1.0 对应的是以比特币为代表的数字货币，主要功能集中在货币的发行和转移。比特币的关键技术是使用一种全新的分布式记账方式实现交易过程的去中心化。2009 年，比特币作为开源软件发布，之后基于比特币平台，直接在区块链账本内部或利用分叉机制来创建新的代币。

后来，又陆续有莱特币（Litecoin, LTC）、瑞波币（XRP）、达世币（DASH）、未来币（Nextcoin, NXT）等虚拟货币出现。

2. 基于区块链 2.0 的智能合约

基于区块链 2.0 的智能合约整体上仍然延续了比特币在数字货币上的优势和应用惯性。它主导去中心化应用，丰富了区块链的应用场景。

以以太坊为代表的区块链 2.0 实现了智能合约功能，智能合约是一类以合约为交易数据的分布式数据库，被代码化的合约记录在区块链中，用户以发起交易的方式来触发合约状态的改变，当合约条款的触发条件满足时，预置的代码逻辑将自动执行，并将执行结果打包后保存在区块中，且经共识机制验证后将不能更改。

超级账本则为了解决以太坊在安全性和性能方面存在的不足，使区块链满足商业应用的需求而建立了开源规范和标准。超级账本中的智能合约通过构建联盟链为参与合作方建立一个透明、公开、去中心化的开发平台。典型代表是 Hyperledger Fabric。

3. 基于区块链 3.0 的 EOS

虽然以太坊和超级账本通过增加智能合约层实现了区块链技术在复杂场景中的应用，但以太坊平台只能在并发访问数有限的环境中实现运行功能相对单一的智能合约，超级账本对复杂合约的运行也有限。企业操作系统（EOS）是专门为区块链应用开发的一款操作系统，具体在合约层下方创建一个功能等同于计算机操作系统的功能层，为企业用户开发更多基于区块链智能合约的应用场景。

（三）几个重要概念

交易（Transaction）：一次操作，导致账本状态的一次改变，如添加一条记录。

区块（Block）：记录一段时间内发生的交易和状态结果，是对当前账本状态的一次共识。

链（Chain）：由一个个区块按照发生顺序串联而成，是整个状态变化的日志记录。

区块链（Blockchain）：可看作一个状态机，每次交易就是试图改变一次状态，而每次共识生成的区块，就是参与者对于区块中交易导致状态改变结果的确认。

区块链技术可以在无须第三方背书情况下实现系统中所有数据信息的公开透明、不可篡改、不可伪造、可追溯。区块链作为一种底层协议或技术方案可以有效地解决信任问题，实现价值的自由传递，在数字货币、金融资产的交易结算、数字政务、存证防伪数据服务等领域具有广阔前景。

二、区块链的特点、分类与价值

（一）区块链的特点

（1）去中心化。区块链本质上是分布式数据库，因此区块链上的数据发送、验证、存储等均基于分布式系统机构，依靠算法和程序来建立可信任的机制，而非第三方机构。任意节点的权利和义务都是均等的，交易双方可以自证并直接交易，不需要依赖第三方机构的信用背书。同时，任何一个节点的损坏或者退出都不会影响整个系统的运行。

（2）开放性。区块链系统是开放的，除了交易各方的私有信息被加密外，区块链的数据对所有人公开，任何人都可以通过公开的接口查询区块链数据和开发相关应用。

（3）自治性。区块链采用协商一致的规范和协议（比如一套公开透明的算法）使得整个系统中的所有节点能够在去信任的环境中自由安全地交换数据，使得对人的信任改成对机器的信任，任何人为的干预将不起作用。

（4）集体维护。区块链系统是由所有参与节点共同维护的系统，区块链上的每一个节点都可以对区块进行维护，而整个系统的运行也依赖每一个节点，是一个人人参与其中的集体维护系统。

（5）信息不可篡改。经过验证的信息上传至区块链后就会被系统永久存储，并得到所有参与节点的集体维护。除非能够同时控制系统中超过 51% 的节点，否则单个节点上对数据库的修改是无效的，因此区块链的数据稳定性和可靠性极高。

（6）匿名性。区块链上的信任体系由程序和算法构建，节点之间的交换遵循固定的算法。交易双方无需通过验证现实中的身份信息让对方产生信任。

（7）可追溯性。溯源是指追踪记录有形商品或无形信息的流转链条。在区块链上，每一个区块都会被加盖时间戳。时间戳既标识了每个区块链独一无二的身份，也让区块实现了有序排列，为信息溯源找到了很好的路径。

（8）智能性。区块链具备可编程性、可承载智能合约等技术，所以人们可以根据具体的应用场景，在区块链上创建和部署相关的程序，以实现智能化运行。

（二）区块链的分类

根据参与者的不同，区块链可以分为公开链、私有链、联盟链三类。

（1）公开链是指任何人都可以参与使用和维护，信息是完全公开的，如比特币区块链。

（2）私有链由集中管理者进行限制，只能使得内部少数人可以使用，信息不公开。

（3）联盟链介于公开链与私有链之间，由若干组织一起合作维护一条区块链，该区块链的使用必须是有权限的管理，相关信息会得到保护，如银联组织。

（三）区块链技术的价值

区块链技术对社会的发展、经济的增长、日常的衣食住行都具有极高的价值。

（1）区块链在促进数据共享、优化业务流程、降低运营成本、提升协同效率、建设可信体系等方面具有重要作用。

（2）将区块链和实体经济深度融合，能解决中小企业贷款融资难、银行风控难、部门监管难等问题。

（3）利用区块链技术探索数字经济模式创新，可以为打造便捷高效、公平竞争、稳定透明的营商环境提供动力，为推进供给侧结构性改革、实现各行业供需有效对接提供服务，为加快新旧动能接续转换、推动经济高质量发展提供支撑。

（4）区块链技术在教育、就业、养老、精准脱贫、医疗健康、商品防伪、食品安全、公益、社会救助等领域的应用，能够为人民群众提供更加智能、更加便捷、更加优质的公共服务。

（5）区块链底层技术服务和新型智慧城市建设相结合，在信息基础设施、智慧交通、能源电力等领域的推广应用，能有效提升城市管理的智能化、精准化水平。

（6）区块链技术能够促进城市间在信息、资金、人才、征信等方面更大规模的互联互通，保障生产要素在区域内有序高效流动。

（7）区块链数据共享模式，能够实现政务数据跨部门、跨区域共同维护和利用，促进业务协同办理，为人民群众带来更好的政务服务体验。

三、区块链技术的应用领域

（一）区块链在金融业的应用

区块链技术天然具有金融属性，它正对金融业产生颠覆式变革。

支付结算方面，在区块链分布式账本体系下，市场多个参与者共同维护并实时同步一份"总账"，短短几分钟内就可以完成现在两三天才能完成的支付、清算、结算任务，降低了跨行跨境交易的复杂性和成本。同时，区块链的底层加密技术保证了参与者无法篡改账本，确保交易记录透明安全，监管部门方便地追踪链上交易，快速定位高风险资金流向。

证券发行交易方面，传统股票发行流程长、成本高、环节复杂，区块链技术能够弱化承销机构作用，帮助各方建立快速准确的信息交互共享通道，发行人通过智能合约自行办理发行，监管部门统一审查核对，投资者也可以绕过中介机构进行直接操作。

数字票据和供应链金融方面，区块链技术可以有效解决中小企业融资难问题。目前的供应链金融很难惠及产业链上游的中小企业，因为他们跟核心企业往往没有直接贸易往来，金融机构难以评估其信用资质。基于区块链技术，人们可以建立一种联盟链网络，涵盖核心企业、上下游供应商、金融机构等，核心企业发放应收账款凭证给其供应商，票据数字化上链后可在供应商之间流转，每一级供应商可凭数字票据证明实现对应额度的融资。

（二）区块链在公共服务中的应用

数字政务：区块链的分布式技术可以使政府部门集中到一个链上，所有办事流程交付智能合约，办事人只要在一个部门通过身份认证以及电子签章，智能合约就可以自动处理并流转，顺序完成后续所有审批和签章。

区块链发票：是我国最早利用区块链技术的应用。税务部门推出区块链电子发票"税链"平台，税务部门、开票方、受票方通过独一无二的数字身份加入"税链"网络，实现"交易即开票""开票即报销"，大幅降低税收征管成本，有效解决了数据篡改、一票多报、偷税漏税等问题。

区块链技术应用于扶贫：可以利用其公开透明、可溯源、不可篡改等特性，实现扶贫资金的透明使用、精准投放和高效管理。

（三）区块链在供应链中的应用

区块链可以通过哈希时间戳证明某个文件或者数字内容在特定时间的存在，加之其公开、不可篡改、可溯源等特性为司法鉴证、身份证明、产权保护、防伪溯源等提供了完美解决方案。在防伪溯源领域，通过供应链跟踪区块链技术可以广泛应用于食品医药、农产品、酒类、奢侈品等各领域。

（四）区块链在数字版权方面的应用

在知识产权领域，通过区块链技术的数字签名和链上存证可以对文字、图片、音频视频等进行确权，通过智能合约创建执行交易，让创作者掌握定价权，实时保全数据形成证据链，同时覆盖确权、交易和维权三大场景。

（五）区块链在数据服务方面的应用

区块链技术将大大优化现有的大数据应用，在数据流通和共享上发挥巨大作用。未来互联网、人工智能、物联网都将产生海量数据，现有中心化数据存储（计算模式）将面临巨大挑战，基于区块链技术的边缘存储（计算）有望成为未来解决方案。

区块链对数据的不可篡改和可追溯特性保证了数据的真实性和高质量，这成为大数据、深度学习、人工智能等一切数据应用的基础。

区块链可以在保护数据隐私的前提下实现多方协作的数据计算，有望解决"数据垄断"和"数据孤岛"问题，实现数据流通价值。

 案例实现

导入案例中描述的情景，是由一款名为"安心筑"的 App 实现的。

建筑业长期存在交易链条长、信任成本高、结算周期长等问题，是农民工欠薪顽疾的重要原因。将劳务用工过程中产生的人脸识别考勤、合约、施工过程、记工单、履职评价等数据信息上链，连接建筑业相关的监管部门、银行、施工企业等单位，形成农民工务工流程的多方信任机制。"安心筑"用区块链技术保证了数据一旦上链则不可篡改，确保完整准确地记录施工过程，加强发薪安全保障。

"安心筑" App 所使用的国密算法区块链技术是在国密算法的基础上研发的。

国密算法是由我国国家密码管理局发布的自主可控的密码算法标准，又称商用密码，保障在金融、医疗等领域的信息传输安全。

国密算法可分为对称算法和非对称算法，对称算法包括 SM1、SM4、SM7、祖冲之密码（ZUC）；非对称算法包括 SM2、SM9；SM3 是哈希算法。

拓展阅读

北京市大力推行"政务服务 + 区块链"

中国政府网 2020 年 10 月 10 日发布的一则消息，原标题是"北京市大力推行'政务服务 + 区块链'以更优质高效服务助力建设国际一流营商环境"。

北京市不断创新行政管理和服务方式，大力推进区块链技术在政务服务领域应用，通过区块链技术提升政务数据共享水平和跨部门业务协同效率，并围绕不动产登记、跨境贸易、中小企业融资等企业群众办事高频领域，落地一批区块链应用场景，推进审批服务智能化便利化，大幅精简办事时间、环节和材料，实现"刷脸"即可办事，推动营商环境持续优化。

1. 夯实基础应用，构建"链"上协同共享的政务服务生态

利用区块链技术打破政务服务领域长期存在的数据共享难、业务协同难等堵点痛点，实现共享数据真实可信、实时流通、确权清晰、痕迹可查，促进跨部门业务协同，不断提升行政效能。

（1）推动政务数据上"链"，着力打破"信息孤岛"。

（2）建立部门间共识机制，提升跨部门业务协同能力。

（3）建设可信体系，推动电子证照广泛应用。

2. 积极拓展区块链应用场景，推动政务服务提质增效

加快区块链应用场景建设，聚焦企业群众办事高频事项，创新推出一批好用、管用的具体业务应用，使政务服务"链"上"加速度"，不断提升企业群众办事体验。

（1）高效确权存证，优化不动产登记服务。

（2）全程留痕溯源，助力通关便利化水平进一步提升。

（3）多方可信共证，助力解决中小企业融资难问题。

3. 完善工作机制，不断将区块链应用向纵深推进

建立健全"政务服务 + 区块链"工作推进机制，发挥各方面智力优势开展联合攻关，坚持先试点、后复制、再推广，强化法治保障，促进区块链应用不断走深走实。

（1）加强统筹，整体推进"政务服务 + 区块链"应用。

（2）试点先行，以点带面推动区块链应用落实落细。

（3）法治引领，确保区块链应用于法有据。

练习与提高

2021 年 5 月 14 日中国政府网上发表了一篇报道：广州市创新推行"公共资源交易 + 区块链"，助力优化招投标领域营商环境。以此报道为基础，完成以下练习：

（1）简述广州市探索区块链技术在公共资源交易领域应用的成效，涉及哪些方面？

（2）简述你所在城市区块链技术在某方面的应用成效。

单元 5.2　典型区块链项目

导入案例

比特币数量为什么是有限的

　　2009 年 1 月 3 日，比特币的开发者中本聪在位于芬兰赫尔辛基的一个小型服务器上挖掘了比特币的第一个区块——创世区块，并获得了首个挖矿奖励 50 个比特币。

　　一开始比特币的参与者是计算机和密码学爱好者。由于接受比特币的人非常少，其价格也很低廉。如今，当比特币越来越受到人们的关注，人们逐步了解了比特币的产生和奖励的机制后，人们发现：比特币数量是有限的。这是为什么呢？

技术分析

　　本案例涉及以下知识：什么是比特币？比特币的获取与风险？各国是怎样看待比特币？比特币与区块链是什么关系？什么是以太坊？什么是超级账本？

　　另外，由于比特币所具有的特性，不法分子很容易借助比特币制造骗局进行犯罪，同学们在学习比特币知识的同时，要注意比特币的风险，避免上当受骗和被犯罪分子利用。

知识与技能

一、比特币

　　比特币是区块链技术的第一个应用，也是区块链技术的起点。十余年来，比特币创造了价格的神话，被无数投机者追捧，但对我们而言，更重要的是理解比特币到底是什么？它所依赖的区块链技术到底是如何工作的？如何看待比特币这一新生事物？

（一）什么是比特币

　　比特币是一种基于 P2P（点对点）网络节点产生的、虚拟的、加密数字货币。它是由计算机生成的一串串复杂代码组成，且数量有限。

　　和法定货币相比，比特币没有一个特定的货币发行机构，而是由网络节点依据特定算法，通过大量的计算产生。谁都有可能参与制造比特币，而且可以全世界流通，可以在任意一台接入互联网的计算机上买卖，不管身处何方，任何人都可以挖掘、购买、出售或收取比特币，并且在交易过程中外人无法辨认用户身份信息。

（二）比特币的获取与风险

1. 比特币的获取

　　比特币是依据特定算法，通过大量的计算产生的，它的本质就是一堆复杂算法所生成的特解。获取比特币的方式，主要有两种：一是通过挖矿获取，二是通过交易获取。

　　（1）通过挖矿获取

　　比特币是由系统自动生成一定数量的比特币作为矿工奖励来完成发行过程的。矿工在这里充当了货币发行方的角色，他们获得比特币的过程又称为"挖矿"；至于矿机，就是用来赚取比特币的计算机，只是计算机里安装了专业的挖矿芯片。

所有的比特币交易都需要通过矿工挖矿并记录在账本中。矿工挖矿实际上就是通过一系列算法，计算出符合要求的哈希值，从而争取到记账权。这个过程实际上就是试错的过程，一台计算机每秒产生的随机哈希碰撞次数越多，先计算出正确哈希值的概率就越大。最先计算出正确数值的矿工可以将比特币交易打包成一个区块，然后记录在整个区块链上，从而获得相应的比特币奖励。这就是比特币的发行过程，同时它也激励着矿工维护区块链的安全性和不可篡改性。

由于激励机制，用户乐于奉献出 CPU 的运算能力，运转一个特别的软件来做一名"挖矿工"，这会构成一个网络共同来保持"区域链"。

比特币刚出来时，可以通过使用个人计算机，仅仅使用 CPU 计算能力就可以挖矿，但是现在随着比特币越来越多的产出，个人已经很难挖出了。所以，出现了挖矿的企业，这种企业通过自己建设矿厂来出售算力挖矿。

（2）通过交易获取

比特币的数量是有限的，所以现在比特币的价值一直是在上升的趋势。在最近几年催生了很多虚拟货币的交易平台，所有比特币的持有者和一些想持有的人都可以在上面出售或者收购。但要注意：网络上大大小小的比特币交易平台有很多，但存在很大风险！

2. 比特币的风险

（1）比特币挖矿消耗电力和算力

比特币的高耗能特性已经引起世界各国的注意。虽然比特币是数字资产，但比特币挖矿消耗的能源对环境产生重大影响。美国银行称，每 10 亿美元流入比特币所消耗的能源相当于 120 万辆汽车。比特币挖矿的碳排放强度几乎是同等数量黄金（以美元计算）的 15 倍。开采一个比特币的碳足迹相当于 191 吨二氧化碳，而开采同等价值的黄金只需要 13 吨二氧化碳。

（2）比特币容易滋生骗局和犯罪

① 比特币容易滋生骗局

由于普通投资者缺乏对比特币的基本认识，比特币被某些别有用心的人利用，炮制出很多骗局。如：冒充专业人士指导；比特币传销诈骗；比特币矿机诈骗；比特币软件诈骗；比特币网络钓鱼；利用比特币非法集资等。

② 利用比特币进行犯罪

由于比特币是一种匿名的虚拟货币，人们可以匿名地通过比特币进行转账交易。不用像银行转账那样需要核验各种身份信息，更不用担心与任何银行卡绑定。比特币由于其交易便捷，监管难度大，客观上成了犯罪分子利用的工具。

利用比特币洗钱。如在 2014 年，犯罪分子用赃款购买了比特币，再将比特币放在虚拟钱包里，接着犯罪嫌疑人去澳门将比特币卖给比特币平台，完成套现洗钱的全过程。

利用比特币进行毒品交易。如在 2020 年，犯罪分子利用网络联系毒品订单，以比特币形式收取毒资，使用虚假姓名寄递毒品，隐蔽性强。

（三）比特币的特征

1. 去中心化

比特币是第一种分布式的虚拟货币，整个网络由用户构成，没有中央银行。即去中心化，这是比特币安全与自由的保证。

银行为客户提供记账服务时，用户的转账交易数据都记录在银行自身的计算机中。这是一种典型的"中心化"方案。相比而言，比特币的"去中心化"的方式是将系统中所有的用户都变成了维护者，将单点的记录模式变为多点的记录模式，所有的用户都要记录其他用户所有的交易信息。以此构建一种数据公开，人人均可以参与数据共享与记录的记账模式。

2. 全世界流通

比特币可以在任意一台接入互联网的计算机上管理。不管身处何方，任何人都可以挖掘、购买、出售比特币。

3. 低交易费用

可免费汇出比特币，但最终对每笔交易将收取较低的交易费以确保交易更快执行。

4. 无隐藏成本

作为由 A 到 B 的支付手段，比特币没有繁琐的额度与手续限制。知道对方比特币地址就可以进行支付。

5. 跨平台挖掘

用户可以在众多平台上、依靠不同硬件的计算能力来挖掘比特币。

（四）对比特币的不同看法

对于比特币，绝大部分国家和地区的监管方既警惕又观望。比如，英国持谨慎态度，英格兰银行发布报告称：当数字货币被市场全面接受，将威胁英国金融体系稳定；2013 年 6 月底，德国议会决定持有比特币一年以上将予以免税后，比特币被德国财政部认定为"记账单位"，这意味着比特币在德国已被视为合法货币，并且可以用来交税和从事贸易活动；在美国，有学者认为，比特币之类的加密资产是一个庞氏骗局，也有法官建议，应该将比特币纳入金融法规的监管范围之内；2017 年，日本政府称比特币是一种合法的支付方式；2021 年 6 月，萨尔瓦多成为世界上第一个赋予数字货币法定地位的国家，比特币在该国成为法定货币。

从 2013 年比特币出现开始，我国有关部门就发布了一系列的政策法规，对比特币市场进行监管。

二、以太坊

以太坊（Ethereum）是一个开源的有智能合约功能的公共区块链平台，通过其专用加密货币以太币（Ether，简称 ETH）提供去中心化的以太虚拟机（Ethereum Virtual Machine）来处理点对点合约。

（一）产生背景

以太坊的概念首次由一位程序员受比特币启发后提出，大意为"下一代加密货币与去中心化应用平台"，在 2014 年通过众筹开始得以发展。

截至 2018 年 2 月，以太币是市值第二高的加密货币，仅次于比特币。

以太坊的产生是基于解决比特币的缺点：比如，比特币中协议的扩展性是不足的，因为比特币网络里只有一种符号——比特币，用户无法自定义另外的符号，这些符号可以是代表公司的股票，或者是债务凭证等，这就损失了一些功能。再如，比特币协议里使用了一套基于堆栈的脚本语言，这语言虽然具有一定灵活性，使得像多重签名这样的功能得以实现，然而却不足以构建更高级的应用，如去中心化交易所等。

（二）设计原则

1. 简洁原则

以太坊协议将尽可能简单，不惜以某些数据存储和时间上的低效为代价。

2. 通用原则

以太坊提供了一个内部的图灵完备的脚本语言以供用户来构建任何可以精确定义的智能合约或交易类型。

3. 模块化原则

以太坊的不同部分被设计为模块化和可分的。这样，在开发过程中，能够容易地让在协议某处做一个小改动的同时，应用层却可以不加改动地继续正常运行。

4. 无歧视原则

协议不主动地试图限制或阻碍特定的类目或用法。人们甚至可以在以太坊之上运行一个无限循环脚本，只要他愿意为其支付按计算步骤计算的交易费用。

（三）功能应用

以太坊是一个平台，它上面提供各种模块让用户来搭建应用，如果将搭建应用比作造房子，那么以太坊就提供了墙面、屋顶、地板等模块，用户只需像搭积木一样把房子搭起来，因此在以太坊上建立应用的成本和速度都大大改善。具体来说，以太坊通过一套图灵完备的脚本语言（Ethereum Virtual Machinecode, EVM 语言）来建立应用，它类似于汇编语言。由于直接用汇编语言编程比较难，所以，以太坊里的编程并不需要直接使用 EVM 语言，而是采用如 C、Python 等高级语言，再通过编译器转成 EVM 语言。

上面所说的平台之上的应用，其实就是合约，这是以太坊的核心。合约犹如一位以太坊系统里的自动代理人，他有自己的以太币地址，当用户向合约的地址里发送一笔交易后，该合约就被激活，然后根据交易中的额外信息，合约会运行自身的代码，最后返回一个结果，这个结果可能是从合约的地址发出另外一笔交易。需要指出的是，以太坊中的交易，不单只是发送以太币而已，它还可以嵌入相当多的额外信息。如果一笔交易是发送给合约的，那么这些信息就非常重要，因为合约将根据这些信息来完成自身的业务逻辑。

合约所能提供的业务，几乎是无限的，它能让用户搭建各种应用。如储蓄账户、用户自定义的子货币等。

三、超级账本

（一）超级账本的出现

超级账本（Hyperledger）是一个旨在推动区块链跨行业应用的开源项目。项目的目标是区块链及分布式记账系统的跨行业发展与协作，并着重发展性能和可靠性（相对于类似的数字货币的设计），使之可以支持主要的技术、金融和供应链公司中的全球商业交易。

该项目继承区块链的共识机制、存储方式、身份服务、访问控制和智能合约等框架方法和专用模块。它是由 Linux 基金会主导，联合金融、银行、物联网、供应链、制造等行业的知名企业，于 2015 年 12 月发起的。我国华为公司 2016 年正式加入 Hyperledger 区块链项目。

（二）超级账本的典型区块链平台

（1）Hyperledger Burrow，是一个包含了"built-to-specification"的以太坊虚拟机区块链客户端。

（2）Hyperledger Fabric，是最流行的 Hyperledger 框架，它现在主要用在各种联盟链项目中。它与比特币、以太坊等公有区域区块链最大的区别就是它没有发行数字货币的功能，而是把功能主要集中在智能合约方面。

（3）Hyperledger Iroha，是一种基于 Hyperledger Fabric 主要面向移动应用的协议。

（4）Hyperledger Sawtooth，是一种基于可信的执行环境的彩票设计模式的共识协议，它利用一种称为"时间流逝证明（Proof of Elapsed Time）"的新型共识机制。

 案例实现

2009 年，比特币诞生的时候，区块奖励是 50 个比特币。诞生 10 分钟后，第一批 50 个比特币生成了，而此时的货币总量就是 50。随后比特币就以约每 10 分钟 50 个的速度增长。当总量达到 1 050 万时（2 100 万的 50%），区块奖励减半为 25 个。当总量达到 1 575 万（新产出 525 万，即 1 050 的 50%）时，区块奖励再减半为 12.5 个。到 2140 年，比特币的总数量将被永久限制在约 2 100 万个。

设计者在设计比特币之初就将其总量设定为 2 100 万枚。最开始每个争取到记账权的矿工都可以获得 50 枚比特币作为奖励，之后每 4 年减半一次。预计到 2140 年，比特币将无法再继续细分，从而完成所有货币的发行，之后不再增加。

拓展阅读

我国对比特币市场的监管

为了对比特币市场进行监管，从 2013 年开始，我国有关部门就发布了一系列的政策法规跟踪比特币的动向。

为保护社会公众的财产权益，保障人民币的法定货币地位，防范洗钱风险，维护金融稳定，中国人民银行、工业和信息化部、中国银行业监督管理委员会、中国证券监督管理委员会、中国保险监督管理委员会等五部委于 2013 年 12 月 5 日联合印发了《关于防范比特币风险的通知》。通知指出：比特币是一种特定的虚拟商品；比特币交易作为一种互联网上的商品买卖行为，普通民众在自担风险的前提下，拥有参与的自由。

为防范化解比特币、莱特币等市场风险，中国人民银行于 2017 年 1 月 11 日发布消息称，人民银行营业管理部、上海总部分别联合相关部门组成联合检查组，对北京、上海比特币、莱特币交易平台开展现场检查。

继 2017 年 1 月初对"火币网"和"币行"两家主要比特币交易平台开展检查后，2 月 8 日下午，人民银行营业管理部检查组又对其他从事比特币交易的"中国比特币""比特币交易网""好比特币""云币网""元宝网""BTC100""聚币网""币贝网""大红火"等 9 家在京的比特币交易平台主要负责人进行约谈，了解 9 家交易平台运行情况，通报平台存在的问题，提示交易平台可能存在的法律、政策及技术风险等，并提出明确要求：不得违规从事融资融币等金融业务，不得参与洗钱活动，不得违反国家有关反洗钱、外汇管理和支付结算等金融法律法规，不得违反国家税收和工商广告管理等法律规定。如发现有比特币交易平台违反上述要求、情节严重的，检查组将提请有关部门依法予以关停取缔。

2017 年 9 月 4 日，中国人民银行、中央网信办、工业和信息化部、工商总局、银监会、证监会、保监会联合发布《关于防范代币发行融资风险的公告》：禁止从事代币发行融资活动；交易平台不得从事法定货币与代币、"虚拟货币"相互之间的兑换业务，不得买卖或作为中央对手方买卖代币或"虚拟货币"，不得为代币或"虚拟货币"提供定价、信息中介等服务。

2021 年 5 月 18 日，《关于防范虚拟货币交易炒作风险的公告》发布。公告明确表示，有关机构不得开展与虚拟货币相关的业务，同时提醒消费者要提高风险防范意识，谨防财产和权益损失。

为深入贯彻党中央、国务院有关决策部署，落实国务院金融委第五十一次全体会议精神，打击比特币等虚拟货币交易炒作行为，保护人民群众财产安全，维护金融安全和稳定，2021 年人民银行有关部门就银行和支付机构为虚拟货币交易炒作提供服务问题，约谈了工商银行、农业银行、建设银行、邮储银行、兴业银行和支付宝（中国）网络技术有限公司等部分银行和支付机构。

 练习与提高

通过前面的学习，我们已经知道：比特币是第一种分布式的虚拟货币，整个网络由用户构成，没有中央银行。去中心化是比特币安全与自由的保证。分析回答以下问题：

（1）用户参与比特币记账的动力是什么？

（2）比特币账本以谁的为准？

（3）比特币交易的有效性如何保障？

（4）交易如何实现防篡改？

单元 5.3　区块链核心技术

◇ 导入案例 ◇

通用型的区块链系统技术架构

中国信息通信研究院组织编写了《区块链白皮书（2018 年）》。该白皮书深入解读了区块链内涵概念，提出了区块链技术体系架构，分析了区块链关键技术发展路线，剖析当前区块链在政策、产业、技术和标准方面的最新形势和发展机遇，探讨了区块链发展面临的挑战，并提出相应政策建议。

该白皮书提出了一种通用型的区块链系统技术架构，其详情是怎样的呢？

 技术分析

在导入案例中所涉及的区块链核心技术，主要有：对等网络、分布式账本、加密技术、智能合约、共识机制等。

 知识与技能

一、对等网络

（一）对等网络的概念

对等网络，即 P2P 网络，是一种网络结构的思想。它与目前网络中占据主导地位的 C/S（Client/Server，客户端 / 服务器，也就是 WWW 所采用的结构方式）结构的本质区别是：整个网络结构中不存在中心节点（或中心服务器）。

在 P2P 结构中，每一个节点（Peer）都同时具有信息消费者、信息提供者和信息通信等三方面的功能。从计算模式上来说，P2P 打破了 C/S 模式，在网络中的每个节点的地位都是对等的。每个节点既充当服务器，为其他节点提供服务，同时也享用其他节点提供的服务。

（二）对等网络的特点

1. 非中心化

网络中的资源和服务分散在所有节点上，信息的传输和服务的实现都直接在节点之间进行，可以无需中间环节和服务器的介入，避免了可能的瓶颈。P2P 的非中心化基本特点，带来了其在可扩展性、健壮性等方面的优势。

2. 可扩展性

在 P2P 网络中，随着用户的加入，不仅服务的需求增加了，系统整体的资源和服务能力也在同步地扩充，始终能满足用户的需要。理论上其可扩展性几乎是无限的。

3. 健壮性

P2P 架构天生具有耐攻击、高容错的优点。由于服务是分散在各个节点之间进行的，部分节点或网络遭到破坏对其他部分的影响很小。

4. 高性价比

采用 P2P 架构可以有效地利用互联网中散布的大量普通节点，将计算任务或存储资料分布到所有节点上。利用其中闲置的计算能力或存储空间，达到高性能计算和海量存储的目的。

5. 隐私保护

在 P2P 网络中，由于信息的传输分散在各节点之间进行而无需经过某个集中环节，用户的隐私信息被窃听和泄漏的可能性大大缩小。

6. 负载均衡

P2P 网络环境下由于每个节点既是服务器又是客户机，减少了对传统 C/S 结构服务器计算能力、存储能力的要求，同时因为资源分布在多个节点，更好地实现了整个网络的负载均衡。

二、分布式账本

（一）分布式账本的概念

分布式账本是一种在网络成员之间共享、复制和同步的数据库。分布式账本记录网络参与者之间的交易，比如资产或数据的交换。这种共享账本消除了调解不同账本的时间和开支。

网络中的参与者根据共识原则来制约和协商对账本中的记录的更新。没有中间的第三方仲裁机构（比如金融机构或票据交换所）的参与。分布式账本中的每条记录都有一个时间戳和唯一的密码签名，这使得账本成为网络中所有交易的可审计历史记录。

（二）分布式账本技术

分布式账本，从实质上说就是一个可以在多个站点、不同地理位置或者多个机构组成的网络里进行分享的资产数据库。在一个网络里的参与者可以获得一个唯一、真实账本的副本。账本里的任何改动都会在所有的副本中被反映出来，反应时间会在几分钟甚至是几秒内。在这个账本里存储的资产可以是金融、法律定义上的、实体的或是电子的资产。在这个账本里存储的资产的安全性和准确性是通过公私钥以及签名的使用去控制账本的访问权，从而实现密码学基础上的维护。根据网络中达成共识的规则，账本中的记录可以由一个、一些或者是所有参与者共同进行更新。

（三）分布式账本技术的优势

当前市场基础设施成本高的原因可以分为三个：交易费用，维护资本的费用和投保风险费用。分布式账本技术可以有效改善当前基础设施中出现的效率极低成本高昂的问题，在某些情况下，特别是在有高水平的监管和成熟市场基础设施的地方，分布式账本技术更有可能会形成一个新的架构，而不是完全代替当前的机构。

三、加密技术

（一）加密技术的概念

信息加密技术是保障信息安全的核心技术，已经渗透到大部分安全产品之中，并正向芯片化方向发展。通过加密技术可提高数据传输的安全性，保证传输数据的完整性。

简单地说，加密技术就是把信息由可懂形式变为不可懂形式的技术，如图 5-1 所示。

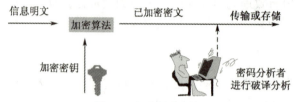

图 5-1　加密技术图解

加密的优点：即使其他的控制机制（如口令、文件权限等）受到了攻击，但入侵者窃取的数据仍是无用的。在加密技术中，有一些重要的概念。

① 加密系统。由算法以及所有可能的明文、密文和密钥组成。

② 密码算法。适用于加密和解密的数学函数（通常情况下，有两个相关的函数，一个用于加密，一个用于解密）。

③ 明文（Plaintext）。指加密前的原始信息。

④ 密文（Ciphertext）。指明文被加密后的信息。

⑤ 加密（Encryption）。指将明文经过加密算法的变换成为密文的过程。

⑥ 解密（Decryption）。指将密文经过解密算法的变换成为明文的过程。

⑦ 密钥（Key）。指控制加密算法和解密算法实现的关键信息。没有它明文不能变成密文，密文不能变成明文。

根据密钥体制的不同，可以将加密技术分为两类：对称密钥体制和非对称密钥体制。

（二）对称密钥体制

1. 概念

对称密钥体制是指加密所使用的密钥和解密所使用的密钥相同，或者加密密钥和解密密钥虽不相同，但可以从其中一个密钥推导出另一个。对称密钥体制也叫"单密钥体制"。

对称加密的算法是公开的，交换信息的双方不必交换加密算法，而是采用相同的加密算法，但需要交换加密密钥。对称加密的过程如图 5-2 所示。典型的对称加密算法是 DES 算法。

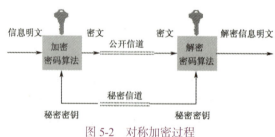

图 5-2　对称加密过程

2. 对称密钥体制的优缺点

（1）优点：

① DES 设计精巧，实现容易，使用方便。

② 加解密速度快。从 DES 算法的工作过程来看，DES 的加密和解密主要使用了初始置换和迭代运算，运算量都不大，因此 DES 加密和解密的速度是非常快的。

（2）缺点：

① 密钥分配困难。由于算法公开，其安全性完全依赖于对密钥的保护。

② 密钥的保存量多。在同一个网络中，与不同的人通信要使用不同的密钥，否则如果所有用户都使用同样的密钥，那就失去了保密的意义。

③ 难以进行身份的认定。

（三）非对称密钥体制

1. 概念

非对称密钥体制是指用于加密的密钥和用于解密的密钥是不一样的，每个参与信息交换的人都拥有一对密钥，这一对密钥是以一定的算法同时生成的，必须相互配合才能使用，用其中的一个密钥加密的信息，只有用与其配对的另一个密钥才能解密，并且从其中一个密钥无法推导出另一个密钥。可以将其中一个密钥公开，而不会影响另一个密钥的安全，所以称为公开密钥体制或非对称密钥体制。其加密的过程如图 5-3 所示。典型的非对称加密算法是 RSA 算法。

图 5-3　非对称加密过程

2. 非对称密钥体制的优缺点

（1）优点：

① 密钥分配简单。公开密钥可以像电话号码一样，告诉每一个网络成员，自己只需好好保管一个私人密钥。这种特性使得非对称密钥体制非常适合在开放的网络环境应用。

② 密钥的保存量少。在非对称密钥体系中，网络中的每个通信成员只需保存一个私人密钥，每个成员都可以像公开自己的电话号码一样公布自己的公钥。密钥管理也比较方便，可以像收集电话号码一样收集所有成员的公钥。

③ 可以实现身份识别。

（2）缺点：

① 密钥产生难。受素数产生技术的限制，RSA 产生密钥很麻烦，难以做到一次一密。

② 运算速度慢。由于进行的都是大数计算，使得 RSA 最快的情况也比 DES 慢 100 倍。无论是软件还是硬件实现，速度一直是 RSA 的缺陷，因此一般来说只用于少量数据加密。

（四）加密技术的几个应用

加密技术在电子商务安全保障中除了对要传输的数据直接进行保护外，还有一些非常重要也是非常广泛的应用就是数字信封、数字签名、双重签名、数字时间戳等技术。

首先理解两个概念——哈希算法和消息摘要。

① 哈希算法。哈希（Hash）算法是一类符合特殊要求的散列函数，这些特殊要求是：接受的输入报文数据没有长度限制；对任何输入报文数据生成固定长度的摘要输出；由报文能方便地算出摘要；难以对指定的摘要生成一个报文，由该报文可以得出指定的摘要；难以生成两个不同的报文具有相同的摘要。

② 消息摘要。消息摘要（Message Digest）是一个唯一对应一个消息或报文的值，由一个单向哈希函数对消息作用而产生，又称报文摘要。如果消息或报文在途中改变了，则接收者通过对收到消息或报文新产生的摘要与原摘要比较，就可知道消息是否被改变了。

1. 数字签名

传统的书信或文件是根据亲笔签名或印章来证明其真实性的。在电子商务交易中通过数字签名来解决类似的问题。数字签名可以保证以下几点：

① 接收者能够核实发送者对报文的签名；

② 发送者事后不能抵赖对报文的签名；

③ 接收者不能伪造对报文的签名。

有多种方法来实现数字签名，采用非对称密钥体制进行数字签名的做法如图 5-4 所示。

（1）将报文按双方约定的哈希算法计算得到一个固定位数的报文摘要。在数学上保证只要改动报文中任何一位，重新计算出的报文摘要值就会与原先的值不相符，这样就保证了报文的不可更改性。

（2）将该报文摘要值用发送者的私人密钥加密，然后连同原报文一起发送给接收者，产生的报文即称数字签名。

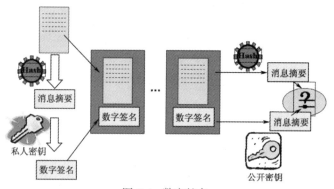

图 5-4　数字签名

（3）接收者收到数字签名后，用同样的哈希算法对报文计算摘要值，然后与用发送者公开密钥进行解密解开的报文摘要值相比较，如果相等则说明报文确实来自报文所称的发送者。

2. 数字时间戳

数字时间戳服务（Digital Time Stamp Service, DTS）是网上电子商务安全服务项目之一，能提供电子文件的日期和时间信息的安全保护，由专门的机构提供。

数字时间戳是一个经加密后形成的凭证文档，它包括三个部分：需加时间戳的文件的摘要（Digest）、（DTS 收到文件的）日期和时间、（DTS 的）数字签名。一般来说，时间戳产生的过程为：用户首先将需要加时间戳的文件用哈希编码加密形成摘要，然后将该摘要发送到 DTS，DTS 在加入了收到文件摘要的日期和时间信息后，再对该文件加密（数字签名），然后送回用户。

四、智能合约

（一）区块链中的智能合约

智能合约（Smart Contract）是一套以程序代码指定的承诺以及执行这些承诺的协议。智能合约的设计初衷是在没有任何第三方可信权威参与和控制的情况下，借助计算机程序，编写能够自动执行合约条款的程序代码，并将代码嵌入到具有价值的信息化物理实体，将其作为合约各方共同信任的执行者代为履行合约规定的条款，并按合约约定创建相应的智能资产。

伴随着区块链应用从比特币发展到以太坊和超级账本，智能合约也发生了一次蜕变，尤其是借助区块链的去中心化基础架构，使得智能合约得以在去信任的可执行环境中实现。

区块链中的智能合约有广义和狭义之分：广义的智能合约是指运行在区块链上的计算机程序。狭义的智能合约可以认为是运行在区块链基础架构上，基于约定规则，由事件驱动，具有状态，能够保存账本上资产，利用程序代码来封装和验证复杂交易行为，实现信息交换、价值转移和资产管理，可自动执行的计算机程序。

目前，根据所使用的编程语言和运行环境的不同，将比特币中的智能合约称为脚本型智能合约，将主要运行在以太坊和超级账本中的智能合约称为图灵完备型智能合约。

（二）区块链智能合约运行机制

由于区块链应用的多样性，在不同平台上使用的智能合约的运行机制也不尽相同。下面介绍的是以太坊开发平台智能合约的运行机制，主要包括以下阶段：

（1）智能合约代码的生成。在合约各方就传统意义上的合同内容达成一致的基础上，通过评估确定该合同是可以通过智能合约实现的（是可编程的），然后由程序员利用合适的开发语言将以自然语言描述的合同内容编码成为可执行的机器语言。

（2）编译。利用开发语言编写的智能合约代码一般不能直接在区块链上运行，而需要在特定的环境（以太坊为 EVM，超级账本为 Docker 容器）中执行，因此在将合约文件上传到区块链之前需要利用编译器对原代码进行编译，生成符合环境运行要求的字节码。

（3）提交。智能合约的提交和调用是通过"交易"来完成。当用户以交易形式发起提交合约文件后，通过 P2P 网络进行全网广播，各节点在进行验证后存储在区块中。

（4）确认。被验证后的有效交易被打包进新区块，经过共识机制，新区块添加到区块链的主链。根据交易生成智能合约的账户地址，之后可以利用该账户地址通过发起交易来调用合约，节点对经验证有效的交易进行处理，被调用的合约执行。另外，主要出于对安全、效率和可扩展性的考虑，一些智能合约在运行时需要区块链以外信息的支撑，这些链外信息的提供，从源头上必须保证是可靠、可信的。

五、共识机制

（一）共识机制的概念

共识机制是分布式系统中实现去中心化信任的核心，它通过在互不信任的节点之间建立一套共同遵守的预设规则，实现节点之间的协作与配合，最终达到不同节点数据的一致性。由于区块链的本质是一个去中心化的分布式账本数据库，因此区块链中的共识机制既要体现分布式系统的基本要求，又要考虑区块链中专门针对交易记录、需要解决拜占庭容错以及可能存在的恶意节点篡改数据等安全问题。因此，区块链中的共识机制更具有针对性，可根据不同的区块链应用场景选择符合不同运行需求的共识机制。

（二）典型的共识机制和算法

从比特币进入人们的视线以来，各类共识机制开始从理论步入实践，并随着比特币自身的迭代、以太坊平台的发展以及智能合约和超级账本等基于区块链应用的丰富，已有的共识算法在实践中得到完善，同时伴随新应用场景的不断出现，符合相应需求的共识机制相继得到应用。目前在区块链中具有代表性的共识机制和算法有：

① 工作量证明（PoW）机制，这种共识机制高度依赖节点算力，应用于比特币和以太坊。

② 区块生成与节点所占有股权成反比的权益证明（PoS）机制，应用于点点币中。

③ 按既定时间段轮流产生区块的授权股份证明机制（DPoS），应用于比特股中。

④ 基于实用拜占庭容错（Practical Byzantine Fault Tolerance, PBFT）机制，应用于 Hyperledger（超级账本）和 Antshares（小蚁）中。

案例实现

中国信息通信研究院在其发布的《区块链白皮书（2018 年）》中，提出的通用型的区块链系统技术架构中，将区块链系统划分为基础设施、基础组件、账本、共识、智能合约、接口、应用、操作运维和系统管理九部分，如图 5-5 所示。

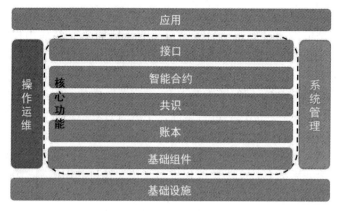

图 5-5　区块链技术架构

（一）基础组件

基础组件层可以实现区块链系统网络中信息的记录、验证和传播。在基础组件层之中，区块链是建立在传播机制、验证机制和存储机制基础上的一个分布式系统。大部分的区块链系统都有这样的一些功能，比如网络发现、数据收发、密码库、数据存储、消息通知，来支持整个区块链上层的运作，慢慢形成一个标准化的基础组件。这一层也有一些新的变化，尤其是跟硬件的结合，现在很多硬件厂商开始支持用硬件实现加密，加速加密的过程。

（二）账本

账本是区块链中非常结构化的信息，负责区块链系统的信息存储，包括收集交易数据，生成数据区块，对本地数据进行合法性校验，以及将校验通过的区块加到链上。把区块链账本层的技术路线分成两类，一类是基于资产的，把资产作为关键字段，看这个资产如何流转。还有一类账本的记录方式是账户模型，记的是谁有多少钱，下一时段又有了多少钱。这两种数据的记录方式分别适用于不同的场景。

（三）共识

区块链最核心的功能是共识，因为区块链是个分布式系统，如何选择合格的会计去记这个账，是很有讲究的。把区块链达成共识的方式分成了两大类，一类是概率性共识，在网络里谁有记账的能力，就可以开始发起记账的请求，这个记账请求被更多的人追踪、跟进，链的长度会越来越长，大家会相信它，过一段时间就会有绝对的优势。还有一种确定性共识，是先达成共识，选出某人来记账，其他的人跟随。

（四）智能合约

智能合约就是用代码写的甲乙双方达成的合同，协议一旦触发，将在区块链上不可逆地执行。智能合约编写的语言分成两大类：图灵完备和非图灵完备。图灵完备的好处是可以表达任何事情，但是安全性有不可预料的风险，图灵非完备不能表达很多复杂的逻辑，但是它安全。

现在智能合约也不是特别成熟，是区块链安全问题高发的一个区域，业界也提出了关于提高区块链智能合约安全的方案，大体上有几种，一是加强事前审计；二是对区块链的智能合约进行加密，防止黑客的攻击；三是严格限定区块链智能合约的语法结构，让它的表达更规范。

（五）应用

区块链的应用可以分成三大类，第一是价值转移类，这类应用是把一笔资产从 A 账户转移到 B 账户，常见的比如银行转账、票据、金融类的应用。第二是存证类，它不涉及两个账户，只涉及一个账户，只是把存储的信息做一个改变，法律存证、溯源属于是这种类型的，依据的是区块链不可篡改的特性。第三是授权管理类，它对任何账户的数据都没有更改，只是授权某一个人能够访问某一个数据，用智能合约来管理。

 ## 拓展阅读

了解智能合约的开发

1. 智能合约语言

Solidity：Solidity 是和 JavaScript 相似的语言，用户可以用它来开发合约并编译成以太坊虚拟机字节代码。它目前是以太坊最受欢迎的语言。

Serpent：Serpent 是和 Python 类似的语言，可以用于开发合约编译成以太坊虚拟机字节代码。它力求简洁，将低级语言在效率方面的优点和编程风格的操作简易相结合，同时合约编程增加了独特的领域特定功能。Serpent 用 LLL 编译。

Lisp Like Language（LLL）：LLL 是和 Assembly 类似的低级语言。它追求极简，本质上只是直接对以太坊虚拟机的包装。

2. 智能合约语言结构

在 Solidity 语言中，合约类似于其他面向对象编程语言中的"类（Class）"。

每个合约中可以包含状态变量、函数、事件、结构体、枚举类型的声明，且合约可以从其他合约继承。

还有一些特殊的合约，如：库和接口。

3. 智能合约语的集成开发环境——Remix

Remix 是以太坊官方开源的 Solidity 在线集成开发环境，可以使用 Solidity 语言在网页内完成以太坊智能合约的在线开发、在线编译、在线测试、在线部署、在线调试与在线交互，非常适合 Solidity 智能合约的学习与原型快速开发。

 练习与提高

1. 以太坊的共识机制是什么？其特点是什么？

2. 某比特币矿场 "每月电费惊人，全天候 24 小时工人三班倒，2 500 多台机器，每秒 2 300 亿次哈希计算"，这里的哈希是指什么？

技术体验五　感受数字人民币

一、体验目的

本体验项目，目的是认识数字人民币，学会数字人民币的使用。要能明确地把数字人民币与比特币区别开来，了解数字人民币与区块链之间的关系。

二、体验内容

1. 了解什么是数字人民币。
2. 区分数字人民币与比特币。
3. 熟悉数字人民币测试的最新情况。
4. 熟悉数字人民币的使用方法。

三、体验环境

能上网的计算机或手机。

四、体验步骤

1. 了解什么是数字人民币

中国人民银行数字人民币研发工作组 2021 年 7 月发布的《中国数字人民币的研发进展白皮书》可以让我们快速了解数字人民币。

数字人民币是中国人民银行发行的数字形式的法定货币，由指定运营机构参与运营，以广义账户体系为基础，支持银行账户松耦合功能，与实物人民币等价，具有价值特征和法偿性。其主要含义是：

第一，数字人民币是央行发行的法定货币。一是数字人民币具备货币的价值尺度、交易媒介、价值贮藏等基本功能，与实物人民币一样是法定货币。二是数字人民币是法定货币的数字形式。从货币发展和改革历程看，货币形态随着科技进步、经济活动发展不断演变，实物、金属铸币、纸币均是相应历史时期发展进步的产物。数字人民币发行、流通管理机制与实物人民币一致，但以数字形式实现价值转移。三是数字人民币是央行对公众的负债，以国家信用为支撑，具有法偿性。

第二，数字人民币采取中心化管理、双层运营。数字人民币发行权属于国家，人民银行在数字人民币运营体系中处于中心地位，负责向作为指定运营机构的商业银行发行数字人民币并进行全生命周期管理，指定运营机构及相关商业机构负责向社会公众提供数字人民币兑换和流通服务。

第三，数字人民币主要定位于现金类支付凭证，将与实物人民币长期并存。数字人民币与实物人民币都是央行对公众的负债，具有同等法律地位和经济价值。数字人民币将与实物人民币并行发行，人民银行会对二者共同统计、协同分析、统筹管理。国际经验表明，支付手段多样化是成熟经济体的基本特征和内在需要。中国作为地域广阔、人口众多、多民族融合、区域发展差异大的大国，社会环境以及居民的支付习惯、年龄结构、安全性需求等因素决定了实物人民币具有其他支付手段不可替代的优势。只要存在对实物人民币的需求，人民银行就不会停止实物人民币供应或以行政命令对其进行替换。

第四，数字人民币是一种零售型央行数字货币，主要用于满足国内零售支付需求。央行数字货币根据用户和用途不同可分为两类，一种是批发型央行数字货币，主要面向商业银行等机构类主体发行，多用于大额结算；另一种是零售型央行数字货币，面向公众发行并用于日常交易。各主要国家或经济体研发央行数字货币的重点各有不同，有的侧重批发交易，有的侧重零售系统效能的提高。数字人民币是一种面向社会公众发行的零售型央行数字货币，其推出将立足国内支付系统的现代化，充分满足公众日常支付需要，进一步提高零售支付系统效能，降低全社会零售支付成本。

第五，在未来的数字化零售支付体系中，数字人民币和指定运营机构的电子账户资金具有通用性，共同构成现金类支付工具。商业银行和持牌非银行支付机构在全面持续遵守合规（包括反洗钱、反恐怖融资）及风险监管要求，且获央行认可支持的情况下，可以参与数字人民币支付服务体系，并充分发挥现有支付等基础设施作用，为客户提供数字化零售支付服务。

2. 认识数字人民币与比特币的区别

（1）我国数字人民币仅借鉴了区块链技术。

数字人民币具有可追溯性、不可篡改性，这些是与区块链技术相同的特征，但数字人民币仅是借鉴了区块链技术。作为法定货币，数字人民币的主要特征之一为中心化的管理模式，而区块链的核心特征之一为去中心化。

在央行数字货币情况下，中央银行提供了"信任"，当中央银行介入后就没必要使用区块链技术了。

（2）数字人民币系统框架的核心要素为"一币、两库、三中心"。

根据《中国法定数字货币原型构想》的阐述，数字人民币系统框架的核心要素为"一币、两库、三中心"。其中，"一币"指央行数字货币；"两库"指的是数字货币发行库（存放央行数字货币发行基金的数据库）和数字货币银行库（商业银行存放央行数字货币的数据库）；"三中心"指的是认证中心（负责身份信息管理）、登记中心（负责数字货币权属登记）与大数据发行中心（负责对反洗钱、支付行为等分析）。

（3）数字人民币使用过程所采用的技术。

数字人民币的使用涉及货币发行、存储、支付、对交易进行记录等多个环节。

在数字人民币支付环节，数字人民币的支付介质除手机外，还包括"数字货币芯片卡"，芯片卡的推行方便了老年人群的使用。"数字货币芯片卡"具体包括可视蓝牙 IC 卡、IC 卡、手机 eSE 卡、手机 SD 卡、手机 SIM 卡等 5 种形态。除使用 NFC 技术外，一些数字货币芯片卡通过蓝牙技术与智能手机进行交互，实现查询和账户信息同步。

在数字人民币交易记录环节，通过分布式账本技术，央行和商业银行构建 CBDC 分布式确权账本，提供可供外部通过互联网来进行 CBDC 确权查询的网站，实现网上验钞机功能。

3. 了解数字人民币的测试情况

中国人民银行 2021 年 7 月 16 日发布《中国数字人民币的研发进展》白皮书，首次对外系统披露数字人民币研发情况。白皮书显示，数字人民币是央行发行的法定货币，主要定位于现金类支付凭证，将与实物人民币长期并存，主要用于满足公众对数字形态现金的需求，助力普惠金融。

据介绍，白皮书系统阐释了数字人民币体系的研发背景、目标愿景、设计框架及相关政策考虑等方面。目前，数字人民币研发试验已基本完成顶层设计、功能研发、系统调试等工作，正选择部分有代表性的地区开展试点测试。

继工行、农行、中行、建行、交行、邮储银行后，网商银行和微众银行已参与到数字人民币的研发和运营中，而招商银行也于近期获准加入。

白皮书显示，截至 2021 年 6 月末，数字人民币试点场景已超 132 万个，覆盖生活缴费、餐饮服务、交通出行、购物消费、政务服务等领域。开立个人钱包 2 087 万余个、对公钱包 351 万余个，累计交易笔数 7 075 万余笔、金额约 345 亿元。

4. 熟悉数字人民币的使用方法

（1）在使用之前，需要先注册"数字人民币"App 账号。

（2）登录账号成功后，单击"个人数字钱包"，再单击右上角的"扫码付"扫描商家付款码付款。

（3）也可以直接在页面按住上滑付款。

（4）第一次使用的用户会选择是否开启小额免密，可以根据情况选择。

（5）如果选择"开启小额免密"，需要输入设置好的钱包支付密码，进入付款码页面。

（6）如果选择"不开启小额免密"，则直接进入付款码页面。

（7）在支付时，直接向商家显示付款码即可。

五、结果

数字人民币是中国人民银行发行的数字形式的法定货币，数字人民币的主要特征之一为中心化的管理模式，与比特币有着本质的区别。

通过阅读课外书籍或上网查找资料，进一步思考以下问题：什么是数字人民币钱包？数字人民币钱包是怎样进行分类的？

深度技术体验

了解区块链溯源技术
和典型区块链品版

模块六

云 计 算

学习情境

　　随着移动互联网的加速发展和数字经济时代的到来，云计算极大地改变了社会的工作方式和商业模式，在经济社会的各领域发挥着日益重要的作用。云计算不仅是互联网、大数据、人工智能等新技术的关键底座，更是信息技术产业发展的战略重点。全球的信息技术企业纷纷转型云计算，以促进数字经济的快速发展。

　　根据调查报告，2020年，全球云计算行业的市场规模达到 3 700 亿美元。2020 年中国云计算市场规模达 2 091 亿元人民币，公有云市场规模达 1 277 亿元人民币。预计到 2025 年全球云计算市场规模将超过 6 000 亿美元，我国云计算市场规模将突破 10 000 亿元人民币。

　　云计算是一种利用互联网实现随时随地、按需、便捷地使用和共享计算设施、存储设备、应用程序等资源的计算模式。熟悉和掌握云计算技术及关键应用，是助力新基建、推动产业数字化升级、构建现代数字社会、实现数字强国的关键技能之一。

学习目标

知识目标

1. 理解云计算的基本概念；
2. 了解云计算的关键技术；
3. 掌握云计算的服务交付模式和部署模式；
4. 掌握主流云服务商及主要产品特点。

技能目标

1. 能分析常见云计算产品的技术架构；
2. 能合理选择云服务，配置一个用于 Web 网站发布的云服务器。

📖 **素养目标**

1. 具备较强的信息技术核心素养；
2. 培养学生独立思考和主动探究新知识的能力；
3. 自觉关注云计算技术创新所带来的日常生活工作变化。

单元 6.1 云计算概述

◇ **导入案例** ○

华为云携手张家港市构筑城市智慧政务信息系统

华为云携手张家港市基于应用平台 ROMA 打造协同共享城市数字平台，构筑城市智慧政务信息系统，实现应用敏捷创新、数据资源融合共享、业务高效协同、全局状态实时监控、城市管理统一调度，为张家港市优化营商环境和城市智慧化实现"一网通办、一网统管、一屏总览"的管理和服务体验。

1. 建设要求

通过建设统一数字平台，支撑善政惠民兴业等业务应用，打造全国智慧城市的县域标杆，构建高质量发展的数字张家港。

2. 建设基础

（1）烟囱应用系统众多，数据拉通、业务协同难。各单位自建垂直系统 130 多个，应用多、入口多，使用率低。

（2）体验割裂，入口分散。平均 1 个用户有 8 个 ID，重复登录、录入现象普遍，占用大量的时间和精力。

（3）重复投资、重复建设。共性能力建设占比约 35%，需要对通用服务的建设、管理、共享进行统一管理，并提供统一支撑。

（4）重建设、轻运营。缺少运营，16% 的系统用户数 <20 人，部分应用的活跃用户数不足 10 人。

3. 解决方案

构建协同共享的城市数字平台，如图 6-1 所示。

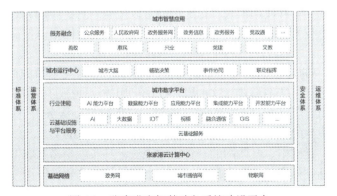

图 6-1 张家港市智慧政务系统建设平台

（1）共建城市数字化，加速应用敏捷，业务协同。

基于华为云应用平台 ROMA 提供的 ROMA Factory、ROMA Connect，将张家港原有业务系统升级改造，业务系统、应用、资源、数据等高效连接集成，推进平台化建设和共性能力重用，数据统一汇聚管理、共享互通，支撑应用快速构建、敏捷创新，重构工作和办事流程。

（2）构建城市数据身份，赋能运营平台。

通过华为云应用平台 ROMA 的应用身份管理 OneAccess，实现对张家港各应用用户体系、权限的统一管理，构建城市数字身份体系，实现用户集中授权、一人一 ID，人岗匹配、权限角色联动，为风险管控、用户权限的合规管理等提供有效支撑。

 ## 技术分析

华为公司携手张家港市，按照云基础设施即服务（IaaS）、云平台即服务（PaaS）和云软件即服务（SaaS）3 个层次的云计算服务模式，以基于应用平台 ROMA 的华为混合云进行部署，规划了"五横四纵"新型智慧城市总体框架，即基础网络层、云计算中心层、城市数字平台层、城市运行中心层、城市智慧应用层五大方面和标准体系、运营体系、安全体系、运维体系四大体系，通过建设数字化应用城市能力底座平台，构筑城市智慧政务信息系统，实现了全市政务信息系统高效协同、数据资源有序汇聚、全局状态实时监控、城市管理统一调度，为助力张家港打造县域治理体系和治理能力现代化示范样板贡献了力量。

 ## 知识与技能

一、云计算的基本知识

云计算是近年来最热门的技术之一，得到了快速的推动和大规模的普及，给人们的生产和生活带来了巨大影响。

（一）云计算的概念

1. 云计算的定义

云计算是将计算分布在大量的分布式计算机上，而非本地计算机或远程服务器中。广义的云计算是指服务的交付和使用模式，指通过网络以按需、易扩展的方式获得所需服务；狭义的云计算是指信息技术基础设施的交付和使用模式，指通过网络以按需、易扩展的方式获得所需资源。

云计算没有统一的定义，比较典型的是美国国家标准与技术研究院（NIST）的定义：云计算是一种按使用量付费的模式，这种模式提供可用的、便捷的、按需的网络访问，进入可配置的计算资源共享池（资源包括网络、存储、应用软件、服务），这些资源能够被快速提供，只需要投入很少的管理工作，或与服务供应商进行很少的交互。

云计算的"云"是网络、互联网的一种比喻说法，其实就是指互联网上的大型服务器集群上的资源，它包括硬件资源（如存储器、CPU、网络等）和软件资源（如应用软件、集成开发环境等），用户可通过计算机、手机等客户端向网络发送一个需求信息，服务器集群就会有成千上万的计算机为用户提供需要的资源，并将结果返回给用户。这样，用户需要的存储和运算极少，所有的处理都由云计算服务来完成。

云计算的核心思想是将大量用网络连接的计算资源统一管理和调度，构成一个计算资源池向用户按需服务。其中，资源池（Resource Pool）是指云计算数据中心中所涉及的各种硬件和软件的集合，按其类型可分为计算资源、存储资源和网络资源。提供资源的网络被称为"云"。"云"中的资源在使用者看来是可以无限扩展的，并且可以随时获取，按需使用，随时扩展，按使用付费。

简单地说，云计算是一种商业计算模式，它将任务分布在大量计算机构成的资源池上，用户可以按需获取存储空间、计算能力和信息等服务。

2. 云计算的产生背景

云计算（Cloud Computing）是生产需求推动的结果，是多种传统计算机和网络技术发展融合的产物。经过几十年的理论完善和发展准备，2006 年 3 月，亚马逊（Amazon）公司最先推出弹性计算云（EC2）服务。2006 年 8 月 9 日，Google 首席执行官埃里克·施密特在搜索引擎大会首次提出云计算的概念。

2008 年初，Cloud Computing 被翻译为"云计算"；2010 年后经过深度竞争，逐渐形成主流平台产品和标准，云计算正式进入高速发展阶段。2012 年，随着腾讯、淘宝、360 等开放平台的兴起和阿里云、百度云、新浪云等公共云平台的迅速发展，国内云计算真正进入到实践阶段，因此，2012 年被称为"中国云计算实践元年"。

3. 云计算的发展历程

云计算的计算模式经历了电厂模式、效应计算、网格计算和云计算四个阶段。

（1）电厂模式阶段。电厂模式就好比利用电厂的规模效应，来降低电力的价格，并让用户使用起来方便，且无需维护和购买任何发电设备。此时的云计算就是将大量的分散资源集中在一起，进行规模化管理，降低成本，方便用户的一种模式。

（2）效应计算阶段。在 1960 年左右，由于计算机设备的价格非常昂贵，远非一般单位所能承受，于是 IT 界的精英们就产生了共享计算机资源的想法。可惜的是当时的 IT 界还处于发展的初期，没有互联网等强大技术支撑，只是空有想法。

（3）网格计算阶段。网格计算是一种"化大为小"的计算，研究如何把一个需要非常巨大的计算能力才能解决的问题分成许多小部分，再把它们分配给许多低性能的计算机来处理，最后把这些结果综合起来解决大问题。可惜的是，由于网格计算在商业模式、技术和安全性方面的不足，其在工程界和商业界并没有取得预期的成功。

（4）云计算阶段。云计算的核心类似于效应计算和网格计算，希望 IT 技术能像使用电力那样方便，并且成本低廉。但与效应计算和网格计算不同的是，云计算在需求方面有了一定的规模，在技术方面也较成熟，目前已经进入到广泛应用阶段。

（二）云计算的特点

云计算与传统的网络应用模式相比，其具有如下特点：

1. 虚拟化

云计算支持用户随地、随时使用各种终端获取应用服务。所请求的资源来自"云"，而不是传统的固定有形的实体。应用在"云"中某处运行，它可能是某个机房的硬件设备，也可是来自不同地区的多个硬件设备的资源整合，实际上用户无需了解、也不用操心应用运行的具体位置，只需要一台计算机或者一个手机，就可以通过网络服务来实现，甚至包括超级计算这样的任务。

2. 超大规模

"云"具有相当的规模，各大云服务商的"云"均拥有几十甚至上几百万台服务器，企业私有云一般拥有数百上千台服务器。"云"能赋予用户前所未有的计算能力。

3. 动态扩展性高

"云"的规模可根据应用的需要进行动态伸缩，满足用户应用和规模增长的需要。

4. 按需服务

"云"是一个庞大的资源池，按需购买；云可以像自来水、电、煤气那样计费，用户可以根据需求自行购买，降低了用户成本，并可获得更好的服务支持。

5. 可靠性高

"云"在软硬件层面使用了数据多副本容错、计算节点同构可互换等措施来保障服务的高可靠性，使用云计算比使用本地计算机可靠。

6. 通用性好

云计算不针对特定的应用和服务，在"云"的支撑下可以构造出千变万化的应用，同一个"云"可以同时支撑不同的应用运行。

7. 极其廉价

由于"云"的特殊容错措施，可以采用极其廉价的节点来构成云，"云"的自动化集中式管理使大量企业无需负担日益高涨的数据中心管理成本，"云"的通用性使资源的利用率较之传统系统大幅提升，因此用户可以充分享受"云"的低成本优势。

8. 潜在的危险性

云计算除了提供计算服务外，还提供了存储服务。目前云计算服务垄断在私人企业中，而它们仅能提供商业信用。由于在信息社会中，"信息"是至关重要的。政府机构、商业机构均持有敏感数据，在选择云计算服务时应保持足够的警惕。一旦商业用户大规模使用私人机构提供的云计算服务，无论其技术优势有多强，都不可避免地让这些私人机构以"数据（信息）"的重要性来挟制社会。另一方面，云计算中的数据对于数据所有者以外的其他用户是保密的，但是对于提供云计算服务的商业机构则是毫无秘密可言的。所有这些潜在的危险，是商业机构和政府机构在选择云计算服务，特别是国外机构提供的云计算服务时不得不考虑的一个重要前提。

目前，市场上能提供"云服务器"产品的厂商虽然很多，但真正安全、稳定、可靠的云服务器还是出自专业品牌。目前，国内主流的云服务商有阿里云、腾讯云、华为云、百度云、京东云、盛大云、金山云、美团云等。

（三）云计算的主要应用

随着云计算技术的发展，云计算的应用领域也在不断扩大，"云"应用已遍及政务、金融、交通、教育、医疗、娱乐、安全、社交等各个领域。

1. 云存储

云存储又称存储云，是以数据存储和管理为核心的云计算系统。云存储通过集群应用、网格技术或分布式文件系统等功能，将网络中数量庞大且种类繁多的存储设备集合起来协同工作，共同对外提供数据存储和业务访问的功能，保证数据的安全性并节约存储空间。目前国内外发展比较成熟的云存储有很多，譬如，谷歌、微软、百度云和微云等，向用户提供存储服务、备份服务、归档服务和记录管理服务等，大大方便了使用者对资源的管理。又如百度网盘是百度推出的一项云存储服务，首次注册即有机会获得 2TB 的存储空间，已覆盖主流计算机和移动设备操作系统，包含 Web 版、Windows 版、Mac 版、Android 版、iPhone 版和 WindowsPhone 版等。

2. 云游戏

云游戏是以云计算为基础的游戏方式，在云游戏的运行模式下，所有游戏都在服务器端运行，并将渲染完毕的游戏画面压缩后通过网络传送给用户。在客户端，用户的游戏设备只需要具备基本的视频解压能力，而非高端处理器和显卡。

3. 云教育

云教育打破了传统的教育信息化边界，推出了全新的教育信息化概念，集教学、管理、学习、娱乐、分享、互动交流于一体。云教育包括教育培训管理信息系统、远程教育培训系统和培训机构网站。在这个覆盖世界的教育平台上，共享教育资源，分享教育成果，加强教育中的教育者和受教育者的互动。现在流行的慕课就是教育云的一种应用。中国大学MOOC 就是非常好的平台。

4. 云安全

云安全（Cloud Security）融合了并行处理和未知病毒行为判断等新兴技术，通过网状的大量客户端，对网络中软件行为的异常监测，获取如互联网中木马、恶意程序的最新信息，推送到服务器端进行自动分析和处理，再把病毒和木马的解决方案分发到每一个客户端。将整个互联网，变成一个超级大的杀毒软件。目前，国内主流的杀毒软件服务提供商，如金山、360、瑞星等公司都向其用户提供云安全服务。

5. 云会议

云会议是基于云计算技术的一种高效、便捷、低成本的会议形式。使用者只需要通过互联网界面，进行简单易用的操作，便可快速高效地与全球各地的团队及客户同步分享语音、数据文件及视频等信息，而会议中数据的传输、处理等复杂技术则由云会议服务商提供。

6. 云社交

云社交是一种由物联网、云计算和移动互联网交互应用的虚拟社交应用模式。云社交的主要特征是把大量的社会资源统一整合和评测，构成一个资源有效池，向用户按需提供服务。参与分享的用户越多，能够创造的利用价值就越大。

7. 云办公

云办公作为 IT 业界的发展方向，正在逐渐形成其独特的产业链。它有别于传统办公软件市场，通过云办公更有利于企事业单位降低办公成本和提高办公效率。目前，基于云计算的在线办公软件 Web Office 已经进入了人们的生活。金山办公旗下的 WPS Office 是国内比较有代表性的云办公产品之一，用户进入 WPS 官方网站，注册账号即可体验云上 Office办公。

8. 云医疗

云医疗是指在云计算、移动技术、多媒体、5G（4G）通信、大数据以及物联网等新技术基础上，结合医疗技术，使用"云计算"来创建医疗健康服务云平台，实现医疗资源的共享和医疗范围的扩大。云医疗提高了医疗机构的效率，方便居民就医。如医院的预约挂号、电子病历、医保结算、远程会诊等，都是云计算与医疗领域结合的产物，云医疗还具有数据安全、信息共享、动态扩展、布局全国的优势。

9. 云金融

云金融是指利用云计算的模型，将信息、金融和服务等功能分散到庞大分支机构构成的互联网"云"中，旨在为银行、保险和基金等金融机构提供互联网处理和运行服务，同时共享互联网资源，从而解决现有问题并且达到高效、低成本的目标。

10. 云物联

云物联是基于云计算技术的物物相连。云物联可以将传统物品通过传感设备感知的信息和接受的指令连入互联网中，并通过云计算技术实现数据存储和运算，从而建立起物联网。实现了基本的人与物交互，可以应用于家庭、办公、医院和酒店等场合，如无论用户身处何处，都可以使用手机、平板电脑等实现场景远程控制，随时随地掌控家中智能设备的使用情况。

11. 云政务

云政务是结合了云计算技术的特点，对政府管理和服务职能进行精简、优化、整合，并通过信息化手段在政务上实现各种业务流程办理和职能服务，为政府各部门提供可靠的基础IT 服务平台。

12. 云交通

云交通是指面向政府决策、交通管理、企业运营、百姓出行等需求，建立智能交通云服务平台。通过智能交通云实现全网覆盖，提供交通诱导、应急指挥、智能出行、出租车和公交车管理、智能导航等服务，实现交通信息的跨地区共享、实时动态监控和动态管理，快速响应突发情况，全面提升监控力度和智能化管理水平。

二、云计算的服务交付模式

云计算是一种新的计算，也是一种新的服务模式，为各个领域提供着技术支持和个性化服务。云服务是指可以拿来作为服务提供的云计算产品，包括云主机、云空间、云开发、云测试和综合类产品等。

云计算服务是指将大量用网络连接的计算资源统一管理和调度，构成一个计算资源池向用户提供按需服务，用户通过网络以按需、易扩展的方式获得所需资源和服务。云计算服务模式包含基础设施即服务（Infrastructure as a Service，IaaS）、平台即服务（Platform as a Service，PaaS）和软件即服务（Software as a Service，SaaS）三种类型。

（一）基础设施即服务（IaaS）

基础设施即服务是主要的服务类别之一，是指用户通过 Internet 可以获得 IT 基础设施硬件资源，并可以根据用户资源使用量和使用时间进行计费的一种能力和服务。

为了优化硬件资源的分配问题，IaaS 层广泛采用了虚拟化技术，向用户提供所有计算基础设施的服务，包括 CPU、内存、存储、网络、虚拟机和操作系统等计算资源，用户能够部署和运行任意软件，包括操作系统和应用程序。代表产品有 OpenStack、IBM Blue Cloud、Amazon EC2 等。

IaaS 主要的用户是系统管理员，通过 IaaS 这种模式，用户可以从供应商那里获得所需要的虚拟机或者存储等资源来装载相关的应用，而由 IaaS 供应商来管理这些基础设施。

IaaS 主要提供七个服务功能。

（1）资源抽象：使用资源抽象的方法 (如资源池) 能更好地调度和管理物理资源。

（2）资源监控：通过对资源的监控，能够保证基础设施高效率运行。

（3）负载管理：通过负载管理，不仅能使部署在基础设施上的应用更好地应对突发情况，而且还能更好地利用系统资源。

（4）数据管理：对云计算而言，数据的完整性、可靠性和可管理性是对 IaaS 的基本要求。

（5）资源部署：也就是将整个资源从创建到使用的流程自动化。

（6）安全管理：是保证基础设施和其提供的资源能被合法地访问和使用。

（7）计费管理：通过细致的计费管理能使用户更灵活地使用资源。

（二）平台即服务（PaaS）

平台即服务是通过服务器平台把开发、测试、运行环境提供给客户的一种云计算服务，它是介于 IaaS 和 SaaS 之间的一种服务模式。

在该服务模式中，PaaS 公司提供各种开发和分发应用的解决方案，用户购买的是计算能力、存储、数据库、虚拟服务器、操作系统和网络等资源，大部分 PaaS 平台已经搭建好底层环境，用户可以直接平台上创建、测试和部署应用及服务，并通过该平台传递给其他用户使用。

PaaS 的主要用户是开发人员，它为开发人员提供通过全球互联网构建应用程序和服务的平台。PaaS 为开发、测试和管理软件应用程序提供按需开发环境，用户可以大大减少开发成本。比较知名的 PaaS 平台有阿里云开发平台、华为 DevCloud 等。

PaaS 主要提供四个服务功能。

（1）友好的开发环境：通过提供 SDK 和 IDE 等工具，让用户能在本地方便地进行应用的开发和测试。

（2）丰富的服务：PaaS 平台会以 API 的形式将各种各样的服务提供给上层的应用。

（3）自动的资源调度：也就是可伸缩这个特性，它不仅能优化系统资源，而且能自动调整资源运行状态（如流量）。

（4）精细的管理和监控：通过 PaaS 能够提供应用层的管理和监控，比如，通过观察应用运行的情况和具体数值（如吞吐量和反映时间）来更好地衡量应用的运行状态，通过精确计量应用使用所消耗的资源来更好地计费。

（三）软件即服务（SaaS）

软件即服务是一种通过互联网向用户提供按需软件付费的服务模式。

在这种模式下，用户不需要购买软件版权，而是通过互联网向特定的供应商租用自己所需求的相关软件服务功能。软件即服务可以让应用程序访问泛化，把桌面应用程序转移到网络上去，随时随地使用软件。主要产品包括：Salesforce Sales Cloud, Google Apps, Zimbra, Zoho 和 IBM LotusLive 等。

SaaS 主要面对的是普通的用户。通过 SaaS 这种模式，用户只要接上网络，并通过浏览器，就能直接使用在云端上运行的应用，而不需要顾虑类似安装等琐事，以及初期高昂的软硬件投入。生活中，几乎人们每一天都在接触 SaaS 云服务，如平常使用的微信小程序、新浪微博以及在线视频服务等。

SaaS 主要提供四个服务功能。

（1）随时随地访问：在任何时候、任何地点，只要接上网络，用户就能访问 SaaS 服务。

（2）支持公开协议：通过支持公开协议（比如 HTML4/5），能够方便用户使用。

（3）安全保障：SaaS 供应商需要提供一定的安全机制，不仅要使存储在云端的用户数据绝对安全，而且也要在客户端实施一定的安全机制（比如 HTTPS）来保护用户。

（4）多住户（Multi-Tenant）机制：通过多住户机制，不仅能更经济地支撑庞大的用户规模，而且能提供一定的可定制性以满足用户的特殊需求。

这三类云计算服务中，IaaS 处于整个架构的底层，为用户提供直接使用的计算资源、存储资源和网络资源；PaaS 处于中间层，可以利用 IaaS 层提供的各类计算资源、存储资源和网络资源来建立平台，为用户提供开发、测试和运行环境；SaaS 处于最上层，将软件以服务的形式通过网络提供给用户。用户既可以利用 PaaS 层提供的平台进行开发，也可以直接利用 IaaS 层提供的各种资源进行开发。

三、云计算的部署模式

用户使用云服务时需求各不相同，有的用户可能只需要一台服务器，而有的用户涉及数据安全，则特别注重保密，因此，云计算服务需要提供不同的部署模式。

云计算服务的部署模式有公有云、私有云、混合云和行业云四类。

（一）公有云

公有云是现在最主流也就是最受欢迎的云计算模式。它是一种对公众开放的云服务，能支持数目庞大的请求，而且因为规模的优势，其成本低。公有云由云供应商运营，为最终用户提供各种各样的 IT 资源，其核心属性是共享资源服务。云供应商负责从应用程序、软件运行环境到物理基础设施等 IT 资源的安全、管理、部署和维护。在使用 IT 资源时，用户只需为其所使用的资源付费，无需任何前期投入，所以非常经济。用户使用资源的时候，感觉资源是其独享的，并不清楚与其共享和使用资源的还有哪些用户，整个平台是如何实现的，甚至无法控制实际的物理设施，所以云服务提供商能保证其所提供的资源具备安全、可靠和私密等非功能性需求。

1. 构建方式

公有云的构建方式包括独立构建、联合构建、购买商业解决方案三种。

（1）独立构建。云供应商利用自身优秀的工程师团队和开源的软件资源，购买大量零部件来构建服务器、操作系统，乃至整个云计算中心。其优势是能为自己的需求作最大限度的优化，缺点是需要一个非常专业的工程师团队。

（2）联合构建。云供应商在构建的时候，在部分软硬件上选择商业产品，而其他方面则会选择自建。其优势是避免自己的团队涉足一些不熟悉的领域，而在自己所擅长的领域上大胆创新。

（3）购买商业解决方案。有一部分云供应商在建设云平台之前缺乏相关的技术积累，所以会稳妥地购买比较成熟的商业解决方案。这样购买商业解决方案的做法虽然很难提升自身的竞争力，但是在风险方面和前两种构建方式相比，更稳妥。

2. 优势和不足

公有云具有许多优越性，主要有以下几点。

（1）规模大。因为公有云的公开性，它能聚集规模庞大的工作负载，从而产生巨大的规模效应。比如，能降低每个负载的运行成本或者为海量的工作负载作更多优化。

（2）价格低廉。对用户而言，公有云完全是按需使用的，无需任何前期投入，所以与其他模式相比，公有云在初始成本方面有非常大优势。随着公有云的规模不断增大，它将不仅使云供应商受益，而且也会相应地降低用户的开支。

（3）灵活。对用户而言，公有云在容量方面几乎是无限的。

（4）功能全面。公有云在功能方面非常丰富。比如，支持多种主流的操作系统和成千上万个应用。

公有云同样存在不足之处，主要体现在以下几点。

（1）缺乏信任。虽然在安全技术方面，公有云有很好的支持，但是由于其存储数据的地方并不是在企业本地，所以企业会不可避免地担忧数据的安全性。

（2）不支持遗留环境。公有云主要是基于 x86 架构的，操作系统以 Linux 或者 Windows 为主，所以对于大多数遗留环境不能很好地支持，如基于大型机的 Cobol 应用。

3. 对未来的展望

由于公有云在规模和功能等方面的优势，它会受到绝大多数用户的欢迎。从长期而言，公有云就像公共电厂那样成为云计算最主流甚至是唯一的模式，因为在规模、价格和功能等方面的潜力实在太大了。但是在短期之内，因为信任和遗留等方面的不足会降低公有云对企业的吸引力，特别是大型企业。

目前，公有云占据了较大的市场份额，在国内公有云主要有以下几类。

（1）传统的电信基础设施运营商建设的云计算平台，如中国移动、中国联通和中国电信等提供的公有云服务。

（2）政府主导建设的地方性云计算平台，如贵州的"云上贵州"等，这类云平台通常被称为政府云。

（3）国内知名互联网公司建设的公有云平台，如百度云、阿里云、腾讯云和华为云等。

（4）部分 IDC 运营商建设的云计算平台，如世纪互联云平台等。

（5）部分国外的云计算企业建设的公有云平台，比如微软 Azure、亚马逊 AWS 等。

（二）私有云

私有云是指为特定的组织机构建设的单独使用的云，即主要为企业内部提供云服务，不对公众开放，在企业的防火墙内工作。企业 IT 人员能对数据存储、计算资源、数据安全和服务质量 QoS 进行有效地控制，其核心属性是专有资源服务。

与传统的企业数据中心相比，私有云可以支持动态灵活的基础设施，降低 IT 架构的复杂度，使各种 IT 资源得以整合和标准化。

相对于公有云，私有云可部署在企业内部网络，也可以部署在一个比较安全的主机托管场所。其数据安全性、系统管理都由自己控制，私有云的规模相对于公有云来说一般要小得多，无法充分发挥规模效应。

1. 构建方式

创建私有云的方式主要有两种。

（1）独自构建。使用 OpenStack 等开源软件将现有的硬件整合成一个云，适合于预算少或者希望重用现有硬件的企业。

（2）购买商业解决方案。适用于预算充裕的企业和机构。

2. 优势和不足

私有云在企业数据中心内部运行，由企业的 IT 团队进行管理，其主要优势有以下几点。

（1）数据安全。虽然公有云供应商宣称，其数据管理服务等各方面都非常安全，但对企业而言，和业务相关的数据是其生命线，是不能受到任何形式的威胁和侵犯的，而且需要严格地控制和监视这些数据的存储方式和位置。所以短期内，大型企业是不会将其关键应用部署到公有云上的。

（2）服务质量（QoS）。私有云的服务质量非常稳定，不会受到远程网络偶然发生异常的影响。

（3）充分利用现有硬件资源。每个公司都有低利用率的硬件资源，可以通过一些私有云解决方案或者相关软件，让它们重获"新生"。

（4）支持定制和遗留应用。公有云所支持的应用都偏 x86，不支持定制化程度高的应用和遗留应用，比如大型机、Unix 等平台的应用。而私有云往往是一个不错的选择。

（5）不影响现有 IT 管理的流程。由于私有云的 IT 部门能完全控制私有云，这样他们有能力使私有云更好地与现有流程进行整合。

但是，私有云的

成本开支高，即企业需要有大量的前期投资成本和后期使用维护成本。

3. 对未来的展望

在将来很长一段时间内，私有云将成为大中型企业最认可的云模式，而且将极大地增强企业内部的 IT 能力，并使整个 IT 服务围绕着业务展开，从而更好地为业务服务。

（三）混合云

混合云是两种或两种以上的云计算模式的混合体，是近年来云计算的主要模式和发展方向，是指供自己和客户共同使用的云，它所提供的服务既可以供别人使用，也可以供自己使用。相比较而言，混合云的部署方式对提供者的要求比较高。在使用混合云的情况下，用户需要解决不同云平台之间的集成问题。

在混合云部署模式下，公有云和私有云相互独立，但在云的内部又相互结合，可以发挥出公有云和私有云各自的优势。混合云可以使用户既享有私有云的私密性，又能有效利用公有云的廉价计算资源，比如，企业将非关键的应用部署到公有云上来降低成本，而将关键的核心应用部署到完全私密的私有云上，从而达到既省钱又安全的目的。

1. 构建方式

混合云的构建方式有两种。

（1）外包企业的数据中心。即企业搭建一个数据中心，但具体维护和管理工作都外包给专业的云供应商，或者邀请专业的云供应商直接在厂区内搭建专供本企业使用的云计算中心，并在建成之后，负责后期的维护工作。

（2）购买私有云服务。即通过购买云供应商的私有云服务，将公有云纳入企业的防火墙内，并且在这些计算资源和其他公有云资源之间进行隔离。

2. 优势和不足

通过使用混合云，企业可以享受接近私有云的私密性和接近公有云的成本，并且能快速接入大量位于公有云的计算能力，以备不时之需。

现在可供选择的混合云产品较少，而且在私密性方面不如私有云好，在成本方面也不如公有云低，并且操作起来较复杂。

3. 对未来的展望

混合云比较适合那些想尝试云计算的企业，和面对突发流量但不愿将企业 IT 业务都迁移至公有云的企业。虽然混合云不是长久之计，但是它应该也会有一定的市场空间，并且也将会有一些厂商推出类似的产品。

（四）行业云

行业云主要指的是专门为某个行业的业务设计的云，并且开放给多个同属于这个行业的企业。

虽然行业云现在还没有一个成熟的例子，但盛大的开放平台颇具行业云的潜质，因为它能将其整个云平台共享给多个小型游戏开发团队，而小型团队只需负责游戏的创意和开发即可，其他和游戏相关的烦琐的运维可转交给盛大的开放平台来负责。

1. 构建方式

在构建方式方面，行业云主要有两种方式。

（1）独自构建。某个行业的领导企业自主创建一个行业云，并与其他同行业的公司分享。

（2）联合构建。多个同类型的企业可以联合建设和共享一个云计算中心，或者邀请外部的供应商来参与其中。

2. 优势和不足

行业云能为行业的业务作专门的优化。和其他的云计算模式相比，这不仅能方便用户，而且能进一步降低成本。

但是，行业云支持的范围较小，只支持某个行业，同时建设成本较高。

3. 对未来的展望

行业云非常适合那些业务需求比较相似，而且对成本非常重视的行业。虽然现在还没有非常好的示例，但是对部分行业应该存在一定的吸引力，比如上面提到的游戏业。

总之，公有云是面向公众/政企提供的云服务，基于互联网获取和使用服务、关注盈利模式、具有强大的可扩展性和较好的规模共享经济性等，比较关注性价比。

私有云是面向内部用户、通过内部或专有网络获得和使用服务，私有云的使用体验较好，安全性较高，但投资门槛高，当出现突发性需求时，私有云因规模有限，将难以快速地有效扩展，比较关注信息安全。

混合云是在公有云中创建网络隔离的专有云，用户可以完全控制该专有云的网络配置，同时还可以通过 VPN/专线连接到内部私有云，实现公有云与私有云的连接，兼顾公有云和私有云的优点，比较兼顾性价比与安全。

行业云是一种过渡性模式，面向一个行业，是阶段性发展的产物。

案例实现

1. 张家港市智慧政务信息系统建设平台的服务模式

"张家港市智慧政务信息系统建设平台"按照标准体系、运营体系、安全体系、运维体系四个体系进行建设，其采用的服务模式包含基础设施即服务（IaaS）、平台即服务（PaaS）和软件即服务（SaaS）三种类型。

IaaS 为用户提供直接使用的计算资源、存储资源和网络资源，其基础设施包括 CPU、内存、存储、政务网、城市通信网、物联网、虚拟机和操作系统等云基础服务计算资源，IaaS 主要的用户是系统管理员。

PaaS 为用户提供开发、测试和运行软件，其城市数字平台包含 AI 能力平台、数据能力平台、应用能力平台、开发能力平台等，能提供 AI、大数据、IoT、视频、融合通信 GIS 等服务。PaaS 的主要用户是开发人员。

SaaS 则是将软件以服务的形式通过网络提供给用户，它主要面对普通用户。

2. 张家港市智慧政务信息系统的特色

（1）客户价值。具有加速应用创新、融合数据共享、高效业务协同功能。

（2）一网通办。通过云和数据平台将分散在各专业、各单位、各系统的海量数据标准化接入、存储、形成数据资产，基于数据目录实现数据的服务化，减少烟囱式架构、降低重复建设的成本。

（3）一网统管。横向拉通城市跨部门业务，纵向实现市/镇/社区多级联动，实现"一网管全城"；同时，基于平台大数据+AI视频分析服务，支撑城市管理事件实时感知，智能预警、预测，实时上报，统一事件接报、分拨，整合入口，确保每件事有人管，提升城市综合治理和管理能力。预期实现事件办结率95%以上，按期结案率80%以上。

（4）一屏总览。数据统一集成汇聚，准确清晰治理，并提供方便的数据服务接口用于快速查阅和数据分析；围绕数据，建立统一的主题模型，实现大屏、中屏、小屏的数据同源、实时查阅，全方位感知城市运行状态，支撑管理者高效决策、联动指挥。

练习与提高

根据张家港市智慧政务信息系统建设平台，分析其技术架构及采用的关键技术，并分析华为云的主要产品及其特色。

单元 6.2 云计算技术原理和架构、主流产品和应用

◇ 导入案例 ◇

上海浦东新区政务云平台带来的社会及经济价值

1. 业务需求

据不完全统计，上海浦东新区原政务网有信息化项目 245 个，在建 62 个。其现状具有资源整合需求迫切、服务对象众多、系统建设和维护成本高等特点。按照"政务云"集约化建设和资源共享的目标要求，浦东新区需依托原政务专网，搭建一个底层的基础架构应用平台，并把现有的政务应用迁移到新平台上，提高它的服务效率和服务能力。

2. 解决方案

华三通信运用华三大安全、大互联技术，全面保障了浦东新区政府各委办局在云资源申请、交付与使用过程中弹性获取与安全防护，并通过 SDN 技术，实现了基础资源全自动化调度与管理，为浦东新区政府打造高性能、高可靠、高安全、易扩展的政务信息化云平台。

政务云的解决方案包括：

（1）基于 OpenStack 的全融合开源云管理平台。

（2）云网融合，提供丰富的云服务目录，全自动化交付。

（3）全面兼容传统 IT 和异构平台。

（4）云安全合规。

（5）完备的云运营运维管理体系。

3. 应用效果

（1）降低了政府各部门间信息获取的管理成本，提升了部门协同的工作效能。

（2）有效避免产生"信息孤岛"，各单位可随时获取和按需调配云资源，避免了 IT 环境的重复建设，全面提升各个部门 IT 资源获取效率，简化了运维管理，为政务的集约化建设模式提供有效的实现手段，全面支撑了电子政务的业务需求，实现了业务按需扩展、弹性计算、动态部署的智能云数据中心。

（3）为其他政务云的建设、规划提供可复制、可推广的模范标准。

（4）政务云以技术手段推动信息共享互联，由此带来的海量政务大数据，一方面可以为政府各部门提供便捷的信息获取通道，也为事中事后监管提供数据基础和业务协同支持。另一方面，对政府的流程再造和管理体制变革起到积极推动作用。通过建立跨部门、跨领域、跨界别的数据联通与开放标准体系，对于完善治理体系、提升治理能力起到极为重要的推动作用。

技术分析

浦东政务云解决方案架构分为云服务和云管理两大部分。云服务部分又分为软件服务层（SaaS）、平台层（PaaS）和基础设施层（IaaS）三个层次。云管理部分是纵向的，为横向的三层服务提供管理和运维方面的技术。

知识与技能

一、分布式计算原理和云计算技术架构

云计算初期是简单的分布式计算，现阶段的云计算是由分布式计算、效用计算、负载均衡、并行计算、网络存储、热备份冗余和虚拟化等计算机技术发展和混合演变而来的，可以更高效利用计算资源，提高计算效率。

（一）分布式计算

分布式计算是近年提出的一种新的计算方式，和集中式计算是相对的。

随着计算技术的发展，有些应用需要非常巨大的计算能力才能完成，如果采用集中式计算，需要耗费相当长的时间来完成。分布式计算将该应用分解成许多小的部分，分配给多台计算机进行处理。

1. 广义定义

研究如何把一个需要非常巨大的计算能力才能解决的问题分成许多小的部分，然后把这些部分分配给许多计算机进行处理，最后把这些计算结果综合起来得到最终的结果。

现在的分布式计算项目已经可以使用世界各地成千上万位志愿者的计算机的闲置计算能力，通过 Internet，可以分析来自外太空的电讯号，寻找隐蔽的黑洞，并探索可能存在的外星智慧生命；可以寻找超过 1 000 万位数字的梅森质数；也可以寻找并发现对抗艾滋病病毒的更为有效的药物。这些项目都很庞大，需要惊人的计算量，仅仅由单台计算机在一个能让人接受的时间内计算完成是绝不可能的。

2. 中国科学院的定义

所谓分布式计算就是两个或多个软件互相共享信息，这些软件既可以在同一台计算机上运行，也可以在通过网络连接起来的多台计算机上运行。分布式计算比起其他算法具有以下优点：

（1）稀有资源可以共享。

（2）通过分布式计算可以在多台计算机上平衡计算负载。

（3）可以把程序放在最适合运行它的计算机上。

其中，共享稀有资源和平衡负载是计算机分布式计算的核心思想之一。

3. 网格计算

网格计算是分布式计算的一种。如果某项工作是分布式的，那么，参与这项工作的一定不只是一台计算机，而是一个计算机网络，这种"蚂蚁搬山"的方式将具有很强的数据处理能力。网格计算的实质就是组合与共享资源并确保系统安全。

4. 工作原理

分布式计算是利用互联网上的计算机的中央处理器的闲置处理能力来解决大型计算问题的一种计算科学。这种计算模式可以在多台计算机上共享稀有资源和平衡负载，缩短整体计算时间，大大提高计算效率。

（二）云计算技术架构

目前被广泛引用的云计算技术架构分为云服务和云管理两大部分，如图 6-2 所示。

　　云服务部分又划分为三个层次，即软件服务层（SaaS）、平台层（PaaS）和基础设施层（IaaS）。这三个层次提供的服务对于用户而言，是完全不同的，但使用的技术并不是完全独立的，有一定的依赖关系。软件服务层位于最上层，其产品和服务一般是用于显示用户所需的内容和服务体验，主要用到 HTML、CSS、JavaScript 和 Silverlight 等技术，并会利用到平台层提供的多种服务。平台层位于中间，承上启下，在基础设施层提供资源的基础上，使用 REST、多租户、并行处理、应用服务器、分布式缓存等技术提供多种服务。基础设施层位于最底层，通过虚拟化、分布式存储、关系型数据库、NoSQL 等技术，将互联网上的服务器、存储设备、网络设备等资源提供给中间层或是用户。

　　云管理部分是纵向的，为横向的三层服务提供管理和维护方面的技术，主要包括用户管理、监控系统、计费管理、安全管理、运维管理、服务管理、资源管理、灾害管理和客户支持九个方面，保证整个云计算中心能被有效管理并且安全、稳定运行，如故障的迁移、运维错误的监控和上报、网络攻击的防御等。

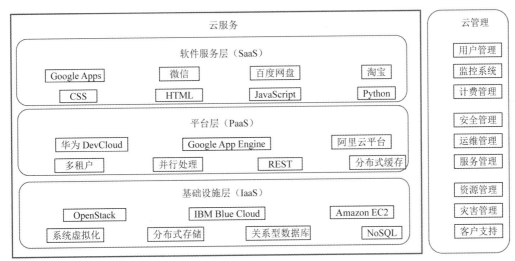

图 6-2　云计算的技术架构

二、云计算的关键技术

　　云计算作为支持网络访问的服务，首先少不了网络技术的支持，如 Internet 接入和网络架构等。云计算需要实现以低成本的方式提供高可靠、高可用、规模可伸缩的个性化服务，因此还需要虚拟化技术、分布式数据存储技术、数据管理技术以及并行编程技术等若干关键技术支持。

（一）虚拟化技术

　　虚拟化技术是云计算的最核心技术之一，是一种调配计算机资源的方法，是将各种计算及存储资源充分整合、高效利用的关键技术。虚拟化是一个广义术语，计算机的虚拟化，起先是指使单个计算机看起来像多个计算机或完全不同的计算机，从而提高资源利用率或降低 IT 成本。之后随着 IT 架构的复杂化，发展到了使多台计算机看起来像一台计算机以实现统一管理、调配和监控。现在发展到了可以跨越 IT 架构实现包括资源、网络、应用和桌面在内的全系统虚拟化。从应用角度看，它包括服务器虚拟化、存储虚拟化、应用虚拟化、平台虚拟化、桌面虚拟化、网络虚拟化。通过虚拟化技术可以实现将所有硬件设备、软件应用和数据隔离开,打破硬件配置、软件部署和数据分布的界限,实现 IT 架构的动态化,实现资源的统一管理和调度,使应用能够动态地使用虚拟资源和物理资源,提高资源的利用率和灵活性。

(二)分布式数据存储技术

分布式数据存储就是利用网络存储技术、分布式文件系统和网格存储技术等,将数据分散存储到多个数据存储服务器上。云计算系统由大量服务器组成,可同时为大量用户服务,因此,云计算系统主要采用分布式存储的方式进行数据存储,以保证数据的高可靠性和经济性。同时,为确保数据的高可靠性,存储模式通常采用冗余存储的方式即为同一份数据存储多个副本。目前,云计算系统中广泛使用的数据存储系统是 GFS 和 Hadoop 团队开发的 GFS 的开源实现 HDFS。

(三)数据管理技术

云计算需要对分布在不同服务器上的海量的数据进行分析和处理,因此,数据管理技术必须能够高效稳定地管理大量的数据。目前,云计算系统中的数据管理技术最常见的是 Google 的 BigTable 数据管理技术和 Hadoop 团队开发的开源数据管理模块 HBase。

BigTable(简称 BT)是非关系型数据库,是一个稀疏的、分布式的、持久化存储的多维度排序表。

HBase 是 Hadoop 的一个类似 BigTable 的分布式数据库,是基于 Google BigTable 模型开发的。它是基于列而不是基于行的模式,而且是一个适合于非结构化数据存储的数据库。

(四)并行编程技术

并行计算是指同时使用多种计算资源解决计算问题的过程,是提高计算机系统计算速度和处理能力的一种有效手段。它是用多个处理器来协同求解同一问题,即将被求解的问题分解成若干个部分,各部分均由一个独立的处理器来并行计算。并行计算技术是云计算最具挑战性的核心之一。云计算提供了分布式的计算模式,要求有分布式的编程模式。云计算采用了一种简洁的分布式并行编程模型 MapReduce。它是一种编程模型和任务调度模型,主要用于数据集的并行运算和并行任务的调度处理,其优势在于处理大规模数据集。需要注意的是,用 MapReduce 处理的数据集必须是:待处理的数据集可以分解成许多小的数据集,而且每一个小数据集都可以完全并行地进行处理。

三、主流云产品及解决方案

市场上的云计算产品、服务类型多种多样,在选择时不仅要看产品类型是否符合自身需求,还要看云产品服务商的品牌声誉、技术实力以及政府的监管力度。

目前国内外云服务商非常多,2021 年第一季度中国公有云市场数据显示,季度内 IaaS+PaaS 市场规模达 301 亿人民币,其中阿里云、腾讯云、华为云、电信天翼云、亚马逊 AWS 居前五名。

(一)国外主流云服务商及其产品

1. 亚马逊 AWS

亚马逊刚开始是做电商的,购买了一批服务器搭建电商平台,由于服务器具备富余的计算资源，于是开始对外出租这些货源，并逐渐成为世界上最大的云计算服务公司之一。

亚马逊云计算服务产品线丰富，涵盖了 IT 系统架构的各个层次，加上另外几个部署和运维产品，一个企业的数据中心可以采用亚马逊云计算服务产品来完全替换。亚马逊公司最核心的云服务产品是主机（EC2）、存储、虚拟桌面（WorkSpaces）和软件流（AppStream）及其增值产品或者支撑产品。其主要产品包括亚马逊弹性计算云、简单储存服务、简单数据库等，产品覆盖了 IaaS、PaaS 和 SaaS。

据 Garnter 统计数据显示，2020 年，亚马逊以 40.8% 的市场份额位居全球第一。

2. 微软 Azure

微软 Azure 是微软基于云计算的操作系统，原名 "Windows Azure"。

微软 Azure 是一个开发平台，帮助开发可运行在云服务器、数据中心、Web 和计算机上的应用程序。云计算的开发者能使用微软全球数据中心的储存、计算能力和网络基础服务。

Azure 是一种灵活和支持互操作的平台，它可以被用来创建云中运行的应用或者通过基于云的特性来加强现有应用。它开放式的架构给开发者提供了 Web 应用、互联设备的应用、个人计算机、服务器，或者提供最优在线复杂解决方案的选择。

Azure 是一个服务平台，它以云技术为核心，提供了软件＋服务的计算方法。其云端技术主要组件包括：Microsoft Azure，Microsoft SQL 数据库服务，Microsoft.Net 服务，用于分享、储存和同步文件的 Live 服务，针对商业的 Microsoft SharePoint 和 Microsoft Dynamics CRM 服务。优点是架构简洁、综合成本低，但是缺点也很明显，即开放性有待提高。

据 Garnter 统计数据显示，2020 年，微软 Azure 以 19.7% 的市场份额位列全球第二。

（二）国内主要云服务商及其产品

1. 阿里云

阿里云是阿里巴巴集团旗下云计算品牌，致力于以在线公共服务的方式，提供安全、可靠的计算和数据处理能力，让计算和人工智能成为普惠科技。

阿里云的主要产品包括弹性计算、数据库、存储、网络、大数据、人工智能等，它服务着制造、金融、政务、交通、医疗、电信、能源等众多领域的领军企业，在天猫双 11 全球狂欢节、12306 春运购票等极富挑战的应用场景中，阿里云保持着良好的运行纪录。阿里云在全球各地部署高效节能的绿色数据中心，利用清洁计算为万物互联的新世界提供源源不断的能源动力。

据 Garnter 统计数据显示，2020 年，阿里云以 9.5% 的市场份额位居全球第三；据 IDC 公布，2021 年第一季度中国公有云市场数据显示，阿里云排名第一，占 40% 市场份额。

2. 腾讯云

腾讯云是腾讯公司旗下产品，经过孵化期后，于 2010 年开放平台并接入首批应用，腾讯云正式对外提供云服务。其主要产品包括计算与网络、存储、数据库、安全、大数据、人工智能等。

腾讯云有着深厚的基础架构，并且有着多年对海量互联网服务的经验，不管是社交、游戏还是其他领域，都有多年的成熟产品来提供产品服务。腾讯在云端完成重要部署，为开发者及企业提供云服务、云数据、云运营等整体一站式服务方案。具体包括云服务器、云存储、云数据库和弹性 Web 引擎等基础云服务；腾讯云分析（MTA）、腾讯云推送（信鸽）等腾讯整体大数据能力；以及 QQ 互联、QQ 空间、微云、微社区等云端链接社交体系。这些正是腾讯云可以提供给这个行业的差异化优势，造就了可支持各种互联网使用场景的高品质的腾讯云技术平台。

据 IDC 公布，2021 年第一季度中国公有云市场数据显示，腾讯云排名第二，占 11% 市场份额。

3. 华为云

华为云隶属于华为公司，创立于 2005 年，其主要产品包括弹性计算云、对象存储服务、桌面云等。

华为云专注于云计算中公有云领域的技术研究与生态拓展，提供包括云主机、云托管、云存储等基础云服务、超算、内容分发与加速、视频托管与发布、企业 IT、云电脑、云会议、游戏托管、应用托管等服务和解决方案。通过基于浏览器的云管理平台，以互联网线上自助服务的方式，为用户提供云计算 IT 基础设施服务。

据 IDC 公布，2021 年第一季度中国公有云市场数据显示，华为云排名第三，占 11% 市场份额。

4. 天翼云

天翼云是中国电信旗下云计算品牌，2016 年注册，是中国电信旗下的云计算服务提供商。其集约化发展包括互联网数据中心（IDC）、内容分发网络（CDN）等在内的云计算业务和大数据服务。2016 年，天翼云发布天翼云 3.0，全面升级技术、改善服务质量、创新业务产品，提升"天翼云"核心竞争力，满足各行业对云计算的需求。云公司依托中国电信发达的基础网络，通过"8+2+X"和数据中心互联专网（DCI）等资源布局，实现云网融合和统一调度，进而保障用户在全国范围内都能享受到一致服务。

据 IDC 公布，2021 年第一季度中国公有云市场数据显示，天翼云排名第四，占 8% 市场份额。

5. 移动云

移动云是中国移动基于移动云计算技术建立的云业务品牌。移动云为客户提供弹性计算、存储、云网一体、云安全、云监控等基础设施产品，数据库、应用服务与中间件、大规模计算与分析 PaaS 产品，以及包括通过开放云市场引入的合作伙伴海量优质应用在内的千款 SaaS 应用。产品体系覆盖弹性计算、云存储、云网络、云安全、数据库、视频服务、应用服务、云桌面、大数据与人工智能。

四、典型云服务器的配置、操作和运维

云服务器（Elastic Compute Service, ECS）是一种简单高效、安全可靠、处理能力可弹性伸缩的计算服务。其管理方式比物理服务器更简单高效。用户无需提前购买硬件，即可迅速创建或释放任意多台云服务器。

租赁使用云服务器 ECS，有以下优势：
- 无需自建机房，无需采购以及配置硬件设施。
- 分钟级交付，快速部署，缩短应用上线周期。
- 快速接入部署在全球范围内的数据中心和边界网关协议 BGP（Border Gateway Protocol）机房。
- 成本透明，按需使用，支持根据业务波动随时扩展和释放资源。
- 提供 GPU 和 FPGA 等异构计算服务器、弹性裸金属服务器以及通用的 x86 架构服务器。
- 支持通过内网访问云服务，使用丰富的行业解决方案，降低公网流量成本。

- 提供虚拟防火墙、角色权限控制、内网隔离、防病毒攻击及流量监控等多重安全方案。
- 提供性能监控框架和主动运维体系。
- 提供行业通用标准 API，提高易用性和适用性。

租赁云服务器需要先配置云服务器，云服务器的配置关系到服务器的性能，同时与租赁价格直接挂钩。因此，在选择配置云服务器的时候要结合性能、工作负载和价格等因素，做出稳定性与性价比最优的决策。

用户从服务商租赁云服务器后，需要进行一些基本操作，主要参数包括 CPU、硬盘、内存、线路、带宽以及服务器所在地域等，才能让服务器正常运行，发挥其功能。云服务器的基本操作包括创建、配置、连接、传输、环境搭设等内容。下面以在阿里云平台创建和配置一个用于 Web 网站发布的云服务器（Windows 系统）为例进行操作，具体步骤如下。

（一）控制台

控制台可以对服务器进行管理，可以强制重启、关机、重置密码等操作。

1. 进入控制台

方法一：

（1）通过 https://www.aliyun.com 进入阿里云官网，使用用户名和密码完成用户登录（新用户需先注册阿里云账号，支付宝、淘宝用户可直接扫码授权登录）。

（2）登录后在主页右上角单击"控制台"进入。

方法二：通过 https://ecs.console.aliyun.com 直接进入阿里云控制台首页。

通过左侧控制台菜单或快捷访问"云服务器 ECS"进入云服务器管理控制台概览页，如图 6-3 所示，可以看到服务器的大致运行情况。

图 6-3 管理控制台概览

单击实例，进入实例列表，如图 6-4 所示。

图 6-4 实例列表页

进入实例列表即可创建新的实例，查看并对已创实例进行启动、重启、停止等操作。

新用户可按提示付费创建实例或申请创建免费试用 1 个月的实例。创建实例时可根据需要选择基础配置，对 CPU、内存、操作系统、网络安全进行配置等。

2. 重置密码

系统给的服务器名太长不好记，单击原先的服务器名，即可按要求修改成方便记忆的名字。新买的服务器必须先重置密码才可以使用。操作如下：

（1）选中服务器名称，进行修改，如图 6-5 所示。

图 6-5 修改服务器名

（2）单击"重置密码"，如图 6-6 所示，按照规则输入新密码。

图 6-6 重置密码

（3）重置密码后单击"重启"，重启服务器，如图 6-7 所示。

图 6-7 重启服务器

3. 远程连接

方法一：使用 Xshell 等远程连接工具进行连接。

（1）单击工具左上角的新建终端按钮，如图 6-8 所示。

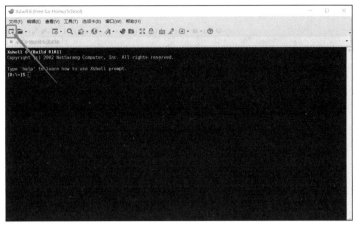

图 6-8　远程连接阿里云服务器

（2）输入服务器公网 IP，如图 6-9 所示，单击"连接"。

图 6-9　设置公网 IP

（3）输入登录用户名，如图 6-10 所示，单击"确定"（未添加用户之前只有一个 root 用户）。

（4）输入服务器密码，如图 6-11 所示。

图 6-10　输入登录用户名

图 6-11　输入登录密码

（5）连接成功，如图 6-12 所示。

图 6-12　连接成功界面

方法二：通过控制台进行远程连接。通过控制台返回云服务器实例页面，单击"远程连接"，选择"Workbench 远程连接"方式连接云服务器，如图 6-13 所示。选择通过公网访问，按提示输入用户名和密码，再单击"确定"按钮。

图 6-13　"Workbench 远程连接"方式连接服务器

（二）设置网络安全组

阿里云默认对服务器端口进行了限制，需要配置网络安全组。
（1）在控制台单击"更多"→"网络和安全组"→"安全组配置"，如图 6-14 所示。

图 6-14　配置安全组

（2）单击"配置规则"，如图 6-15 所示。

图 6-15　配置规则

（3）单击右上角"快速创建规则"，如图 6-16 所示。

图 6-16　创建规则

（4）选择需要访问的端口号，也可以自定义添加，授权对象填写 0.0.0.0/0，如图 6-17 所示。

图 6-17　配置端口

（5）设置之后重启服务器，如图 6-18 所示。

（6）如果还是不能访问服务器，可尝试关闭服务器防火墙。

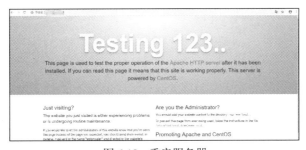

图 6-18　重启服务器

 案例实现

1. 浦东政务云解决方案所采用的主要技术分述如下。

（1）H3Cloud OS 云操作系统采用了 OpenStack 的全融合开源云管理平台，用户通过统一的 Portal 即可以完成云资源的申请、使用、管理、销毁。利用 VLAN（VxLAN）的部署方式，解决了云安全问题。信息化人员还可直接通过 H3Cloud OS 云操作系统对数据中心基础设施进行运维。

（2）利用云网融合，提供了丰富的云服务目录，实现了全自动化交付。通过引入 SDN、NFV、VxLAN 等技术，实现了网络的虚拟化与自动化调度，将网络、安全资源服务化，将数据中心中 IT 资源以云服务的方式向用户提供。通过 VPC 解决方案实现了各委办局专网业务平滑迁云。通过 H3Cloud OS 云操作系统可直接向用户提供云主机、云硬盘、云防火墙、云负载均衡、云网络、云数据库、公网 IP 等云资源服务。

（3）H3Cloud OS 云操作系统可与 VMware、H3C CAS、KVM、XenServer、PowerVM 等虚拟化平台兼容，将用户现有的服务器迁入云数据中心进行托管；提供 Oracle、SQL Server、MySQL 等数据库服务，实现各委办局的业务应用和数据的平滑迁移。

（4）使用 SDN+ 服务链技术按需调度安全资源，安全资源以服务方式交付，真正实现动态性、高流动性、规模可变化、多租户隔离的云安全防御。租户可以将云防火墙、云负载均衡、云网络、云主机进行自由地编排以搭建虚拟数据中心，从而保证租户业务、数据的安全。

（5）利用 BSM 监控平台构造完备的云运营运维管理体系。

2. 浦东政务云解决方案具有下列优势。

（1）云服务化：实现了全流程的自动化云服务交付，服务目录最全，多维度的云服务量化策略。

（2）业务兼容：业务的适配与兼容性最好，包括 Oracle、专网业务、异构虚拟化平台。

（3）云安全合规：结合 SDN+ 服务链技术，最完善的安全防护体系。

（4）BSM 监控运维：完善的云业务迁移服务，面向业务的监控和云运维服务，最易运维的云平台。

（5）定制化管理：定制化的分权分级的组织定义与管理，让云平台政府化。

练习与提高

上网搜索，进一步了解 H3Cloud OS 云操作系统和 H3C 主流产品及行业解决方案。

技术体验六　华为弹性云服务器 ECS 使用体验

一、体验目的

1. 了解华为弹性云服务器 (Elastic Cloud Server) 的基本组成和基本功能。
2. 能利用华为弹性云服务器控制台，登录 Windows 弹性云服务器 ECS。

二、体验内容

在华为 ECS 控制台，通过设置基本信息、设置网络、选择登录方式、设置数量、确认规格、VNC 方式登录 ECS 来熟悉登录 Windows 弹性云服务 ECS 过程。

三、体验环境

华为弹性云服务器控制台。

四、体验步骤

华为弹性云服务器是由 CPU、内存、操作系统、云硬盘组成的一种可随时获取、弹性可扩展的计算服务器，通过选择实例规格、操作系统、虚拟私有云、登录鉴权方式等信息实现计算、存储、网络等功能，使用过程中可以根据业务需求随时调整 ECS 的规格，同时 ECS 结合 VPC、虚拟防火墙、数据多副本保存等能力，能给用户一个高效、可靠、灵活、安全的计算环境，并确保服务持久稳定运行。

云服务器的计费模式分为按需计费、包年 / 包月计费、竞价计费三种方式。

华为弹性云服务器 ECS 分为 Windows 和 Linux 两种操作系统。

1. 设置基本信息，搭建 ECS 环境。

（1）登录华为云控制台。

（2）展开"服务列表"，选择"计算"→"弹性云服务器 ECS"，如图 6-19 所示。

图 6-19　弹性云服务器

（3）单击"购买弹性云服务器"，如图 6-20 所示。

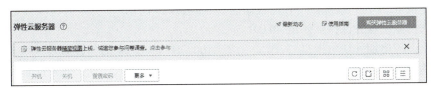

图 6-20　购买弹性云服务器

2. 配置 ECS。

（1）配置弹性云服务器的"计费模式"。

此处选择"按需付费""通用计算型"，该类型云服务器提供均衡的计算、存储以及网络配置，适用于大多数的使用场景，如图 6-21 所示。

图 6-21　配置弹性云服务器计费模式

（2）配置弹性云服务器的"规格"，如图 6-22 所示。

图 6-22　配置弹性云服务器规格

（3）配置 ECS 镜像。

镜像包含了操作系统和应用程序的模板。此处选择 Windows 操作系统的"公共镜像"，公共镜像是华为云默认提供的镜像，如图 6-23 所示。

图 6-23　配置 ECS 镜像

（4）配置 ECS 的"系统盘"和"数据盘"，如图 6-24 所示。

① 选择系统盘并保持默认值 40 GB。

② 单击"增加一块数据盘"，添加一块"100 GB"的"高 IO"数据盘。

③ 选择磁盘加密，提升磁盘的数据安全性。但如果镜像未加密，则系统盘也不加密。

④ 如将磁盘设置为共享盘，该磁盘可以同时挂载给多台弹性云服务器使用。

图 6-24　配置弹性云服务器磁盘

3. 配置网络。

（1）首次使用时，选择默认 VPC、默认安全组，默认安全组规则。

（2）如果有访问互联网的需求，则弹性云服务器需绑定弹性公网 IP。单击"现在购买"，系统将自动分配弹性公网 IP 给云服务器，如图 6-25 所示。

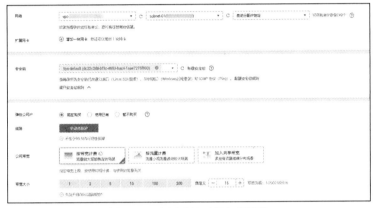

图 6-25　配置弹性云服务器网络

（3）配置默认安全组规则，如图 6-26 所示。

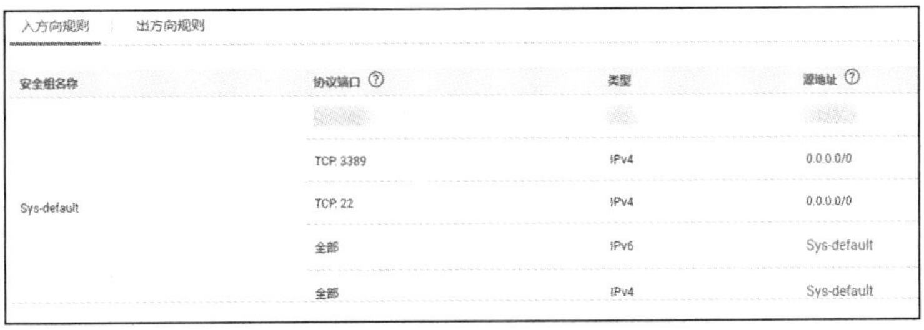

入方向规则	出方向规则		
安全组名称	协议端口 ⑦	类型	源地址 ⑦
	TCP 3389	IPv4	0.0.0.0/0
Sys-default	TCP 22	IPv4	0.0.0.0/0
	全部	IPv6	Sys-default
	全部	IPv4	Sys-default

图 6-26　配置弹性云服务器安全组规则

4. 选择登录方式。

弹性云服务器创建成功后，可通过"密码"或"密钥对"登录。以"密码"登录为例，如图 6-27 所示。

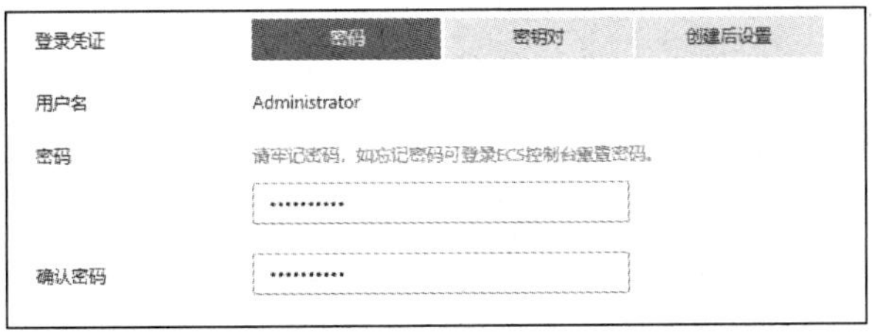

登录凭证	密码	密钥对	创建后设置
用户名	Administrator		
密码	请牢记密码，如忘记密码可登录ECS控制台重置密码。		
	●●●●●●●●●●		
确认密码	●●●●●●●●●●		

图 6-27　弹性云服务器登录方式

5. 设置云备份策略。

云备份提供申请即用的备份服务，使数据更加安全可靠。当云服务器或磁盘出现故障或者人为错误导致数据误删时，可以自助快速恢复数据。

（1）在下拉列表中选择已有的云备份存储库。

（2）设置备份策略，如图 6-28 所示。

图 6-28　设置弹性云服务器备份策略

6. 确认配置并购买。

（1）单击右侧"当前配置"栏的"立即购买"。

（2）核对订单信息，确认无误后，勾选"协议"，并单击"提交"，如图 6-29 所示。

（3）订单支付完成后，系统将会自动创建弹性云服务器，可能需要几分钟时间。

图 6-29　确认弹性云服务器配置

7. 登录 ECS。

（1）在云服务器列表页，选中待登录的弹性云服务器。

（2）选择"操作"列下的"更多"→"远程登录"。

（3）按 Ctrl+Alt+Delete 键登录。

（4）输入 ECS 初始账号，登录 ECS，如图 6-30 和图 6-31 所示。

图 6-30　登录 ECS

图 6-31　登录成功

8. 初始化云硬盘。

对于购买了数据盘的用户，需要在登录实例后对数据盘进行格式化和分区，如图 6-32 所示。未购买数据盘的用户无需执行此步骤。

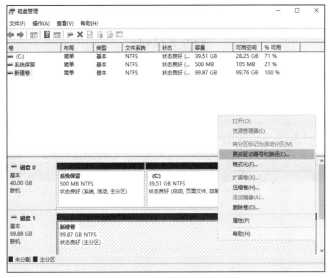

图 6-32　初始化云硬盘

五、结果

通过学习，熟悉华为 ECS 的界面，了解 ECS 的基本设置及基本功能。

深度技术体验

阿里云服务器 ECS
实例入门体验

模块七

物　联　网

学习情境

　　物联网作为互联网的自然延伸和拓展，已将网络节点扩展至任何物品与物品之间。物联网创造了一种人与万物之间的新型互动方式，使物品和服务功能都发生了质的飞跃。随着互联网的不断发展，万物互联互通已经成为大势所趋。

　　目前，物联网已渗透至国民经济和人类社会生活的方方面面，在制造业、农业、交通、医疗健康、家居等多个应用领域已取得了显著成果。随着物联网与5G、人工智能、区块链、云计算和大数据等技术进一步融合，物联网将不断催生大量的新技术、新产品、新应用和新模式，其应用前景将越来越广阔。

　　此外，物联网还是未来智慧城市建设的基础，更是未来国家产业机构调整以及转型的契机。全球多个国家都在加速抢占物联网产业发展的先机，都纷纷提出了物联网发展战略，将其视为经济发展的主要推动力。

　　物联网受到的重视日益提升，它不仅是新一代信息技术的重要组成部分，也是信息化时代的重要发展阶段。物联网正在推动人类社会从信息化向智能化转变，促进信息科技与产业发生巨大变化。在物联网的推动下，人们将迎来一个崭新的万物互联智能时代。

学习目标

知识目标

1. 理解物联网的概念、特征、应用领域和发展情况；
2. 理解物联网的三层体系结构，了解每层在物联网中的作用；
3. 熟悉物联网感知层、网络层和应用层的关键技术。

技能目标

1. 能绘制物联网典型应用案例中所涉及的三层体系结构；

2. 能应用自动识别技术。

素养目标

1. 具备较强的信息技术核心素养；
2. 具备获取物联网新知识、新技术的能力。

单元 7.1　物联网概述

◇◎ 导入案例 ◎◇

智慧交通的 "衡阳模式"

衡阳是湘南地区中心城市，也是中南地区重要的交通枢纽。2021 年 3 月 15 日，衡阳市人民政府与蘑菇车联签署战略合作协议。双方将在车辆智能化、道路智能化、自动驾驶、车路协同、AI 云等领域展开深度合作，共建全国智慧交通标杆城市。蘑菇车联衡阳项目总投资规模近 5 个亿，是全球最大的自动驾驶商业化落地项目。

蘑菇车联所运营的自动驾驶车辆将覆盖旅游观光巴士、微循环公交、园区通勤摆渡、快速路公交、清扫车、巡逻车、医疗车等城市公共出行和公共服务场景。

目前，蘑菇车联首批自动驾驶车队已经驶入衡阳市主干道进行测试，如图 7-1 所示。

图 7-1　蘑菇车联多场景自动驾驶城市公共服务车辆

技术分析

所谓智慧交通，就是在交通领域中充分利用新一代信息技术将人、车和路紧密地结合起来，可以更好地改善交通运输环境，提高路网通过能力，保障交通安全，提高资源利用率。

智慧交通是物联网的一种重要体现形式。目前，智慧交通在现代化城市建设中占有举足轻重的地位。

知识与技能

随着物联网技术的不断发展，其市场规模不断增大。物联网为全球带来了较高的经济价值，被视为全球经济增长的新引擎。世界各国政府大力推广物联网的发展，我国也高度重视物联网的发展，相关部门陆续发布政策，以推动物联网生态圈的构建，并大力支持物联网在智能制造、智慧物流、智慧农业、车联网、智慧城市、智慧医疗等领域的发展和应用。

一、物联网的概念

物联网（Internet of Things，IoT）是指通过各种信息传感器、射频识别技术、全球定位系统、红外感应器、激光扫描器等各种装置与技术，实时采集任何需要监控、连接、互动的物体或过程，采集其声、光、热、电、力学、化学、生物、位置等各种需要的信息，通过各类可能的网络接入，实现物与物、物与人的泛在连接，实现对物品和过程的智能化感知、识别和管理，其想象图如图 7-2 所示。

图 7-2　物联网（IoT）想象图

物联网是互联网的自然延伸和拓展，它通过多种技术将各种物体与网络相连，帮助人们获取所需物体的相关信息。其中，通过感知识别技术让物体能"开口说话、发布信息"，是融合物理世界和信息世界的重要一环，也是物联网区别于其他网络的最独特之处。

互联网实现了人与人、服务与服务之间的互联，而物联网实现了人、物、服务之间的交叉互联。物联网是一种建立在互联网上的泛在网络，是互联网的应用拓展。因此，应用创新是物联网发展的核心，以用户体验为核心的创新是物联网发展的灵魂。

2016 年 12 月 29 日，世界物联网大会（World Internet Of Things Convention，WIOTC）在北京峰会上首次提出了世界物联网的理念和认知（物联网代表"智慧革命"），将物联网定位在人类第四次革命的高度，即物联网将会成为继农业革命、工业革命、信息化革命之后的又一场革命，被称为智慧革命。

二、物联网的发展概况

（一）物联网在国外的发展情况

2005 年 11 月 17 日，在突尼斯举行的信息社会世界峰会（WSIS）上，国际电信联盟（ITU）发布报告，正式提出了"物联网"的概念。报告指出，无所不在的"物联网"通信时代即将来临，世界上所有的物体从轮胎到牙刷、从房屋到纸巾都可以通过互联网主动进行交换。

2008 年 11 月，IBM 提出"智慧地球"概念。按照 IBM 的定义，"智慧地球"包括三个维度：第一，能够更透彻地感应和度量世界的本质和变化。第二，促进世界更全面地互联互通。第三，在上述基础上，所有事物、流程、运行方式都将实现更深入的智能化，企业因此获得更智能的洞察。

根据上面描述的三个维度，智慧地球又可分为以下三个要素：物联化、互联化、智能化(Instrumentation、Interconnectedness、Intelligence，即"3I")，意思是把新一代信息技术和互联网技术充分运用到各行各业，把感应器嵌入、装备到全球的医院、电网、铁路、桥梁、隧道、公路、建筑、供水系统、大坝、油气管道，通过互联网形成物联网，在全世界范围内提升人们工作和生活方式的"智慧水平"，从而最终形成"互联网＋物联网＝智慧地球"。

近年来，IBM"智慧地球"战略已经得到了各国的普遍认可。数字化、网络化和智能化被公认为是未来社会发展的大趋势。与"智慧地球"密切相关的物联网、云计算、人工智能等新一代信息技术成为了科技发达国家制定本国发展战略的重点。

（二）物联网在我国的发展情况

物联网，我国在 1999 年时称为传感网。中科院早在 1999 年就启动了传感网的研究和开发。与其他国家相比，我国的技术研发水平处于世界前列，具有同发优势和重大影响力。在世界传感网领域，我国是标准主导国之一，专利拥有量高。

2010 年，物联网成为当年"两会"的热门话题，"积极推进三网融合，加快物联网的研发应用"也首次被写入政府工作报告。物联网从此开启了从技术研发到产业应用的发展大幕。

近十多年以来，物联网在我国受到了全社会极大的关注。无锡国家传感网创新示范区建设取得了显著成绩，技术不断创新，产业规模及应用不断扩大，已成为观察中国乃至世界物联网发展的一面镜子。

与互联网一样，物联网领域也需要一个统一的物联网参考架构作为物联网技术和产业发展的最顶层和最基础的标准。由于物联网参考架构标准的战略性地位和作用，世界各国都对该标准的争夺非常激烈，都试图抢夺这一新兴热门领域的最高话语权。

2018 年 8 月 30 日，由我国主导的 ISO/IEC 30141：2018《物联网参考体系结构》国际标准正式发布，成为了全球物联网发展指针。这标志着我国掌握了物联网顶层架构标准的主导权和最高话语权。

2020 年 4 月 30 日，为贯彻落实党中央、国务院关于加快 5G、物联网等新型基础设施建设和应用的决策部署，加速传统产业数字化转型，有力支撑制造强国和网络强国建设，工业和信息化部办公厅发布了《关于深入推进移动物联网全面发展的通知》，指出移动物联网（基于蜂窝移动通信网络的物联网技术和应用）是新型基础设施的重要组成部分。我国将大力推动 2G/3G 物联网业务迁移转网，建立 NB-IoT、4G 和 5G 协同发展的移动物联网综合生态体系。同时还要面向智能家居、智慧农业、工业制造、能源表计、消防烟感、物流跟踪、金融支付等重点领域，推进移动物联网终端、平台等技术标准及互联互通标准的制定与实施，提升行业应用标准化水平。

三、物联网技术的特征

从通信对象和过程来看，人与物、物与物之间的信息交互是物联网的核心。物联网主要具有以下三大基本特征。

（一）整体感知

物联网是各种感知技术的广泛应用。人们可以利用射频识别、二维码、智能传感器等技术和感知设备来识别物体，并采集物体上的各种信息。物联网上部署了各种类型的海量感知设备，不同感知设备所捕获的信息内容和格式都不相同，并具有实时性。因此，需要按照一定的频率定期采集物体信息，以不断更新数据。

（二）可靠传输

物联网是建立在互联网基础上的泛在网络。因此，物联网技术的重要基础和核心仍然是互联网。除了互联网之外，人们还经常利用新技术来实现信息传输，如 4G/5G 移动通信网络、NB-IoT（窄带物联网）、Wi-Fi 和 WiMAX、蓝牙、ZigBee 等。其中，NB-IoT 可以满足大部分低速率场景需求，4G 可以满足中等速率物联需求和话音需求，5G 则可以满足更高速率、低时延联网需求。

（三）智能处理

物联网除了感知信息和传输信息的功能外，还具有智能处理的能力。人们可以利用云计算、模式识别等各种智能技术，对感知和传送到的海量物体信息进行分析处理，对物体实施智能化的监测与控制。此外，还可以利用云计算、大数据等新兴技术从各种海量信息提取出有用信息，以发现更新的应用模式，从而拓展出更广阔的应用领域。

四、物联网的应用

随着物联网技术的迅猛发展，我国物联网行业规模不断扩大。目前，物联网应用已从闭环走向开放，从碎片化走向规模化，从示范展示与试用阶段走向完全链接的实用阶段。物联网已在智慧城市、工业物联网、车联网等方面率先突破。同时，物联网也在防灾减灾、资源控制与管理、新型能源开发与管理、食品安全与公共卫生、智慧医疗与健康养老、生态环保与节能减排、新型农业技术运用与管理、城市智能化管理、现代物流、国防工业等领域发挥着巨大作用。

（一）智慧城市

智慧城市概念源于 2008 年 IBM 公司提出的智慧地球的理念，是数字城市与物联网相结合的产物，是信息时代城市发展的方向，也是文明发展的趋势。

智慧城市能够充分运用信息和通信技术手段感测、分析、整合城市运行核心系统的各项关键信息，从而对于包括民生、环保、公共安全、城市服务、工商业活动在内的各种需求做出智能的响应，为人类创造更美好的城市生活。

智慧城市是物联网的重要应用场景，同时物联网也是实现智慧城市的重要基础。智慧城市建设要求通过以移动技术为代表的物联网、云计算等新一代信息技术应用实现全面感知、泛在互联、普适计算与融合应用。新一代信息技术与创新 2.0 是建设智慧城市的两大驱动力，缺一不可。智慧城市不仅需要物联网、云计算等新一代信息技术的支撑，更要培育面向知识社会的下一代创新（创新 2.0）。

智慧城市是信息社会城市发展的一个高级形态，是我国城市政府发挥后发优势、进入信息文明前沿阵地的战略机遇。智慧城市建设的核心内容主要包括智慧政务、智慧教育、智慧医疗、智慧公共服务、智慧环境、智慧交通、智慧社区、智慧旅游等，智慧城市未来发展前景具有很大的市场潜力。

2012 年，我国正式开启了国家智慧城市试点建设，以北京、天津等为代表的首批试点智慧城市共有 90 个。之后，全国各地又有多个城市不断加入智慧城市的建设行列。经过多年的探索，中国的智慧城市建设已进入新阶段，一座座更高效、更灵敏、更可持续发展的智慧城市正在应运而生。

（二）智慧物流

IBM 于 2009 年提出：建立一个面向未来的具有先进、互联和智能三大特征的供应链，通过感应器、RFID 标签、制动器、GPS 和其他设备及系统生成实时信息的"智慧供应链"概念。

物流业是最早接触物联网的行业，也是最早应用物联网技术来实现物流作业智能化、网络化和自动化的行业。所谓智慧物流，是指通过智能软硬件、物联网、大数据等智慧化技术手段，实现物流各环节精细化、动态化、可视化管理，提高物流系统智能化分析决策和自动化操作执行能力，提升物流运作效率的现代化物流模式。

我国物流行业经常存在以下几个痛点：快递高峰节点容易出现爆仓、人工分拣容易造成快递损坏、采用人工检测容易降低物流运输效率。智慧物流不仅可以有效解决物流行业季节性爆仓、物品损坏和安全隐患等问题，还可优化物流运输效率，改善物流服务品质，提升用户购物体验感。同时在物流的仓储、运输、配送、信息服务等环节中，运用 5G、物联网、大数据、人工智能等新一代信息技术，还可以有效整合物流核心业务流程，降低物流成本，提升物流效率，实现物流的智能调度管理，从而推动物流行业智能化升级和转型。

随着 5G、物联网、云计算、大数据等新一代信息技术的快速发展，智慧物流也从当初提出的理念走向了更为广阔的实际应用。尤其在 5G 的加持下，智慧物流已不同于传统物流，具备了泛连接、数字化、智能化三大特点，目前在智能园区、智能仓储、智能运输、智能配送等应用场景有了较为广泛的应用。

（三）智慧交通

交通和每个城市的发展都是相辅相成的，作为智慧城市建设的重要分支，智慧交通得到了越来越多的关注。

智慧交通是在交通领域中充分运用物联网、云计算、互联网、人工智能、自动控制、移动互联网等技术，通过高新技术汇集交通信息，对交通管理、交通运输、公众出行等交通领域全方面以及交通建设管理全过程进行管控支撑，使交通系统在区域、城市甚至更大的时空范围具备感知、互联、分析、预测、控制等能力，以充分保障交通安全、发挥交通基础设施效能、提升交通系统运行效率和管理水平，为通畅的公众出行和可持续的经济发展服务。

传感技术和自动识别技术是感知和标识物体的两种最重要的技术手段，是整个智慧交通建设的基础。在智慧交通网络中，行人、车辆及周围的红绿灯、指示牌、摄像头等基础设施构成了城市路网信息系统的感应终端，终端之间通过射频识别、GPS、红外感应等技术进行智能识别，按一定协议相联结并进行持续的信息交换。

随着 5G、物联网、云计算、人工智能等新一代信息技术的不断发展，城市智慧交通体系的构建迅速推进。智慧交通在很多领域有了较为广泛的应用，如智能车辆、智能公交车、智能出租、智能港口、共享单车、车联网、充电桩监测、智能交通信号灯、智慧停车、车牌识别、智能路径规划导航、智能辅助驾驶系统等。其中，车联网是近些年来各大厂商及互联网企业争相进入的领域。

（四）智能制造

智能制造是一种由智能机器和人类专家共同组成的人机一体化智能系统，它在制造过程中能进行智能活动，诸如分析、推理、判断、构思和决策等。通过人与智能机器的合作共事，去扩大、延伸和部分地取代人类专家在制造过程中的脑力劳动。

在智能制造系统中，实现人机一体化主要涉及了新型传感技术和识别技术等。目前，在制造过程的各个环节几乎都需要广泛应用人工智能技术，因此智能化是制造自动化的发展方向。智能制造日益成为未来制造业发展的趋势和核心内容，是促进工业向中高端迈进和建设制造强国的重要举措。

2020年我国工业增加值达到31.31万亿元，对世界制造业贡献的比重接近30%，我国连续11年位居世界第一制造业大国。作为世界第一制造业大国，我国早在2015年5月就提出了《中国制造2025》的国家战略。《中国制造2025》是中国实施制造强国战略第一个十年的行动纲领。《中国制造2025》的目标就是实现从制造业大国向制造业强国转变。其中的战略目标之一就是：加快推动新一代信息技术与制造技术融合发展，把智能制造作为两化深度融合的主攻方向；着力发展智能装备和智能产品，推进生产过程智能化，培育新型生产方式，全面提升企业研发、生产、管理和服务的智能化水平。

（五）智慧农业

智慧农业是智慧经济重要的组成部分。智慧农业指的是利用物联网、人工智能、大数据等现代信息技术与农业进行深度融合，实现农业生产全过程的信息感知、精准管理和智能控制的一种全新的农业生产方式，可实现农业可视化诊断、远程控制以及灾害预警等功能。

物联网应用于农业主要体现在两个方面：农业种植和畜牧养殖。

1. 农业种植

农业种植通过传感器、摄像头和卫星等收集数据，实现农作物数字化和机械装备数字化（主要指的是农机车联网）发展，如图7-3所示。

图7-3　智慧农业

大棚控制系统中，运用物联网系统的温度传感器、湿度传感器、pH值传感器、光照度传感器、CO_2传感器等设备，检测环境中的温度、相对湿度、pH值、光照强度、土壤养分、CO_2浓度等物理量参数，保证农作物生长环境处于良好、适宜的状态。技术人员在办公室就能对多个大棚的环境进行远程监测控制。

2. 畜牧养殖

畜牧养殖指的是利用传统的耳标、可穿戴设备以及摄像头等收集畜禽产品的数据，通过对收集到的数据进行分析，运用算法判断畜禽产品健康状况、喂养情况、位置信息以及发情期预测等，对其进行精准管理。

（六）智慧医疗

智慧医疗是最近兴起的专有医疗名词。通过打造健康档案区域医疗信息平台，利用最先进的物联网技术，实现患者与医务人员、医疗机构、医疗设备之间的互动，逐步达到信息化。智慧医疗的核心就是"以患者为中心"，给予患者以全面、专业、个性化的医疗体验。

物联网技术在医疗领域的应用潜力巨大，能够帮助医院实现对人的智能化医疗和对物的智能化管理工作。利用物联网技术构建"电子医疗"服务体系，可以将现有的医疗监护设备无线化，可通过信息化手段实现远程医疗和自助医疗，也可实现医疗信息共享互通，有利于我国医疗服务的现代化。例如，以物联网技术为基础的无线传感器网络在检测人体生理数据、健康状况、医院药品管理以及远程医疗等方面可以发挥重要作用。通过在病人身上安置体温采集、呼吸、血压等测量传感器，医生就可以远程了解病人的情况。

在医疗领域有机融合"区块链＋物联网"，将有力推进智慧医疗的进程，并极大程度地提升医疗服务的品质和效率。利用区块链技术可以很好地解决医疗数据上链的问题，既可实现大范围的医疗数据共享，又能保证医疗数据的隐私性和安全性，还可对医疗数据进行追踪溯源。

目前，开展智慧医疗的常见形式有智能分诊、手机挂号、在线医生咨询、远程会诊、远程手术、远程急救等。随着 5G、物联网、云计算、人工智能、区块链等新一代信息技术的不断融入，相信在不久的将来，我国的医疗服务将走向真正意义的智能化。

五、物联网的发展趋势

目前，全球物联网的相关技术、标准、应用和服务还处于起步阶段。物联网核心技术在持续发展，标准体系正在构建，产业体系也处于建立和完善的过程中。

2020 年，全球物联网设备数量 126 亿个，较上年增加 19 亿个，同比增长 17.76%，"万物互联"成为全球网络未来发展的重要方向。

随着物联网技术的不断发展，物联网在各行各业的应用不断深化，物联网将催生大量的新技术、新产品、新应用和新模式，并逐步形成较为完整的产业链。此外，物联网标准体系的构建也将呈现从成熟应用方案提炼成行业标准，再以行业标准带动关键技术标准而逐步形成标准体系的趋势。

 案例实现

本单元案例中要实现通过车辆智能化、道路智能化和 AI 云构建车路云一体的智慧交通体系，需要充分利用物联网、云计算、人工智能等新一代信息技术，将人、车和路紧密地结合起来，主要体现在以下几方面。

1. 车辆智能化

智能汽车是一种正在研制的新型高科技汽车，是利用多种传感器和智能公路技术实现的汽车自动驾驶。智能汽车首先需要具备一套完善的导航信息资料库，里面存有全国高速公路、普通公路、城市道路以及各种服务设施的信息资料。其次，还需要 GPS 定位系统或者北斗卫星导航系统，用以精确定位车辆所在的位置，与道路资料库中的数据相比较，确定以后的行驶方向。此外，还需要具备道路状况信息系统、车辆防碰系统（包括探测雷达、信息处理系统、驾驶控制系统)、紧急报警系统、无线通信系统、自动驾驶系统等。

2. 单车智能 + 车路协同技术

目前,实现自动驾驶的路径主要有两条:单车智能和车路协同。与实施单车智能的自动驾驶公司不同,蘑菇车联主张将单车智能 + 车路协同相结合。随着车辆智能化水平的提升,单车智能 + 车路协同的结合被视为新趋势。

(1)单车智能:通过摄像头、雷达等传感器以及高效准确的算法,赋予车辆自动驾驶的能力。

单车智能发展面临一个问题,那就是车辆的实时准确感知问题。由于传感器本身容易被遮挡,车辆感知范围有限,且非常容易受恶劣天气等因素的影响。因此,单车智能目前只能在非常有限的条件下实现高级别的自动驾驶。

此外,单车智能是靠车上的计算机来做决策,倾向于个体优化。只考虑个体优化,将不可避免造成堵塞。只发展单车智能驾驶,将难以解决目前自动驾驶落地的实际难题。因此,自动驾驶汽车需要结合 5G 通信、大数据、物联网、人工智能等技术实现智能车联。如果采用车路协同的方案,将会有一个中央计算中心进行全局统筹优化,其优化效率将远高于单车智能,可从根源上解决拥堵问题,能够大幅度提升车路协同下的交通效率。

(2)车路协同:主要通过 5G、高精地图等来感知路况,从而具备无人驾驶功能。

车路协同是采用先进的无线通信和新一代互联网等技术,全方位实施车车、车路动态实时信息交互,并在全时空动态交通信息采集与融合的基础上开展车辆主动安全控制和道路协同管理,充分实现人车路的有效协同,保证交通安全,提高通行效率,从而形成安全、高效和环保的道路交通系统。

车路协同主要包含通信、交通信息服务、云控平台与外场设备四个主要细分方向。车路协同里很重要的是以下三方面的协调:聪明的车、智慧的路和强大的云。车路协同路线可以在路侧部署感知和通信设备,能够把每辆车之间与其他车辆的相关实时信息都能感知到,同时还会给一些决策信息,如行驶建议和行驶预测等。车路协同可以极大地弥补单车智能在感知方面的不足。道路智能化改造之后,联网在线的车辆就可以马上用起来。通过云端,可以对联网在线的车辆进行整体的分析和调度,从而大幅度地提高交通安全和交通效率。

鉴于目前全球单车智能实现自动驾驶的局限性和我国道路交通的具体国情,蘑菇车联提供从道路智能化改造、自动驾驶车辆升级到搭建和运营城市交通管理平台的一站式解决方案,通过车辆智能化、道路智能化和 AI 云,构建车路云一体的智慧交通体系,满足市民便捷、高效、绿色环保的出行需求,如图 7-4 和图 7-5 所示。

图 7-4　蘑菇车联公交

图 7-5　蘑菇车联防爆车

拓展阅读

工业 4.0 和工业互联网

谈及智能制造，就必须提到工业 4.0 和工业互联网。

1. 工业 4.0

工业 4.0 是德国人提出的概念，代表了"互联网 + 制造业"的智能生产。自 2013 年 4 月在汉诺威工业博览会上正式推出以来，工业 4.0 迅速成为德国的另一个标签，并在全球范围内引发了新一轮的工业转型竞赛。

德国的工业 4.0 是指利用信息物理系统（Cyber Physical System，CPS）将生产中的供应、制造和销售信息数据化、智慧化，最后达到快速有效、个人化的产品供应。

德国学术界和产业界认为，工业 4.0 是以智能制造为主导的第四次工业革命，或革命性的生产方法。该战略旨在通过充分利用信息通信技术和网络空间虚拟系统——信息物理系统相结合的手段，将制造业向智能化转型。

工业 4.0 项目主要分为三大主题：智能工厂、智能生产、智能物流。其中的一个关键点，就是智能工厂中使用含有信息的"原材料"，也就是给采购来的原材料"贴上"一个标签，由此制造业也终将成为信息产业的一部分。

2. 工业互联网

工业 4.0 是德国人提出的概念，认为制造业未来要通过智能化的生产创造价值，即制造本身是创造价值的。而美国则提出工业互联网，以通用电气（GE）为代表，注重通过机器互联、软件及大数据分析，提升生产效率，创造数字工业的未来。

工业互联网（Industrial Internet）是新一代信息通信技术与工业经济深度融合的新型基础设施、应用模式和工业生态，通过对人、机、物、系统等的全面连接，构建起覆盖全产业链、全价值链的全新制造和服务体系，为工业乃至产业数字化、网络化、智能化发展提供了实现途径，是第四次工业革命的重要基石。

工业互联网是物联网在工业上的一种典型应用。工业互联网包含了网络、平台、数据、安全四大体系，它既是工业数字化、网络化、智能化转型的基础设施，也是互联网、物联网、大数据、人工智能与实体经济深度融合的应用模式。工业互联网直接涉及工业生产，要求传输网络的可靠性更高、安全性更强、时延更低。目前，5G 的高可靠性、大带宽、低时延和大连接等优势，为工业互联网的快速发展提供了可靠的网络通信保证。

2021 年 5 月 27 日，工业和信息化部在山西太原举行采矿行业"5G+ 工业互联网"现场工作会，现场发布了"5G+ 工业互联网"第一批重点行业和应用场景。"5G+ 工业互联网"第一批五大重点行业包括：电子设备生产、装备制造、钢铁、采矿、电力。十大应用场景包括：协同研发设计、远程设备操控、设备协同作业、柔性生产制造、现场辅助装配、机器视觉质检、设备故障诊断、厂区智能物流、无人智能巡检、生产智能监测。

练习与提高

1. 上网搜集世界各国无人驾驶和车联网等技术的最新研发情况，并与同学们进行分享和交流。

2. 上网搜集物联网应用的典型案例，并与同学们进行分享和交流。

单元 7.2 物联网体系结构和关键技术

导入案例

北斗精准定位，共享单车实现"入栏停放"

2020 年 12 月 18 日，中国"互联网＋交通运输"创新创业大赛（简称双创大赛）总决赛暨颁奖大会在广州举行。双创大赛初选、复赛和总决赛前后一共历时三个多月。经历了紧张而激烈的总决赛之后，青桔单车分体锁技术荣获创新组特等奖。此前，分体锁技术依托核心技术和良好的应用反馈，还获得了 2020 年卫星导航定位科学技术奖创新应用奖金奖。

早在 2019 年 9 月，青桔单车就已率先在国内推出搭载北斗高精度定位芯片的 GEO 车型，并在深圳、武汉、北京等地投入运营，如图 7-6 所示。

2020 年初，深圳市南山区城管率先引入青桔分体锁车型做运营试点。作为分体锁车型全量运营的城市，青桔单车在深圳市已实现定点停放率超 95%。依托北斗高精度定位系统，可以对车辆的关锁定位限制在亚米级。单车运维人员可以通过后台实时了解路面车辆动态信息，对交通潮汐、骑行热点、车辆堆积、单车私占等情况能够有效控制。分体锁车型上线以来，车辆丢失率降低 80% 以上。

图 7-6 北斗＋共享单车

深圳作为全国首批将"北斗"运用在共享单车的城市，在规范用户使用行为上效果显著，大大提升了共享单车行业的管理水平。

技术分析

共享单车（自行车）企业通过在校园、地铁站点、公交站点、居民区、商业区、公共服务区等提供服务，解决了人们乘坐公共交通工具"最后一公里"的问题。共享单车是一种分时租赁模式，也是一种新型绿色环保共享经济，有利于绿色、低碳城市的建设。但是，共享单车在全国各地都存在乱停乱放、车辆被遗弃或破坏等不良现象，不仅严重影响了市容和环境，还造成了车辆资产损失，同时也增加了很多不必要的社会管理成本。

目前，青桔单车采用"北斗＋共享单车"新模式探索解决共享单车乱停乱放等难题，给政府、用户、企业带来了三赢效果。通过北斗的高精度导航定位、位置报告、北斗地基增强系统等功能，共享单车运营平台可做到人、车、后台信息有效互通，不仅能够更准确追踪车辆和运维位置，降低资产运营损失，还可以结合大数据管理平台，实现智能调度运营，优化车辆调派。通过"北斗＋共享单车"，政府可有效管理城市中的共享单车，进一步规范企业运营。同时还可通过政企合作，充分利用共享单车背后的大数据，赋能城市规划建设管理等工作。青桔单车分体锁采用了创新的存取车方式。通过"定点取还、入栏结算"功能，用户能更方便地使用共享单车绿色出行。

"北斗＋共享单车"是典型的物联网应用场景，实现单车共享主要涉及 5G、物联网、自动控制、卫星定位等多个技术领域。

 知识与技能

一、物联网的体系结构

物联网的体系结构是设计与实现物联网应用系统的首要基础。通常，物联网应用系统的结构比较复杂。不同的物联网应用系统，其功能和规模都存在较大差异，但它们也必然存在很多内在的共性特征。

从物联网的定义可知，物联网是互联网的延伸和扩展，是物物相连的网络。因此，可以借鉴成熟的计算机网络体系结构七层参考模型的研究方法，找出不同物联网应用系统的共性特征，用分层结构的思想去描述物联网体系结构的抽象模型，从而方便人们从更深层次去认识物联网应用系统的结构、功能和原理，并有助于人们规划、设计、研发、运行和维护大型物联网应用系统。

一般来说，物联网的体系结构主要由功能上相对独立的三个层次组成，它们自下而上依次是感知层、网络层和应用层，如图 7-7 所示。物联网的三层体系结构体现了物联网的三个基本特征，即全面感知、可靠传输和智能处理。三层之间的信息传递不是单向的，也有交互或控制。另外，三层之间所传递的信息主要是关于物的信息，有静态的，也有动态的。

（一）感知层

与传统网络的不同之处在于，物联网的最终目的是实现世间万物的互联互通。因此，全面感知客观世界中的人和物就显得非常重要了，感知信息是实现物联网的第一步。感知层是信息采集的关键部分，它主要用于识别物体，并完成信息的采集、转换、收集和整理。

1. 感知层的功能

感知层位于物联网三层结构中的最底层，其功能是"感知"，主要通过传感网络获取各种环境信息，比如：位置信息、身份标识、音频、视频等。

2. 感知层的组成

感知层通常由基本的感应器件以及感应器件组成的网络（如 RFID 网络、传感器网络等）两大部分组成。其中，感应器件主要由 RFID 标签和读写器、各类传感器、摄像头、GPS、二维码标签和识读器等基本标识和传感器件组成。

感知层既是物联网的基础，也是物联网的核心。感知层的关键在于如何具备更精确、更全面的感知能力，以及如何实现低功耗、小型化和低成本。

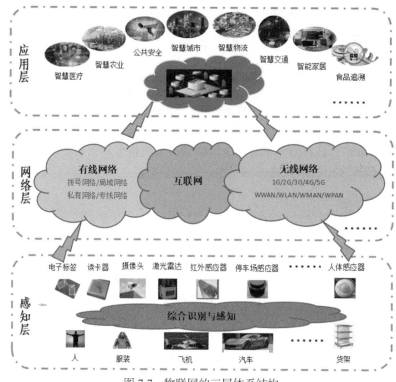

图 7-7 物联网的三层体系结构

（二）网络层

网络层位于物联网三层结构中第二层，相当于人的神经中枢系统，是连接感知层和应用层必不可少的纽带，承担着处理和传输海量信息的任务。

1. 网络层的功能

网络层是物联网的信息处理系统，其功能为"传送"，主要通过通信网络进行信息传输。网络层负责将感知层所获取的信息，安全可靠地传输到应用层，然后根据不同的应用需求对相关信息进行处理。

2. 网络层的组成

网络层包含接入网和传输网。其中，接入网负责用户的接入，传输网负责数据的传输。通常，网络层主要由互联网、私有网络、有线和无线通信网、网络管理系统和云计算平台等组成。但每种网络都有自己的特点和应用场景。因此，在实际应用中，信息往往经由其中的一种网络或几种网络组合的形式进行传输。

随着新一代信息技术的快速发展，各行业的应用需求也发生了很大变化。高清图像、高清视频、大规模数据传输和应用等宽带多媒体业务逐渐成为各行业的日常工作所需。因此，为了向用户提供更高质量的服务，物联网不仅要对现有网络进行融合和扩展，还经常利用新技术来实现更加广泛和高效的互联功能。目前，5G 具有高可靠、大带宽、超低时延、大连接等显著特点，在安防、工业互联网、智慧车联等领域得到了广泛应用。

（三）应用层

物联网诞生与发展的目的，就是要通过万物互联，让世界万物都拥有数字化的标签，随时随地都能拿来为人们所用。因此，物联网最终的目的就是要把感知层感知到的信息和网络层传输来的信息充分利用起来，在各行各业全面应用物联网，从而真正实现人类社会数字化。

应用层位于物联网三层结构中的最顶层，它和最底层的感知层都是物联网的显著特征和核心所在。应用层是物联网和用户（包括个人、组织或其他系统）的接口，主要解决信息处理和人机交互问题。

1. 应用层的功能

应用层的功能是"处理"，主要通过云计算平台，对感知层采集并传输过来的海量信息，进行分析、处理和数据挖掘，以便人们做出科学决策，从而对物理世界实现实时控制和智能化的管理。

应用层的核心功能主要围绕以下两个方面来实现。

（1）数据管理和处理。网络层将感知层采集到的数据传入应用层后，由不同的信息处理系统对数据进行管理和处理，然后通过各种设备与人们进行人机交互，以便人们进行实时控制和智能管理。

（2）行业应用。物联网的最终目的，是要将这些经过分析、处理后的信息与各行业的应用相结合。在应用层中，各种各样的应用场景通过物联网中间件接入网络层。

2. 应用层的组成

从结构上划分，应用层包括以下三部分。

（1）物联网中间件。物联网中间件是一种独立的系统软件或服务程序，它将各种可以公用的能力进行统一封装，然后提供给物联网应用使用。

（2）物联网应用。物联网应用就是用户直接使用的各种应用。物联网主要通过海量数据挖掘，发现数据价值，从而创造智慧，更好地服务人类社会。目前，物联网应用有传统的，更有许多新兴发展起来的，如智能操控、智慧安防、智慧交通、水/电/气远程抄表、远程医疗、智能农业、智慧城市等。

（3）云计算。云计算可以为物联网提供后端处理能力和应用平台，以助力物联网海量数据的存储、计算和分析。

二、物联网的关键技术

（一）感知层技术

感知层的核心技术主要包括传感技术、射频识别技术、无线网络组网技术、现场总线控制技术（FCS）等，涉及的核心产品包括传感器、电子标签、传感器节点、无线路由器、无线网关等。

1. 传感技术

传感技术、通信技术和计算机技术被称为现代信息技术的三大支柱，它们构成了信息技术系统的"感官""神经"和"大脑"。传感技术位于信息技术之首，是信息技术之源，是获取信息的前端基础。传感技术不仅能代表人的五官功能，而且还能检测到人的五官所不能感受的各种参数。因此可以这样说，没有传感技术，就没有现代信息技术。从物联网角度看，传感技术还是衡量一个国家信息化程度的重要标志。

传感技术是指高精度、高效率、高可靠性地采集各种形式信息，并对之进行处理（变换）和识别的一门多学科交叉的现代科学与工程技术。传感技术就是传感器的技术，可以感知周围环境或者特殊物质，比如气体感知、光线感知、温湿度感知、人体感知等。

传感器（Transducer/Sensor）是一种检测装置，能感受到被测量的信息，并能将感受到的信息按一定规律变换成为电信号或其他所需形式的信息输出，以满足信息的传输、处理、存储、显示、记录和控制等要求。通常，根据其基本感知功能，传感器可分为热敏元件、光敏元件、气敏元件、力敏元件、磁敏元件、湿敏元件、声敏元件、放射线敏感元件、色敏元件和味敏元件等十大类。

物联网实现感知功能离不开传感器，传感器是物联网中获取信息的主要设备。传感器的存在和发展，让物体有了触觉、味觉和嗅觉等感官，让物体慢慢变得活了起来。传感器的功能与品质决定了传感系统获取信息的数量和质量。可以说，传感器是人类感觉器官的延长。因此，传感器又被形象地称为电五官。

传感器的最大作用是帮助人们完成对物品的自动检测和自动控制。在现代工业生产尤其是自动化生产过程中，需要用各种传感器来监测和控制生产过程中的各个参数，使设备工作在正常状态或最佳状态，并使产品达到最好质量。因此，没有众多优良的传感器，现代化工业生产也就失去了基础。

此外，传感器还具有测量的连续性和远距性、灵敏度高、分辨率高、精度高、量程宽、可靠性好等特性，并具有在恶劣环境下可靠工作的能力，比如超高温、超低温、超高压、超高真空、超强磁场、超弱磁场和核辐射等。因此，具备这些特性和能力的传感器可保证数据采集的高可靠性和强稳定性，并为物联网领域带来新层次高质量的传感性能。

传感器在原理和结构上千差万别，其制造工艺难度很大，技术要求很高，通常涉及集成技术、薄膜技术、超导技术、精细或纳米加工技术、黏合技术、高密封技术、特种加工技术以及多功能化、智能化等多种高新技术。传感器的工作原理不同，其功能和应用领域也就不相同。下面是几种常见的传感器及其应用领域。

（1）超声波传感器

超声波传感器是将超声波信号转换成其他能量信号（通常是电信号）的传感器。超声波传感器广泛应用在工业、国防、生物医学等方面，如图7-8所示。

（2）红外线测距传感器

红外线测距传感器是一种利用红外线反射原理对障碍物距离进行测量的传感器。全球自然灾害频发，如地震、海啸等。在搜救过程中，搜救机器人起到很好的作用。搜救机器人上有很多种必不可少的传感器，其中就有红外测距传感器，如图7-9所示。

图7-8　超声波传感器

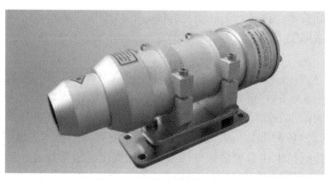

图7-9　红外线测距传感器

（3）气体传感器

气体传感器主要用于检测空气中某种气体的浓度，常用于检测有毒气体，判断环境是否适合人类生存，如二氧化硫、一氧化氮、一氧化碳、甲烷等，如图7-10所示。当然也有一些检测二氧化碳浓度、空气污染之类的传感器。

（4）温湿度传感器

温湿度传感器是一种装有湿敏和热敏元件，能够用来测量温度和湿度的传感器装置，有的带有现场显示，有的不带有现场显示。温湿度传感器由于体积小、性能稳定等特点，被广泛应用在生产生活的各个领域，如图7-11所示。

此外，还有其他很多类型的传感器，如光照传感器、运动传感器、压力传感器、图像传感器、化学传感器、声音传感器、液位传感器等。

目前，传感技术在工业生产自动控制、能源、交通、军事、航天以及灾害预报、安全防卫、环境保护、医疗卫生和农业等领域的作用日益显著。

众所周知，我国的高铁技术闻名世界，成为了中国制造的一张闪亮名片。高铁上不仅安装了速度传感器、温度传感器、烟雾报警器（内部采用了离子式烟雾传感器），用于检测动车的当前速度、车内外温度和车内的烟雾情况，还安装了红外轴温探测传感器，可以通过测定轴箱的温度变化来确定轴箱的工作状态是否正常，如图7-12所示。

图 7-10　气体传感器

图 7-11　温湿度传感器

图 7-12　高铁上的红外轴温探测传感器

图 7-13　自动驾驶车辆上的摄像头

此外，在自动驾驶车辆上也搭载了多种传感器，比如摄像头（图7-13）、毫米波雷达、激光雷达等，可以帮助车辆更充分地感知其行驶状况和周围环境。

我国从20世纪60年代开始传感技术的研究与开发，在传感器研究、设计、制造、可靠性改进等方面取得了长足的进步。但无论是国内还是国外，传感技术的发展都相对落后于计算机技术和数字控制技术，限制了传感控制系统进一步的普及和应用。

传感技术是当今迅猛发展的高新技术之一，也是当代科学技术发展的一个重要标志。目前，世界上各个发达国家非常重视传感技术的研究与发展，都把传感技术列为了国家重点开发的关键技术之一。

2. 自动识别技术

在物联网的数据采集层面，最重要的手段就是自动识别技术和传感技术。传感技术主要感知物体周围环境，但要对特定物体进行自动标识和识别，就需要使用自动识别技术。

自动识别技术（Automatic Identification and Data Capture）就是应用一定的识别装置，通过被识别物品和识别装置之间的接近活动，自动地获取被识别物品的相关信息，并提供给后台的计算机处理系统来完成相关后续处理的一种技术。

自动识别技术是一种能够让物品"开口说话"的技术，它将计算机、光、电、通信和网络技术融为一体，并与互联网、移动通信等技术相结合，可以实现全球范围内物品的跟踪和信息实时共享，不仅提高了数据获取的实时性和准确性，还为决策的正确制定提供了依据。

随着自动识别技术的不断发展，根据具体特征和应用领域来划分的话，自动识别技术可以分为条码识别技术、磁卡识别技术、IC 卡识别技术、图像识别技术、生物识别技术、光学字符识别技术、射频识别技术等。在物联网中，射频识别技术是最重要的一种自动识别技术。射频识别技术也是全球物品信息实时共享的重要组成部分，是物联网的基石。

（1）条码识别技术

条码技术是在计算机应用和实践中产生并发展起来的，并广泛应用于商业、邮政、图书管理、仓储管理与物流跟踪、工业生产过程控制、交通等领域的一种自动识别技术。条码技术具有输入速度快、准确率高、成本低、可靠性强、易制作、持久耐用等优点，在当今的自动识别技术中占有重要的地位，是最为经济、实用的一种自动识别技术。

一维条形码（Barcode）是将宽度不等的多个黑条和空白，按照一定的编码规则排列，用以表达一组信息的图形标识符，如图 7-14 所示。可以利用条形码扫描器（图 7-15）通过光学扫描对一维条形码进行阅读，即根据黑色线条和白色间隔对激光的不同反射来识别。

图 7-14　一维条形码

图 7-15　条形码扫描器

二维条形码，又称二维码，它是近年来移动设备上非常流行的一种编码方式。二维条形码是用某种特定的几何图形按一定规律在平面（二维方向上）分布的、黑白相间的、记录数据符号信息的图形，如图 7-16 所示。常见的二维码为 QR Code（Quick Response Code）。

Data Matrix

Maxi Code

Aztec Code

QR Code

Vericode

PDF417

Ultracode

Code 49

Code 16K

图 7-16 二维条形码

二维条形码读取器通常分为手持式的二维码扫描枪和固定式的二维码读取器。手持式的二维码扫描枪可以扫描 PDF417、QR 码和 DM 码。固定式的二维码读取器通常放在桌子上或固定在终端设备里。纸上印刷的二维码和手机屏幕上的二维码均可被扫描枪或读取器识别，因此广泛应用于身份识别、产品溯源、电子票务、电子优惠券、电子商务、会员系统等领域。

（2）磁卡识别技术

磁卡是一种磁记录介质卡片，由高强度、高耐温的塑料或纸质涂覆塑料制成，能防潮、耐磨且有一定的柔韧性，携带方便、使用较为稳定可靠。

磁卡技术能够在小范围内存储较大数量的信息。磁条上的信息可以被重写或更改，因此也容易被非法修改。鉴于安全性和保密性的问题，磁卡已逐渐被取代。

（3）IC 卡识别技术

IC 卡即集成电路卡，它通过卡里的集成电路存储信息，采用射频技术与支持 IC 卡的读卡器进行通信。

（4）图像识别技术

图像识别是利用计算机对图像进行处理、分析和理解，以识别各种不同模式的目标和对象的技术。

（5）生物识别技术

生物识别技术是指通过获取和分析人体的身体和行为特征来实现人的身份的自动鉴别，如声音识别技术、人脸识别技术、指纹识别技术等。

（6）光学字符识别技术

OCR（Optical Character Recognition）技术是一种属于图像识别的技术，是针对印刷体字符（比如一本纸质的书），采用光学的方式将文档资料转换成为原始资料黑白点阵的图像文件，然后通过识别软件将图像中的文字转换成文本格式，以便文字处理软件进一步编辑加工的技术。

（7）射频识别技术

射频识别技术（Radio Frequency Identification，RFID）通过无线电波进行数据传递，是一种非接触式的自动识别技术。RFID 技术通过射频信号自动识别目标对象并获取相关数据，可在各种恶劣环境下自动完成识别工作，无需人工干预。

一个完整的射频识别系统通常由电子标签、读写器和数据管理系统三部分组成。

电子标签（Tag）又称射频标签、应答器、数据载体，由芯片和天线组成。每个电子标签具有唯一的电子编码，里面存储着被识别物体的相关信息。它附着在物体上，用于标识目

图 7-17　感应式读写器

标对象。

读写器（Reader）又称为读出装置、阅读器、扫描器、读头、通信器，是对电子标签中的信息进行读出、存储的一种装置，可设计为手持式或固定式，如图 7-17 所示。

读写器是 RFID 系统信息控制和处理中心，它主要有以下几个功能：实现与电子标签的通信、给电子标签供能、实现与计算机网络的通信等。

当电子标签进入读写器后，将接收读写器发出的射频信号，然后凭借感应电流所获得的能量发送出存储在芯片中的产品信息（Passive Tag，无源标签或被动标签），或者由电子标签主动发送某一频率的信号（Active Tag，有源标签或主动标签），读写器读取信息并解码后，送至中央信息系统进行有关数据处理，如图 7-18 所示。

射频识别技术依据其标签的供电方式可分为三类，即无源 RFID、有源 RFID 和半有源 RFID。无源 RFID 自身不供电，但有效识别距离太短。有源 RFID 识别距离足够长，但需外接电源，体积较大。半有源 RFID 就是为解决这一矛盾问题的产物。在非工作状态下，半有源 RFID 产品处于休眠状态，仅对标签中保持数据的部分进行供电，因此耗电量较小，可维持较长时间。

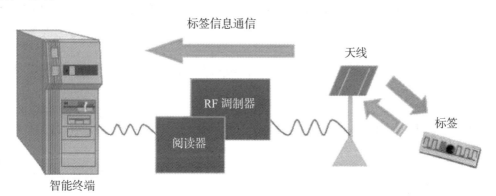

图 7-18　RFID 天线将获得的电子标签信息回传

射频识别技术具有无接触、抗干扰能力强、可同时识别多个物体等优点，是自动识别领域中最优秀、应用最广泛的一种自动识别技术。目前，射频识别技术广泛应用于物流仓储管理、交通、身份识别、防伪溯源、食品、工业制造、安全控制等领域。

射频识别技术可以为货物的跟踪管理及监控提供方便、快捷、准确的自动化技术手段。以射频识别技术为核心的集装箱自动识别，成为了全球范围内最大的货物跟踪管理应用。另外，工厂的自动化流水线上物料的跟踪、停车场车辆自动收费、高速公路电子收费系统 ETC 等也使用了 RFID 技术。

（二）网络层技术

物联网通信的目的是将感知层获得的大量信息通过网络进行交换和共享。物联网通信几乎包含了现在所有的通信技术，形成了大规模的信息化网络。互联网、无线通信网络、卫星通信网络等网络技术的迅猛发展为物联网通信奠定了坚实的基础。各种距离的无线通信技术竞相提出，可帮助物联网实现随时随地进行信息交互。这与物联网中"通信无处不在"的特点正好契合。

1. 互联网

国际互联网络，即因特网（Internet），是目前世界上最大的计算机互联网络。互联网普及率在全球尤其是在我国不断提升，互联网功能也在不断扩展，互联网不断渗透到人们的工作、生活中，改善着人们在现实世界和网络空间的环境，推动人们在全域互联网中能够随时随地享受多元化、垂直化服务。

此外，"互联网+"对社会各行各业也产生了深远的影响，"互联网+"成为了产业发展的必经之路。以互联网为代表的新一代信息技术快速发展，成为了推动经济发展的重要力量。一个全域互联的时代开始降临。这为万物互联的物联网时代带来了极大的发展机遇。

2. 无线通信网络

无线网络是指无需布线就能实现各种通信设备互联的网络。根据网络覆盖范围的不同，可以将无线网络划分为无线广域网、无线局域网、无线城域网和无线个人局域网。

（1）无线广域网

无线广域网（Wireless Wide Area Network，WWAN）是采用无线网络把物理距离极为分散的局域网（LAN）连接起来的通信方式。WWAN连接地理范围较大，常常是一个国家或是一个洲。其目的是为了让分布较远的各局域网互联，它的结构分为末端系统（两端的用户集合）和通信系统（中间链路）两部分。

移动通信和卫星通信都属于WWAN的范畴。

（2）无线局域网

无线局域网（Wireless Local Area Network，WLAN）是指应用无线通信技术将计算机设备互联起来，构成可以互相通信和实现资源共享的网络体系。

无线局域网本质的特点是不再使用通信电缆将计算机与网络连接起来，而是通过无线的方式连接，从而使网络的构建和终端的移动更加灵活。

人们所熟悉的Wi-Fi（行动热点）就是一个基于IEEE802.11标准的无线局域网技术，它是当今使用最广的一种无线网络传输技术。几乎所有智能手机、平板电脑和笔记本电脑都支持Wi-Fi上网。

（3）无线城域网

无线城域网（Wireless Metropolitan Area Network，WMAN）是指在地域上覆盖城市及其郊区范围的分布节点之间传输信息的本地分配无线网络。

WiMAX（全球微波接入互操作性）是基于IEEE802.16标准的一项无线城域网接入技术，其信号传输半径可达50 km，基本上能覆盖到城郊。正是由于这种远距离传输特性，WiMAX将不仅仅是解决无线接入的技术，还能作为有线网络接入（Cable、DSL）的无线扩展，方便地实现边远地区的网络连接。

（4）无线个人局域网

无线个人局域网（Wireless Personal Area Network，WPAN）是指用户个人将所拥有的便携式设备通过通信设备进行短距离无线连接的无线网络。它是为了实现活动半径小、业务类型丰富、面向特定群体、无线无缝的连接而提出的一种新兴无线通信网络技术。

WPAN是覆盖范围相对较小的无线网络，覆盖范围一般在10 m半径以内，且必须运行于许可的无线频段。WPAN位于整个网络链的末端，用于实现同一地点终端与终端间的连接，如连接手机和蓝牙耳机等。WPAN 能够有效地解决"最后的几米电缆"的问题，已经成为物联网通信到末梢的一种短距离无线通信方式，铺平了物联网的普及之路。WPAN 设备具有价格便宜、体积小、易操作和功耗低等优点。

3. 卫星通信网

卫星通信网（Satellite Communication Network）是由一个或数个通信卫星和指向卫星的若干地球站组成的通信网。

根据通信方式的不同，卫星通信网分为模拟卫星通信网和数字卫星通信网。这两类通信网彼此之间是不能互通的，但它们却可以使用同一颗卫星，甚至共用一个转发器。

如果按照卫星的服务区域来划分，卫星通信网又可以分为国际卫星通信网、区域卫星通信网和国内卫星通信网三类。

（三）应用层技术

应用层的关键技术主要包括中间件、云计算、数据挖掘、应用系统、人工智能等。

从物联网的整体发展来看，网络层技术比较成熟，感知层技术的发展也十分迅速。目前，应用层虽然相对落后于其他两个层面，但可以为各行业的用户提供具体服务。因此，可以紧密结合行业的实际需求，在应用层与云计算、大数据、人工智能等新一代信息技术进行深度融合，进一步提高应用系统价值，从而更好地服务于未来的数字经济社会。

1. 中间件

目前，在众多关于中间件（Middleware）的定义中，人们普遍接受的是互联网数据中心（Internet Data Center, IDC）关于中间件的定义：中间件是一种独立的系统软件或服务程序，分布式应用软件借助这种软件在不同的技术之间共享资源。中间件位于客户机服务器的操作系统之上，管理计算资源和网络通信。

这种意义上的中间件可以用一个等式来表示，即：中间件＝平台＋通信，这也就限定了只有用于分布式系统中才能叫中间件，同时也把它与支撑软件和实用软件区分开来。

中间件处于操作系统、网络和数据库之上，并在应用软件的下层，主要为处于自己上层的应用软件提供运行与开发的环境，帮助用户灵活、高效地开发和集成复杂的应用软件。由于它是介于操作系统和应用软件之间，所以被称为中间件。

通常，中间件可以提供如下功能。

（1）通信支持。通信支持是中间件最基本的一个功能。中间件为其所支持的应用软件提供平台化的运行环境，该环境屏蔽底层通信之间的接口差异，实现互操作。

（2）应用支持。中间件的目的就是为上层应用服务，提供应用层不同服务之间的互操作机制。

（3）公共服务。公共服务是对应用软件中共性功能或约束的提取。通过提供标准、统一的公共服务，可减少上层应用的开发工作量，缩短应用的开发时间，并有助于提高应用软件的质量。

2. 云计算

云计算不是一种全新的网络技术，而是一种全新的网络应用概念。云计算的核心概念就是以互联网为中心，在网站上提供快速且安全的云计算服务与数据存储，让每一个使用互联网的人都可以使用网络上的庞大计算资源与数据中心。

云计算能为物联网所产生的海量数据提供强大的计算处理平台，是物联网发展的基石。在云计算的支持下，物联网的发展空间将变得越来越广阔。

3. 数据挖掘

数据挖掘是指从大量的数据中通过算法搜索隐藏于其中的信息的过程。数据挖掘主要基于人工智能、机器学习、模式识别、统计学、数据库、可视化技术等，高度自动化地分析企业的数据，做出归纳性的推理，从中挖掘出潜在的模式，帮助决策者调整市场策略，减少风险，做出正确的决策。

数据挖掘通常按照数据准备、规律寻找和规律表示这三个步骤来进行。利用数据挖掘可以将数据转换成有用的信息和知识，然后广泛运用于商务管理、生产控制、市场分析、工程设计和科学探索等领域。

随着物联网的不断普及，接入物联网的智能终端越来越多，随时随地都会产生各种海量的物联网数据，可以利用数据挖掘对这些海量数据进行深入分析，发现并提取出隐藏于其中的有用信息，以更好地服务于当今万物互联的数字经济社会。

4. 应用系统

物联网应用系统除了要具备一定的硬件条件外，还必须具备一定的软件条件。这些条件包括操作系统、数据库以及其他软件。

（1）物联网操作系统

对于物联网应用系统来说，物联网操作系统就是运行在物联网的智能终端和汇聚处理节点上，对智能终端进行控制和管理，并提供统一编程接口的操作系统软件。

物联网操作系统与传统的个人计算机或个人智能终端（智能手机、平板电脑等）上的操作系统是不同的。运行物联网操作系统的终端设备，能够与物联网的其他层次结合得更加紧密，数据共享更加顺畅，能够大大提升物联网的生产效率。物联网操作系统这些独有的特征，可以更好地服务于各种类型的物联网应用。

除了具备传统操作系统的设备资源管理功能外，物联网操作系统还具有以下功能。

① 屏蔽物联网碎片化的特征，提供统一的编程接口。所谓碎片化，指的是硬件设备配置多种多样，不同的应用领域差异很大。这种"碎片化"的特征将影响物联网的发展和壮大。因此，物联网操作系统就充分考虑了这些碎片化的硬件需求，通过合理的架构设计，使得操作系统本身具备很强的伸缩性，很容易地应用到这些硬件上。这种独立于硬件的能力是支撑物联网良好生态环境形成的基础。

② 降低物联网应用开发的成本和时间。物联网操作系统是一个公共的业务开发平台，具备丰富完备的物联网基础功能组件和应用开发环境，可大大降低物联网应用的开发时间和开发成本。此外，统一的物联网操作系统具备一致的数据存储和数据访问方式，可打破行业壁垒，提升不同行业之间的数据共享能力。

③ 为物联网统一管理奠定基础。采用统一的远程控制和远程管理接口。即使行业应用不同，也可采用相同的管理软件对物联网进行统一管理和维护。

物联网操作系统是一个通用的概念，是一类操作系统的统称。HelloX 操作系统就是物联网操作系统最典型的一个例子。它专注于物联网应用，不仅代码完全开放，而且具备高度的可伸缩性、丰富的外围功能模块以及完善的硬件建模功能。

（2）数据库管理系统

在物联网应用系统中，数据库有着非常重要的地位。要对物联网产生的各种海量数据进行有效管理，就需要使用数据库。

① 数据库。数据库是一个按数据结构来存储和管理数据的计算机软件系统。数据库的概念实际包括两层意思：首先，数据库是存放数据的仓库。在当今万物互联的时代，整个世

界充斥着大量的数据，有文本类型的数据，还有图像、声音等数据。这些海量数据都可以存放在数据库中进行管理。其次，数据库又是数据管理的新方法和技术。数据库可以更好地组织数据、维护数据，甚至更严密地控制数据和有效利用数据。

数据库先后经历了层次数据库、网状数据库和关系型数据库等各个阶段的发展。目前，关系型数据库已成为数据库中最重要的一员，可以较好地解决管理和存储关系型数据的问题。常见的关系型数据库有 Oracle、DB2、MySQL、SQL Server、Access 等。

随着云计算的发展和大数据时代的到来，越来越多的半关系型和非关系型数据也需要用数据库进行存储管理。同时，分布式技术等新技术的出现也对数据库的技术提出了新的要求。于是就出现了越来越多的非关系型数据库，这类数据库更强调数据库数据的高并发读写和存储大数据，一般被称为 NoSQL（Not only SQL）数据库。

② 数据库系统。数据库系统（Database System，DBS）是由数据库及其管理软件组成的系统。其中，管理软件主要包括操作系统、各种宿主语言、实用程序以及数据库管理系统。

数据库系统是为适应数据处理的需要而发展起来的一种较为理想的数据处理系统，也是一个为实际可运行的存储、维护和应用系统提供数据的软件系统，是存储介质、处理对象和管理系统的集合体。数据库系统的核心是数据库管理系统。

数据库系统也有大小之分，常见的大型数据库系统主要有 SQL Server、Oracle、DB2 等，中小型数据库系统主要有 Access、MySQL 等。

③ 数据库管理系统。数据库管理系统(Database Management System，DBMS) 是一种操纵和管理数据库的大型软件，用于建立、使用和维护数据库。

数据库管理系统对数据库进行统一的管理和控制，数据的插入、修改和检索都要通过数据库管理系统进行，以保证数据库的安全性和完整性。用户通过 DBMS 访问数据库中的数据。数据库管理员也通过 DBMS 进行数据库的维护工作。

5. 人工智能

随着物联网、人工智能、云计算、大数据、5G 等技术的快速发展，人工智能技术与物联网在实际应用中的融合落地越来越多，并由此产生了一种新的物联网应用形态（AIoT）。

AIoT（人工智能物联网）=AI（人工智能）+IoT（物联网）。AIoT 融合 AI 技术和 IoT 技术，通过物联网产生、收集来自不同维度的、海量数据，存储于云端、边缘端，再通过大数据分析，以及更高形式的人工智能，实现万物数据化、万物智联化。

目前，AIoT 已经在工业、智慧安防、智能家居等应用场景得到了较为广泛的应用。未来，AIoT 将成为物联网行业发展的重要趋势。

案例实现

本单元案例中提到的青桔共享单车为了解决共享单车发展的难点和痛点问题，采用了"智能中控 + 分体锁"技术，并借助北斗高精度定位和 5G 技术，实现了"定点取还、入栏结算"功能，以此规范了用户使用行为，大大提升了共享单车行业的管理水平。

共享单车的智能锁内嵌了 GPS 模块，可以实现 GPS 定位。骑行时，实时的路径追踪可通过用户的手机上传位置，单车内的 GPS 只负责跟踪单车，只需要在一段时间内更新某个点。这个更新的时间可以长达 30 s ～ 1 min，后台也可以控制 10 ～ 15 min 才更新一次。

目前，青桔单车在共享单车中搭载北斗高精度定位芯片，通过高精度的位置识别，很好地解决了乱停乱放的瓶颈问题。在精确定位的情况下，用户只有把单车停在指定的地面停车点上，才能在 App 正常进行结账、锁车操作。若未在停车点停车，系统会发出警示，并向最终未在点位停放的用户收取额外调度费用。

青桔分体锁将北斗高精度定位、地基增强技术、移动通信技术综合运用在智能锁上，采用"智能中控 + 分体锁"的技术方案，无需手动关锁，在手机端操作即可完成落锁，实现用户全程智能化操作，如图 7-19 所示。

图 7-19 青桔分体锁

"北斗 + 共享单车"不仅打造了共享单车运营新模式，而且也加速了北斗在低能耗、高精准的服务能力的提升，并为中国北斗定位导航领域开启了千万级终端市场，极具社会和应用价值。

北斗导航本质上是构建精准时空网络的底层平台技术，是未来万物联网的重要传感器之一。北斗卫星将为人工智能、云计算、区块链等基础设施以及数据中心、智能计算中心等算力基础设施提供精准时空信息。

在 5G 通信技术加持下，北斗将与大数据、云计算、人工智能、车联网等新一代信息技术深度融合，广泛应用于交通运输、精准农业、智慧城市、航天海事等领域，以促进共享经济新兴业态的成长。

拓展阅读

纳米传感器

随着物理学、生物科学、信息科学和材料科学等相关学科的高速发展，高精度、智能化、功能全面化、微型化、低功耗将是未来传感器的发展方向。

值得一提的是，在微小型化发展的过程中，令世界各国瞩目的成功技术就是纳米技术。利用纳米技术制作的传感器，尺寸减小、精度提高、性能大大改善。纳米传感器是在原子和分子尺度上进行操作，极大地拓宽了传感器的应用领域。纳米传感器现已在生物、化学、机械、航空、军事等领域获得广泛的发展。

例如，纳米气体传感器是由半导体纳米材料做成的一种将某种气体体积分数转化成对应电信号的转换器。它通过探测头可灵敏地检测温度、湿度和大气成分的变化，在汽车尾气和大气环境保护上已得到应用。

另外，纳米级机器人传感器已经可以通过血液注入的方式进入人体，对人体的生理参数进行实时监测，并有望对于癌变细胞、致病基因进行靶向精确治疗，如图 7-20 所示。

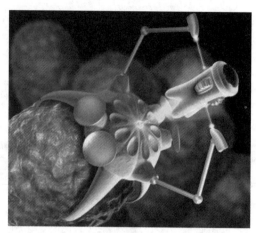

图 7-20　纳米级机器人传感器

　　与传统传感器相比，纳米传感器还可具有自供电能力、从环境中收集光辐射和电磁辐射能量等能力。这些优点将让纳米传感器在未来构建各类物联网的进程中具有广阔的发展前景和应用潜力。

　　纳米传感器代表了人类掌控微观世界的一种前沿技术，并成为沟通物理、化学、生物和材料科学之间的催化剂、黏合剂和效能倍增器。纳米传感器技术也将有望成为推动世界范围内新一轮科技革命、产业革命和军事革命的颠覆性技术。

练习与提高

　　1. 根据所学知识，认真理解物联网三层体系结构，以及每层在物联网中的作用。填写表 7-1，与同学们进行分享和交流。

表 7-1　物联网的三层体系结构

层次名称	功　能	组　成	关键技术

　　2. 根据所学知识，对日常生活中常见的传感器进行调研，了解常见传感器的名称、功能和应用情况。填写表 7-2，与同学们进行分享和交流。

表 7-2　生活中常见的传感器

传感器的名称	传感器的功能	应用情况

技术体验七　寻找身边的物联网

一、体验目的

随着物联网技术的不断创新与发展，物联网不仅在社会各行各业都有了丰富的应用场景，极大地提升了企业的生产效率和服务质量。同时，物联网也以多样化的形式逐渐渗透到了人们的日常生活中，改善了生活质量，增强了生活体验感和幸福感。

二、体验内容

寻找身边的物联网世界。体会物联网技术是如何走进人们日常生活的。

三、体验环境

校园和小区。

四、体验步骤

1. 物联网技术应用场景一：某小区楼栋单元门禁系统。

该小区楼栋门禁系统主要由门禁机和门禁卡（IC 卡）组成。该门禁系统主要通过以下方式实现楼栋单元门控制的。

（1）在安装门禁机时，需设置园区密码和楼栋的单元号。此外，门禁机里面有一个电子时钟可提供时间信息，以便和门禁卡使用期限进行比对，从而识别门禁卡是否超过使用时限。

（2）安装人员在计算机上安装好门禁系统管理软件（即非接触式 IC 卡一卡通管理系统），将 IC 卡的读卡器通过 USB 接口与计算机相连接，然后将门禁卡（IC 卡）放置在读卡器上，如图 7-21 所示，将园区密码以及用户信息（姓名、门牌号等）写入门禁卡，同时对门禁权限进行设置，如：允许通行的小区入口、楼栋单元号和门禁使用时限等。

（3）持卡者将门禁卡靠近门禁机，门禁机读出门禁卡中的相关信息并进行比对分析。如果住户信息正确，门禁机输出开门信号，单元门门锁将自动开启，如图 7-22 所示。

此外，如果住户未带门禁卡，可按下保安键，接通对讲系统，监控室安防人员核实住户

图 7-21　读卡器向门禁卡写入信息

图 7-22　使用门禁卡开锁

身份后，可远程控制单元门锁自动开启。

2. 物联网技术应用场景二：智慧安防系统。

校园或小区内，通常会在不同的地方安装监控摄像头来保证校园或小区的安全，如图 7-23 所示。

图 7-23　监控摄像头

白天时，监控摄像头拍摄到的物体图像是彩色的。夜间时，监控摄像头的红外发射装置主动将红外光投射到物体上，红外光经物体反射后进入镜头进行成像，拍摄到的物体图像是黑白的。监控摄像头拍摄到的画面通过网络实时传输到监控室主机，并在显示屏上显示出来。监控室主机中安装了公安视频图像信息应用平台，并由专人负责管理，各区域的视频画面也可在主机的显示屏上调取查看。园区监控摄像头较多，因此，它们拍摄到的视频画面通常会在墙上的大屏监视器上以多个较小画面显示，也可设定为轮流播放，以便园区安防人员查看各区域情况，从而及时发现和排除安全隐患。同时拍摄下来的视频画面还将保存在云存储中，以便后期因需要查看。

此外，除了安装监控摄像头之外，校园或小区有时还会在某些特定区域的围墙上安装电子围栏，如图 7-24 所示。

电子围栏是目前最先进的周界防盗报警系统，它由电子围栏主机和前端探测围栏组成。电子围栏通常安装在围墙上，并在金属线上悬挂警示牌。通常电子围栏附近也会安装监控摄像头，并通过监控软件将二者关联起来。当入侵者触碰到前端探测围栏时，主机就会产生报

图 7-24　电子围栏

警信号，并把入侵信号发送到监控室主机，并通过软件与监控系统联动，将对应的监控摄像头的视频画面优先显示在大屏幕上，以便园区安防人员及时查看报警区域的情况，从而快速排除安全隐患。

3. 物联网技术应用场景三：智慧支付。

校园食堂就餐原来是使用刷卡支付，现在已改为更加方便快捷的微信支付了。微信支付时，将手机微信中的付款二维码靠近付款机，即可完成餐费支付。微信收款机其实就是一个固定在窗口处的二维码读取器，如图 7-25 所示。使用物联网自动识别技术中的二维码识别技术，方便、快捷的就餐支付就轻松搞定了。超市购物时，除了可以使用微信中的付款二维码进行支付外，还可以使用支付宝进行刷脸支付。刷脸支付过程中，需要使用人工智能中的人脸识别技术进行身份识别，如图 7-26 所示。

图 7-25　二维码读取器　　　　　　　图 7-26　刷脸支付

此外，园区里的智能包裹取（寄）终端也运用了条码识别技术，如图 7-27 所示。自助购水机则运用的是磁卡识别技术。

图 7-27　智能包裹取（寄）终端

4. 物联网技术应用场景四：红外测温器。

红外测温器的测温范围为 32.0 ℃ ～ 43.0 ℃，测温距离为 1 cm ～ 10 cm，如图 7-28 所示。

图 7-28　红外测温器

图 7-29　红外传感器

　　当人们通过入口处时，只需将手靠近红外测温器，其液晶显示屏马上就会显示出人体温度，从而帮助安保人员及时了解通行人员的体温情况。

　　红外热辐射俗称红外线，是太阳光线中众多不可见光线中的一种。凡是高于绝对零度的物质都可以产生红外线，现代物理学称之为黑体辐射（热辐射）。红外测温器一般用于探测目标的红外热辐射和测定其辐射强度，从而确定目标的温度。其中，红外传感器（图 7-29）是红外测温器中一个重要的元件，一般为热释电红外传感器。红外传感器将红外热辐射变换为电信号输出，最后以温度的形式显示在显示屏上。

　　5. 物联网技术应用场景五：温度测量与口罩识别装置 DIY。

　　温度测量与口罩识别装置可以完成以下功能：摄像头拍摄到的人脸图像数据通过 LCD 驱动后显示在前端 LCD 显示屏上。同时，人脸图像还将传输至 AI 模块进行口罩识别，然后在后端 OLED 显示屏上显示口罩佩戴情况。此外，红外温度传感器采集到的体温数据将传输至主控芯片进行解析，并在后端 OLED 显示屏上显示人体温度。实现该装置上述功能的流程图如图 7-30 所示。

　　（1）准备相关电子元器件以及其他主要材料。

　　①嵌入式开发板 1 个，作为主控芯片，如图 7-31 所示。

　　②AI 模块 1 个，作为口罩识别终端，如图 7-32 所示。

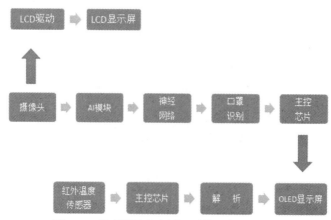

图 7-30　温度测量与口罩识别装置实现流程图

图 7-31 嵌入式开发板

图 7-32 AI 模块

③红外温度传感器 1 个，用于温度检测，如图 7-33 所示。

④摄像头 1 个，用于人脸拍摄，如图 7-34 所示。

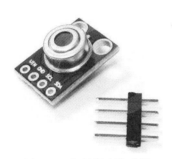

图 7-33 红外温度传感器

图 7-34 摄像头

⑤可显示 1 650 万色的 LCD 显示屏 1 块，用于人脸显示，如图 7-35 所示。

⑥驱动简便的 OLED 显示屏 1 块，用于人体体温和口罩佩戴情况显示，如图 7-36 所示。

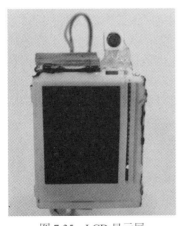

图 7-35 LCD 显示屏

图 7-36 OLED 显示屏

⑦杜邦线若干根，如图 7-37 所示。

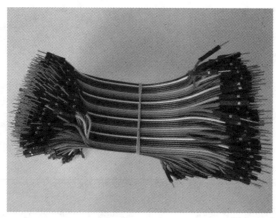

图 7-37　杜邦线

⑧ 符合嵌入式芯片电压的电源和开关各 1 个。

（2）完成温度测量与口罩识别装置的组装，如图 7-38 所示。

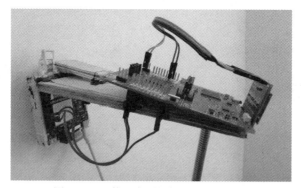

图 7-38　组装温度测量与口罩识别装置

（3）接通该装置的电源后，将训练好的神经网络传输至 AI 模块，用于口罩识别。

（4）当人们站在摄像头面前时，摄像头拍摄到的人脸图像数据将传输至前端的 LCD 显示屏，通过 LCD 驱动后，人脸图像将清晰地显示在 LCD 显示屏上，如图 7-39 所示。同时，人脸图像数据还将传输至 AI 模块，AI 模块利用神经网络对人脸图像数据进行口罩识别，然后将识别结果（即口罩佩戴情况）显示在后端 OLED 显示屏上。此外，主控芯片（即嵌入式开发板）也将读取红外温度传感器中感知到的人体温度数据，解析后将体温信息也显示在后端的 OLED 显示屏上，如图 7-40 所示。

在温度测量与口罩识别装置中，温度测量使用了红外温度传感器，口罩识别则使用了基于神经网络的自动识别技术。

五、结果

1. 门禁识别系统使用了自动识别技术中的 IC 卡识别技术来控制门锁的自动开启。

2. 校园或小区的智慧安防系统就是一个典型的物联网应用系统，监控摄像头和电子围栏都属于智能感知设备，它们将感知到的信息传输到监控室主机上，通过监控系统可对异常情况进行及时查看和处理，从而较好地保证了园区安全。

3. 在校园内就餐、购物或者在小区内取（寄）快递都使用了物联网中的自动识别技术。

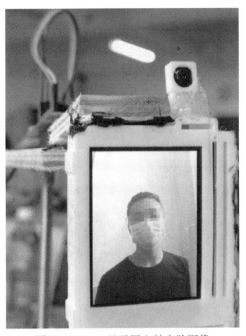

图 7-39   LCD 显示屏上的人脸图像

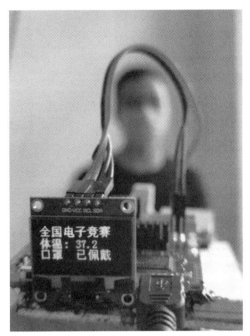

图 7-40   OLED 显示屏上的体温和口罩信息

4. 小区入口处的红外测温使用了物联网中的传感技术。

5. 自制的温度测量与口罩识别装置分别使用了传感技术和自动识别技术。

深度技术体验

感受智能家居生活

模块八

大　数　据

学习情境

你能想象吗？不用通过医学检查和测试，网络工程师们可以预测特定地区冬季流感的传播；当浏览抖音、今日头条、快手、淘宝等视频和平台软件的时候，这些软件会推荐用户可能感兴趣的内容和商品。这些就是身边的大数据。全球范围内，研究发展大数据技术、运用大数据推动经济发展、完善社会治理、提升政府服务和监管能力正成为趋势。大数据已经成为解决紧迫世界性问题的一个有力手段，但同时，大数据时代也向我们提出了挑战。

学习目标

知识目标

- 掌握大数据的基本概念和特征；
- 了解大数据的开发过程和关键技术；
- 了解 Hadoop 技术的应用场景和数据仓储技术。

技能目标

- 具备数据挖掘、数据清洗、数据可视化的相关技术分析能力；
- 具备大数据应用开发与运行的环境配置、管理、维护能力。

素养目标

- 能够不断自主学习，不断获取大数据新的知识和技能；
- 遵守行业规程，懂得合法使用信息资源。

单元 8.1　大数据概述

◇ 导入案例 ◇

导航软件助力顺利出行

　　每个开车的人在上、下班的交通高峰期都经历过噩梦般的拥堵情况；或者因为路况改变，例如修路，导致道路不通，影响行程的情况。但是今天，人们利用导航软件就可以完全解决这些烦恼。导航软件会实时显示道路的通行情况供人们选择和参考，保障顺利出行，给人们带来了极大的便利。

 技术分析

　　那么导航软件是如何了解交通实况的呢？一般有三种方式：一种是通过调用各地交管系统中的车流量数据处理后得到的结果。交管系统中的电子眼不仅用来抓拍违章，还可以用来分析车流量数据。第二种获得路况信息的方式，是通过用户使用导航软件时上传的数据，经过分析计算得出的交通实况。第三种是通过分析出租车、公共交通车上的 GPS 信息。对路况的分析，其实是人工智能和大数据的应用。

 知识与技能

一、大数据的基本知识

　　（一）大数据的定义

　　关于大数据的定义并不统一，比较通用的有以下两个说法（也可看作大数据的狭义定义）。

　　说法一：大数据（Big Data）指无法在一定时间范围内用常规软件工具进行捕捉、管理和处理的数据集合，是需要新处理模式才能具有更强的决策力、洞察发现力和流程优化能力的海量、高增长率和多样化的信息资产。

　　说法二：所谓大数据，就是用现有的一般技术难以管理的大量的数据的集合。

　　以上定义所说的"无法用常规软件工具捕捉""一般技术难以处理"，是指目前在企业数据库中占据主流地位的关系型数据库无法管理的、具有复杂结构的数据，或者是由于体量巨大，导致数据查询响应时间超出允许范围的庞大数据。

　　狭义定义对大数据的性质进行了描述，但大数据的核心在于预测与决策，大数据的广义定义更能阐释其意义，如图 8-1 所示。

　　大数据的广义定义：所谓大数据，是一个综合性概念，它包括因具备数量巨大、结构复杂、高速更新等特征而难以管理的数据，对这些数据进行存储、处理、分析的技术，以及能够通过分析这些数据获得实用意义和观点的人才和组织。

　　"对这些数据进行存储、处理、分析的技术"，指的是用于大规模数据分布式处理的框架 Hadoop、具备良好扩展性的 NoSQL 数据库，以及机器学习和统计分析等。

"能够通过分析这些数据获得实用意义和观点的人才和组织"，指的是"数据科学家"这类人才。

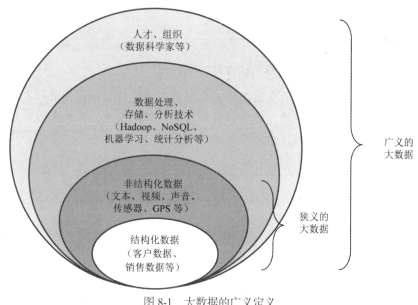

图 8-1 大数据的广义定义

（二）大数据的特征

目前，大数据本身的特点通常集中在 5 个方面，称为"5V"特征，分别为：

- Volume——数据体量巨大；
- Variety——数据种类繁多；
- Value——价值密度低；
- Velocity——处理速度快；
- Veracity——真实性。

1. 体量大（Volume）

数据体量大，包括采集、存储和计算的量都非常巨大。随着信息技术的高速发展，数据开始爆发性增长。社交网络、移动网络、各种智能工具、服务工具等，都成为数据的来源。

2. 种类多（Variety）

广泛的数据来源，决定了大数据形式的多样性。大数据的数据类型包括结构化数据、非结构化数据和半结构化数据。其中，结构化的数据比例较小，约为 10%，90% 为非结构化和半结构化数据。任何形式的数据都可以产生作用。像日志数据是结构化明显的数据，还有一些数据结构化不明显，例如图片、音频和视频等，这些数据因果关系弱，就需要人工对其进行标注，这对传统数据分析技术提出了巨大挑战，这也是大数据技术兴起的重要原因。

3. 价值密度低（Value）

现实世界所产生的数据中，有价值的数据所占比例很小。与传统信息系统相比，大数据中的数据价值密度相对较低，大数据最大的价值在于通过从大量不相关的各种类型的数据中，挖掘出对未来趋势与模式预测分析有价值的数据，并通过机器学习方法、人工智能方法或数据挖掘方法深度分析，发现新规律和新知识，并运用于农业、金融、医疗等各个领域，从而最终达到改善社会治理、提高生产效率、推进科学研究的目的。完成数据的价值提取过程，这也是当前大数据平台的核心功能之一。

4. 速度快（Velocity）

数据的产生非常迅速，主要通过互联网传输。个人每天都通过网络向大数据提供大量的资料。并且这些数据是需要及时处理的，对于一个平台而言，也许保存的数据只有过去几天或者一个月之内，再远的历史数据就要及时清理，不然代价太大。基于这种情况，大数据对处理速度有非常严格的要求，服务器中大量的资源都用于处理和计算数据，很多平台都需要做到实时分析。处理速度快，时效性要求高，实时响应，这是大数据的显著特征。

5. 真实性（Veracity）

大数据来自现实生活，很难区分真假数据，这也是当前大数据技术必须重点解决的问题之一。从当前大型平台采用的方法来看，它通常是技术和管理的结合。研究大数据就是从庞大的网络数据中提取出能够解释和预测现实事件的过程。

二、大数据开发的五个阶段

数据处理是对纷繁复杂的海量数据价值的提炼，而其中最有价值的地方在于预测性分析，即可以通过数据可视化、统计模式识别、数据描述等数据挖掘形式帮助数据科学家更好地理解数据，根据数据挖掘的结果得出预测性决策。大数据开发的过程主要包括五个阶段：大数据采集、大数据预处理、大数据存储及管理、大数据分析及挖掘、大数据可视化，如图8-2所示。

图 8-2　大数据开发的五个阶段

（一）大数据采集

大数据采集就是对各种不同数据源中获取的数据进行存储与管理，为后面的数据分析与数据挖掘做准备。

大数据采集通常采用 ETL（Extract Transform Load）技术。数据从数据来源端经过抽取（Extract）、转换（Transform）、加载（Load）到目的端，然后进行处理分析的过程。用户从数据源抽取出所需的数据，经过数据清洗，最终按照预先定义好的数据模型，将数据加载到数据仓库中去，准备最后对数据仓库中的数据进行数据分析和处理。

目前市场上主流的 ETL 工具有开源 Kettle、IBM DataStage 和华为云 TechWave 等。

大数据采集一般分为以下几方面。

（1）传统企业数据采集：包括 CRM（客户关系处理）系统的消费者数据、传统的 ERP数据、库存数据以及账目数据等。

（2）机器和传感器数据采集：包括呼叫记录、智能仪表、工业设备传感器、设备日志、交易数据等。

（3）社交数据采集：包括用户行为记录、反馈数据等，如抖音、微博、淘宝这样的社交和购物平台。

（二）大数据预处理

大数据预处理的目的是通过对数据格式和内容的调整，改进数据的质量，使得数据更符合挖掘的需要。主要分为数据清理、数据集成、数据规约和数据变换四个步骤，如图 8-3 所示。

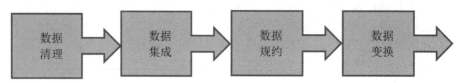

图 8-3　大数据预处理步骤

1. 数据清理

现实中的数据大多是"脏"数据。

（1）不完整。缺少属性值或仅仅包含聚集数据。

（2）含噪声。包含错误或存在偏离期望的离群值。

（3）不一致。比如用于商品分类的部门编码存在差异。

在使用数据过程中对数据有如下要求：一致性、准确性、完整性、时效性、可信性、可解释性。现实中由于获得的数据规模太过庞大，数据不完整、重复、杂乱，数据大多是"脏"数据，所以在一个完整的数据挖掘过程中，数据清理工作复杂而繁琐，要花费大量的时间。

2. 数据集成

不同软件间，尤其是不同部门间的数据信息不能共享，造成系统中存在大量冗余数据、垃圾数据，无法保证数据的一致性。数据集成就是将互相关联的分布式异构数据源集成到一起，使用户能够以透明的方式访问这些数据源。

数据集成主要采用以下方法。

（1）联邦数据库：将各数据源的数据视图集成为全局模式。

（2）中间件集成：通过统一的全局数据模型来访问异构的数据源。

（3）数据复制：将各个数据源的数据复制到同一处，即数据仓库。

3. 数据规约

在现实场景中，数据集是很庞大的，数据是海量的，在整个数据集上进行复杂的数据分析和挖掘需要花费很长的时间。

数据规约目的：用于帮助从原有庞大数据集中获得一个精简的数据集合，并使这一精简数据集保持原有数据集的完整性，这样在精简数据集上进行数据挖掘显然效率更高，并且挖掘出来的结果与使用原有数据集所获得结果基本相同。

数据规约包括维规约、数量规约和数据压缩。

4. 数据变换

数据变换目的是将数据转换或统一成易于进行数据挖掘的数据存储形式，使得挖掘过程可能更有效。

常用的数据变换方法：光滑，去掉数据中的噪声；对数据进行汇总或聚集；属性构造，由给定的属性构造新的属性并添加到属性集中，帮助数据分析和挖掘；规范化，将属性数据按比例缩放，使之落入一个小的特定区间；离散化，值属性用区间标签或概念标签替换。

（三）大数据存储及管理

大数据存储与管理即用存储器把采集到的数据存储起来，建立相应的数据库，并进行管理和调用。大数据体量巨大，价值密度相对较低，以及数据增长速度快、处理速度快、时效性要求高，重点需要解决复杂结构化、半结构化和非结构化大数据管理与处理技术。

大数据存储及管理的关键技术主要有以下几种。

1. 分布式文件存储（HDFS）

分布式文件存储是指文件系统管理的物理存储资源不一定直接连接在本地节点上，而是通过计算机网络与节点相连。

当前大数据领域中，分布式文件系统的使用主要以 Hadoop HDFS 为主。Hadoop 是一个分布式系统和并行执行环境，便于存储和处理大规模数据的开源软件平台。HDFS 是 Hadoop 的核心，是 Hadoop 框架的分布式文件系统。HDFS 采用了冗余数据存储，增强了数据可靠性，加快了数据传输速度，除此之外，HDFS 还具有兼容廉价设备、流数据读写、大数据集、简单的数据模型、强大的跨平台兼容性等特点。但 HDFS 也存在着自身的不足，比如不适合低延迟数据访问、无法高效存储大量小文件和不支持多用户写入及任意修改文件等。

2. 非关系型数据库（NoSQL）存储

对于 NoSOL，当前比较流行的解释是 "Not Only SQL"，是针对大型集群，基于互联网特征的需求而设计。它所采用的数据模型并非传统关系数据库的关系模型，而是类似键值、列族、文档等非关系模型。NoSQL 数据库没有固定的表结构，一般也不会存在连接操作，更简便，具备高吞吐量，可以使用低端硬件集群和具备高水平扩展能力、灵活的数据模型，与云计算紧密融合和支持海量数据存储等特点。但 NoSQL 数据库也存在很难实现数据的完整性，NoSQL 的应用还不是很广泛、成熟度不高、风险较大、难以体现业务的实际情况、增加了对于数据库设计与维护的难度等问题。

3. 新型数据库（NewSQL）存储

NewSQL 是对各种新的可扩展 / 高性能数据库的简称，这类数据库不仅具有 NoSQL 对海量数据的存储管理能力，还保持了传统数据库特性支持。

4. 云数据库存储

云数据库技术是云计算的一项重要分支，指通过集群应用、网络技术或分布式文件系统等功能，将网络中大量各种不同类型的存储设备通过应用软件集合起来协同工作，共同对外提供数据存储和业务访问功能的一个系统。云数据库中，所有数据库功能都是在云端提供的，客户端可以通过网络远程使用云数据库提供的服务，而不需要了解云数据库的具体的物理细节，使用非常方便容易。可按照用户个人的需求进行数据和信息的存储，例如通过使用百度云、360 云盘等众多互联网公司所开发的网络存储平台，可实现较大的存储容量，并且能够借助搜索功能快速获取目标数据文件。

（四）大数据分析及挖掘

1. 数据分析

数据分析是指用适当的统计、分析方法对收集来的大量数据进行分析，将它们加以汇总、理解和消化，以求最大化地开发数据的功能，发挥数据的作用。

常用的分析方法包括以下几类。

（1）描述型分析。告诉人们发生了什么。

（2）诊断型分析。通过它，人们了解为什么会发生。

（3）预测型分析。通过它，人们能够预测可能发生什么。

（4）指令型分析。让人们知道下一步怎么做。

2. 数据挖掘

数据挖掘是从大量的、不完全的、有噪声的、模糊的、随机的实际应用数据中，提取隐含在其中的、人们事先不知道的，但又是潜在有用的信息和知识的过程，也是一种决策支持过程。其主要基于人工智能、机器学习、模式学习、统计学等。

3. 数据挖掘的常用算法

数据挖掘的常用算法包括分类、聚类、回归分析、关联规则和 Web 数据挖掘。

（1）分类。分类是找出数据库中的一组数据对象的共同特点并按照分类模式将其划分为不同的类，其目的是通过分类模型，将数据库中的数据项映射到某个给定的类别中。可以应用到应用分类、趋势预测中，如淘宝商铺将用户在一段时间内的购买情况划分成不同的类，根据情况向用户推荐关联类的商品，从而增加商铺的销售量。

（2）聚类。聚类类似于分类，但与分类的目的不同，是针对数据的相似性和差异性将一组数据分为几个类别。属于同一类别的数据间的相似性很大，但不同类别之间数据的相似性很小，跨类的数据关联性低。

（3）回归分析。回归分析反映了数据库中数据的属性值的特性，通过函数表达数据映射的关系来发现属性值之间的依赖关系。它可以应用到对数据序列的预测及相关关系的研究中去。在市场营销中，回归分析可以被应用到各个方面。如通过对本季度销售的回归分析，对下一季度的销售趋势作出预测并做出针对性的营销改变。

（4）关联规则。关联规则是隐藏在数据项之间的关联或相互关系，即可以根据一个数据项的出现推导出其他数据项的出现。关联规则的挖掘过程主要包括两个阶段：第一阶段为从海量原始数据中找出所有的高频项目组；第二阶段为从这些高频项目组产生关联规则。关联规则挖掘技术已经被广泛应用于金融行业企业中用以预测客户的需求，各银行在自己的 ATM 机上通过捆绑客户可能感兴趣的信息供用户了解，从而获取相应信息来改善自身的营销。

（5）Web 数据挖掘。Web 数据挖掘是一项综合性技术，指 Web 从文档结构和使用的集合 C 中发现隐含的模式 P，如果将 C 看作是输入，P 看作是输出，那么 Web 挖掘过程就可以看作是从输入到输出的一个映射过程。当前越来越多的 Web 数据都是以数据流的形式出现的，因此对 Web 数据流挖掘就具有很重要的意义。目前常用的 Web 数据挖掘算法有：PageRank 算法、HITS 算法以及 LOGSOM 算法。

（五）大数据可视化

大数据可视化就是利用计算机图形学、图像、人机交互等技术，将采集或模拟的数据映射为可识别的图形、图像，一般大数据分析工具多用各种图表来表示数据。

数据可视化随着平台的拓展、应用领域的增加，表现形式不断变换，从原始的统计图表到不断增加的诸如实时动态效果、地理信息、用户交互等。数据可视化的应用范围也在不断扩大。

常见的大数据可视化工具有以下几种。

1. Excel

作为一个入门级工具，Excel 内置的数据分析工具箱方便好用、功能齐全，自带的数据分析功能可以完成专业数据分析工作。它自带强大的函数库，可以创建多种统计图表，可以进行各种数据的处理、统计分析和辅助决策操作，已经广泛地应用于管理、统计、金融等领域。不足之处是它创建图表的颜色、线条和样式等，可选择范围有限。

2. 信息图表工具

信息图表是信息、数据、知识等的视觉化表达，它利用人脑对于图形信息相对于文字信息更容易理解的特点，更高效、直观、清晰地传递信息，在计算机科学、数学以及统计学领域有着广泛的应用。常用的信息图表工具有 D3、Google Chart API、Tableau 等软件。

3. 地图工具

地图工具在数据可视化中较为常见，它在展现数据基于空间或地理分布上有很强的表现力，可以直观地展现各分析指标的分布、区域等特征。当指标数据要表达的主题跟地域有关联时，就可以选择以地图作为大背景，从而帮助用户更加直观地了解整体的数据情况，同时也可以根据地理位置快速地定位到某一地区来查看详细数据。常见的地图工具有 Google Fusion Tables、Modest Maps 和 Leaflet 等。

4. 时间线工具

时间线是表现数据在时间维度的演变的有效方式，它通过互联网技术，依据时间顺序，把一方面或多方面的事件串联起来，形成相对完整的记录体系，再运用图文的形式呈现给用户。时间线可以运用于不同领域，最大的作用就是把过去的事物系统化、完整化、精确化。Timetoast 是在线创作基于时间轴事件记载服务的网站，提供个性化的时间线服务，可以用不同的时间线来记录用户某个方面的发展历程、进度过程等。

5. 高级工具

R 语言是一个自由、免费、源代码开放的软件，它是一个用于统计计算和统计制图的优秀工具，使用难度较高。R 语言的功能包括数据存储和处理系统、数组运算工具（具有强大的向量、矩阵运算功能）、完整连贯的统计分析工具、优秀的统计制图功能。它是一款简便而强大的编程语言，可操作数据的输入和输出，实现分支、循环以及用户自定义功能等，通常用于大数据集的统计与分析。

三、大数据的关键技术

进入 21 世纪，全球的数据量呈现出爆炸性的增长趋势，面对如此海量的数据，传统的数据计算和数据存储方式已经无法满足要求，2008 年 Apache 软件基金会的 Hadoop 迅速崛起，经过十几年的发展，其间形成了以 Hive、HBase、Zookeeper 等软件为核心的 Hadoop 生态系统，成为最流行的大数据问题解决方案。

（一）Hadoop

Hadoop 是以开源形式发布的一种对大规模数据进行分布式处理的技术，可以将海量数据分布式地存储在集群中，并用分布式程序来处理这些数据。Hadoop 在性能和成本方面都具有优势，而且通过横向扩展进行扩容也相对容易，从单台计算机扩展到成千上万台计算机，每台计算机上部署集群并提供本地计算和存储。

Hadoop 是一整套的技术框架，不是一个单一软件，它是一个生态系统。目前 Hadoop 的核心技术包括 Common、HDFS、MapReduce 以及 YARN 四大模块。共同构成了 Hadoop 的基础架构。

1. Common

Common 是 Hadoop 的基础模块，主要为生态系统中其他的软件提供包括文件系统、

RPC（远程过程调用）等功能在内的支持，为云平台提供基本服务。

2. HDFS

HDFS 是一个分布式文件系统，是 Hadoop 的存储核心，可对集群（计算机组群）节点间的存储和复制进行协调，HDFS 确保了无法避免的节点故障发生后数据依然可用，可将其用作数据来源，可用于存储中间态的处理结果，并可存储计算的最终结果。它可以被部署运行于大量的廉价服务器上，可以处理超大文件，它的设计是建立在"一次写入，多次读取"的思想之上。对于被上传到 HDFS 上的数据，系统会对其进行分块并进行保存，分块概念的存在是 HDFS 可以存储大量文件的重要原因。

3. MapReduce

MapReduce 是一个并行计算框架，是 Hadoop 的计算核心，主要完成计算任务。它通过将数据分割，并行处理等底层问题进行封装，使得用户只需要考虑自身所关注的并行计算任务的实现逻辑，从而极大地简化了分布式程序的设计，在整个计算过程中，数据始终以键值对的形式存在。它的核心是 Map 函数与 Reduce 函数。对于输入数据，首先进行数据分片，然后交给 Map 函数进行处理，处理之后的结果进行合并，合并之后的结果交由 Reduce 函数处理，最终将结果输出到 HDFS 上。

4. YARN

YARN 提供资源调度和管理服务，它负责为上层的计算框架 MapReduce 提供资源的调度和管理服务。因为计算框架 MapReduce 在做计算时需要 CPU、内存等资源，这是需要 YARN 帮忙调度。它是在整个集群进行调度，而集群可能有几千台计算机，这几千台计算机资源就由 YARN 这个框架进行统一调度的。

5. 有关组件

随着 Hadoop 的快速发展，很多组件也被相继开发出来，这些组件各有特点，共同服务于 Hadoop 工程，并且与 Hadoop 一起构成了 Hadoop 生态系统，如图 8-4 所示。这些组件有 Hive、Pig、Mahout、HBase、Zookeeper、Flume 和 Sqoop 等。

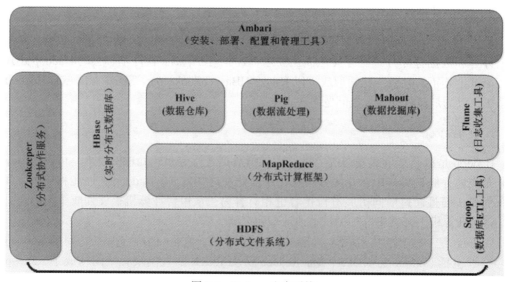

图 8-4　Hadoop 生态系统

（1）Hive：该组件是数据仓库。数据仓库跟数据库是不一样的，数据库只能保存某一时刻的状态数据，比如一个商品库存的数据库，原来有十件，卖出去一件，那个十就会被抹掉，这个库存就变成九，也就是说它不能记录其历史状态信息；但是数据仓库一般以天为单位或以周为单位，然后每天保存一次它的镜像，其可以保存在每天某个固定时刻的库存数据，也就是说数据仓库是一个时间维度上的连续数据，比如说第一天的库存状态信息，第二天的库存状态信息，而数据库只能保存某一个时刻的状态。数据仓库是可以反映时间维度信息的数据，这样可以帮用户做一些决策分析，比如数据仓库里的 OLAP 分析（利用数据仓库里的数据进行多维数据分析），它可以帮助分析商品销量走势，分析商品销量变化原因。

（2）Pig：该组件也是一个进行数据处理的框架，它可以帮用户把数据进行集成、转换、加载，也就是说用户在把数据保存之前必须将数据进行清洗、转换，这个过程就需要使用 Pig。它可以快速完成数据清洗转换工作，然后将其保存到数据仓库当中去进行分析。

（3）Mahout：该组件是一个数据挖掘库，它可以实现常用数据挖掘算法，如分类、聚类、回归分析等。该组件是针对 MapReduce 的，但从 2015 年开始，Spark 逐渐取代了 MapReduce，MapReduce 不再更新，而是全面转向 Spark，也就是说现在的 Mahout 使用的算法库都是用 Spark 写的，而不是使用 MapReduce。

（4）HBase：因为很多数据还是需要数据库的，因此存在基于 Hadoop 的分布式数据库。HBase 的底层数据仍是借用分布式文件存储系统进行保存的。

（5）Zookeeper：分布式协作服务。

（6）Flume：日志采集分析，是一个分布式的采集系统。

（7）Sqoop：完成 Hadoop 系统组件之间的互通。

（二）Spark

1. Spark 特点

Spark 诞生于 2009 年，在 2015 年迅速崛起。Spark 是一个基于内存计算的开源的分布式集群并行计算系统，使用的语言是 Scala，运行在 JVM 上，核心部分的代码只有 63 个 Scala 文件，非常短小精悍。

Spark 是继 Hadoop 之后的新一代大数据分布式处理框架。

Spark 可以进行大规模数据处理。例如电子商务平台用户的操作行为记录，放进 Spark 系统，然后对数据进行多维度的分析，发现潜在客户，个性化推荐商品，还可以进行流数据处理、图计算、社交网络、机器学习、协同过滤等。

Spark 是一种包含流处理能力的下一代批处理框架。与 Hadoop 的 MapReduce 引擎基于相同原则开发而来的 Spark 主要侧重于通过完善的内存计算和处理优化机制加快批处理工作负载的运行速度。Spark 可作为独立集群部署（需要相应存储层的配合），或可与 Hadoop 集成并取代 MapReduce 引擎。

2. Spark 生态系统架构

Spark 生态系统架构如图 8-5 所示。

- SparkSQL：处理关系型数据库。
- Spark Streaming：处理流技术需求，进行流计算。
- MLlib：封装了一些常见的机器学习算法库（采用 Spark 编号，提供整套现成接口）。
- GraphX：满足图计算需求，编写图计算应用程序，因此 Spark 是一种可以满足多种企业需求的技能框架。

图 8-5　Spark 生态系统架构

3. Spark 与 Hadoop 的区别

Hadoop 的 MapReduce 存在缺陷，MapReduce 分为 Map 计算和 Reduce 计算两步，非常简单，但表达能力有限。其次是因为 Map 和 Reduce 之间的交互都是通过磁盘来完成的，因此磁盘开销非常大。另外其延迟比较高，只有等所有的 Map 任务完成以后，Reduce 任务才能开启运行，因此存在一个任务等待衔接的开销，也会严重影响其性能。

Spark 替代的是 Hadoop 中的 MapReduce，是一个计算框架，不能进行存储，必须结合 Hadoop 的其他组件工作。Spark 继承了 MapReduce 的一些核心设计思想，对其进行改进，提供了更多比较灵活的数据操作类型，编程模型更灵活，表达能力也更强大。另外 Spark 提供了内存计算，可以高效地利用内存。最后 Spark 是基于 DAG（有向无环图）的任务调度执行机制，它可以进行相关优化，完成数据的高效处理。

（三）Flink

Flink 是一种可以进行批处理任务的流处理框架。

1. Flink 特点

Flink 与 Spark 功能相似，是一个计算框架。配合 Hadoop 堆栈使用，Flink 可以很好地融入整个环境，在任何时候都只占用必要的资源。Flink 可轻松地与 YARN、HDFS 和 Kafka（流处理平台）集成。

虽然 Spark 也可以执行批处理和流处理，但 Spark 的流处理采取的微批架构使其无法完全适用。Flink 流处理为先的方法可提供低延迟、高吞吐率，近乎逐项处理的能力。Flink 的很多组件是自行管理的，并且该技术也可以自行处理数据分区和自动缓存等操作。在用户工具方面，Flink 提供了基于 Web 的调度视图，借此可轻松管理任务并查看系统状态，了解任务最终是如何在集群中实现的。

2. Flink 系统框架

（1）部署模式

Flink 能部署在云上或者局域网中，能在独立集群或者在被 YARN 或 Mesos（一种分布式资源管理框架）管理的集群上运行。

（2）运行期

Flink 的核心是分布式流式数据引擎，意味着数据以一次一个事件的形式被处理，这跟批次处理有很大不同。这保证了 Flink 高弹性和高性能的特性。

（3）API

Flink 的数据流 API、数据集 API 适合于那些实现在数据流上转换的程序（例如：过滤、更新状态、定义视窗、聚合）；表 API 适合于关系流和批处理；流式 SQL 允许在流和多表上执行 SQL 查询。

（4）代码库

Flink 还包括用于复杂事件处理、机器学习、图形处理和 Apache Storm 兼容性的专用代码库。

四、大数据的应用

随着大数据技术飞速发展，大数据应用已经融入各行各业。大数据技术无所不在，是推动社会生产和生活的核心要素。

（一）政务大数据

越来越多的国家和国际组织都认识到了大数据的重要作用，并制定相应的战略发展方针。2014 年 3 月 8 日，"大数据"首次写入我国政府工作报告；美国宣布将投入巨资拉动与大数据相关产业的发展，将大数据视为"未来的新石油"，是美国综合国力的一部分。

大数据已作为政府管理的策略和手段，政府通过将辖区的所有企业全部入库，进行行业分类、规模分区、区域分布、智能检索、数据分析、动态监测跟踪，优化政府决策。

通过大数据平台精确收集所需数据，协同管理分析，然后通过统筹推进智慧城管、智慧旅游、智慧交通、智慧环保、物联网应用示范等智慧城市项目建设，加快公共服务领域的信息开放与共享，降低城市管理成本，提升城市居民生活质量的目标。

政府利用大数据技术构建强大的国家安全保障体系，公共安全领域的大数据分析应用，反恐维稳与各类案件分析的信息化手段，借助大数据打击犯罪。

（二）制造业大数据

企业可以通过软件不停地记录着微小的制造数据，如生产设备的运行数据等。当软件监测到设备的速度、温度、湿度或其他变量脱离规定数值，它就会自动调节。企业也可以通过大数据软件采集所需信息进行分析和计算，解决制造工作的瓶颈问题，提高安装配件的速度和效率，减少制造成本，提升企业利润。

企业还可以根据销售大数据，安排产品生产速度和数量，减少供货时间，提升送货速度。这对经销商来说，能以更快的速度拿到货物，减少仓储。对生产商来说，积攒的材料仓储也能减少很多，降低了运营成本。

（三）医疗大数据

随着医疗卫生信息化建设进程的不断加快，医疗数据的类型和规模也在迅猛增长。大数据处理在医疗行业的应用包含诸多方向，如临床操作中远程病人监控、对病人档案的先进分析；定价环节的自动化系统；研发阶段的预测建模、改善临床试验设计、临床实验数据分析、个性化治疗、疾病模式分析；新商业模式中汇总患者临床记录和医疗保险数据集等。

（四）能源大数据

准确预测太阳能和风能需要分析大量数据，包括风速、云层等气象数据。例如风轮机制造企业通过在超级计算机上部署大数据解决方案，得以通过分析包括 PB 量级气象报告、潮汐相位、地理空间、卫星图像等结构化及非结构化的海量数据，优化风力涡轮机布局，有效提高风力涡轮机的性能，快速为客户提供精确和优化的风力涡轮机配置方案。

（五）金融大数据

金融大数据是指依托海量、非结构化的数据，通过互联网、云计算等信息化方式，对数据进行专业化的挖掘和分析，并与传统金融服务相结合，开展相关资金融通工作。

通过金融大数据，银行与客户的交流渠道进行了整合。例如某个客户在网上查询了有关房贷利率的信息，发现顾客对此感兴趣，销售部门就会发送推介信息给客户，银行网点业务人员也会详细介绍房贷产品，通过多渠道与顾客交互接触，令顾客体验了银行精准、体贴的服务，增加营业收入，降低成本。

（六）教育大数据

面向教育全过程的多种类型的全样本的数据集合。教育大数据不仅仅是建设教育大数据中心，也不仅仅是分析全过程学习数据，更多的是一种共享的生态思想，是面向教育全过程的数据，有更强的实时性、连续性、综合性和自然性，并使用不同的应用程序用于教务管理、教学创新、学生画像、学生舆情监控等。

五、大数据的未来与挑战

在信息化的今天，人类社会的方方面面、每时每刻都产生大量的数据。如果没有大数据处理技术，很多行业都不会发展到今天这样的高度。因此，大数据技术未来的发展将会影响到各行各业的发展。

（一）前景预测

未来，大数据市场依旧保持稳定增长，一方面是政策的支持，另一方面得益于人工智能、5G、区块链、边缘计算的发展，未来多方技术融合必将成为趋势，随之带来的是数据增长呈井喷态势。中国经过几年的探索和尝试，基础设施建设已经初步形成，数据的重要性和价值也逐渐获得共识，数据治理、数据即服务、数据安全将受到广泛关注；同时，各行各业也在积极探索新的应用场景，未来会看到更多大数据与业务场景相结合的应用落地。

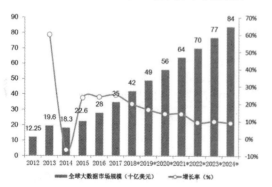

图 8-6　2012—2024 年全球大数据市场规模

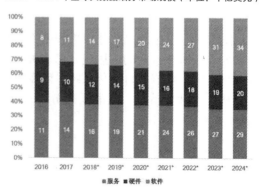

图 8-7　2016—2024 年全球大数据细分市场规模

根据研究数据，全球大数据市场规模将从 2018 年的 420 亿美元增长至 2024 年的 840 亿美元，如图 8-6 所示。从细分市场来看，大数据软件市场份额占比将呈逐渐上升趋势。2018 年，大数据软件市场份额占比为 33.3%，到 2024 年，大数据软件市场份额占比将上升至41.0%；大数据硬件市场比重则呈下降趋势，2018 年大数据硬件市场规模约为 120 亿美元，占比为 28.6%，到 2024 年硬件所占比重预计将下降至 24.1%，如图 8-7 所示。

（二）大数据治理体系的发展

随着大数据作为战略资源的地位日益凸显，人们越来越强烈地意识到制约大数据发展最大的短板就是：数据治理体系远未形成。主要体现在：数据资产地位的确立尚未达成共识，数据的确权、流通和管控面临多重挑战；数据壁垒广泛存在，阻碍了数据的共享和开放；法律法规发展滞后，导致大数据应用存在安全与隐私风险等。如此种种因素，制约了数据资源中所蕴含价值的挖掘与转化。

其中，隐私、安全与共享利用之间的矛盾问题尤为凸显。一方面，数据共享开放的需求十分迫切，只有通过共享开放和数据跨域流通才能建立信息完整的数据集；另一方面，数据的无序流通与共享，又可能导致隐私保护和数据安全方面的重大风险，必须对其加以规范和限制。2016 年 11 月 7 日，全国人大常委会通过的《中华人民共和国网络安全法》中明确了对个人信息收集、使用及保护的要求，规定了个人对其个人信息进行更正或删除的权利。2019 年，中央网信办发布了《数据安全管理办法（征求意见稿）》，向社会公开征求意见，明确了个人信息和重要数据的收集、处理、使用和安全监督管理的相关标准和规范。相信这些法律法规将在促进数据的合规使用、保障个人隐私和数据安全等方面发挥不可或缺的重要作用。

（三）大数据理论与技术创新

近年来，数据规模呈几何级数高速增长，需要处理的数据量已经大大超过处理能力的上限，从而导致大量数据因无法或来不及处理，而处于未被利用、价值不明的状态，这些数据被称为"暗数据"。

据相关研究报告估计，大多数企业仅对其所有数据的 1% 进行了分析应用。近年来，大数据获取、存储、管理、处理、分析等相关的技术已有显著进展，但是大数据技术体系尚不完善，大数据基础理论的研究仍处于萌芽期。

在此背景下，大数据现象倒逼技术变革，将使得信息技术体系进行一次重构，这也带来了颠覆式发展的机遇。例如，计算机体系结构以数据为中心的宏观走向和存算一体的微观走向、云边端融合的新型计算模式；海量数据的快速传输和汇聚带来的网络 Pb/s 级带宽需求、千亿级设备联网带来的 Gb/s 级高密度泛在移动接入需求；大数据的时空复杂度亟需在表示、组织、处理和分析等方面的基础性原理性突破；软硬件开源开放趋势导致产业发展生态的重构，等等。

当然，大数据的应用、数据治理体系的建设、大数据理论与技术的创新，都离不开专业人才的支持。各方面的人才需求都在增加，相关人才也意味着有更多的发展机遇。

案例实现

交通实况信息需要基于大数据处理平台多方面实时获取数据：

（1）通过公开的数据库导入。发展至今数据库技术已经相当完善，当大数据出现的时候，行业就在考虑能否把数据库数据处理的方法应用到大数据中，于是 Hive、Spark 等大数据产品就这样诞生。

（2）日志系统将系统运行的每一个状况信息都使用文字或日志的方式记录下来，可以通过日志导入关键指标和信息。

（3）利用网络爬虫可以获得有价值数据。网络爬虫是一种按照一定的规则，自动地抓取万维网信息的程序或者脚本，它们被广泛用于互联网搜索引擎或其他类似网站，可以自动采集所有能够访问到的页面内容，以获取或更新这些网站的内容和检索方式。

（4）利用一些数据交易平台和网络指数获取信息。提供路况服务的公司主要有三家：世纪高通、北大千方、九州联宇，为百度地图和高德地图等这些路况数据的应用商提供数据。

大数据平台通过获得的数据进行计算分析，例如车速信息，用户车速快，说明道路通行无阻；用户车速慢，说明道路拥堵。然后在导航软件的界面上实时显示出来，用户就可以看到：拥堵的路段为红色，顺畅的路段为绿色。

练习与提高

"绿水青山，就是金山银山"，目前我国非常重视环境保护，一些企业在进行项目申请的时候要求配套环保设施，实时监测生产场所的各项环境参数。结合大数据和物联网的相关概念，分析一下实现环保监测的技术原理和关键技术。

单元 8.2 大数据应用实例分析

◇ 导入案例 ◇

利用 Hadoop 集群构建数据仓库

某国内重工企业在非洲从事挖掘机租用业务，按照租用时间收费。因为被租用的设备很分散，不好管理，所以设计了一个远程监控系统，实时监测各台设备的使用和运行情况。但是，随着该公司的业务极速增长，实时监控数据呈几何级增长，原先的监控管理系统已远远不能满足需求，亟需新的技术解决方案。

技术分析

社会的高速发展，数据呈现几何级的增长，对实时响应的要求达到毫秒级，甚至更快。传统的数据仓库处理延时长，无法实时监控运营状况；数据源不断增多，数据类型和数据量不断增加，访问和数据同步变得更为复杂；上层业务和使用部门增多，资源管理和安全控制变得非常难。而 Hadoop 集群因为其本身分布式存储和计算引擎等固有的特点，基于 Hadoop 集群构建数据仓库能够满足实时监控系统的要求。

知识与技能

一、基于 Hadoop 的数据仓库概述

（一）数据仓库的定义

数据仓库（Data Warehouse）是一个面向主题的（Subject Oriented）、集成的（Integrated）、相对稳定的（Non-Volatile）、反映历史变化的（Time Variant）数据集合，用于支持管理决策（Decision Making Support）。

数据仓库研究和解决从数据库中获取信息的问题，主要功能是将获取的大量资料，透过数据仓库理论所特有的资料储存架构，做系统地分析整理，方便进行分析，如联机分析处理、数据挖掘等，进而支持决策系统、主管资讯系统，帮助决策者能快速有效地在大量资料中，分析出有价值的资讯，以利于决策拟定及快速回应外在环境变动，帮助建构商业智能（BI）。

（二）数据仓库的特征

数据仓库的体系结构如图 8-8 所示。为了更好地为前端应用服务，数据仓库往往有如下几个特点。

1. 效率足够高

数据仓库的分析数据一般分为日、周、月、季、年等，其中，日为周期的数据要求的效率最高，要求 24 小时甚至 12 小时内，用户能看到昨天的数据分析。

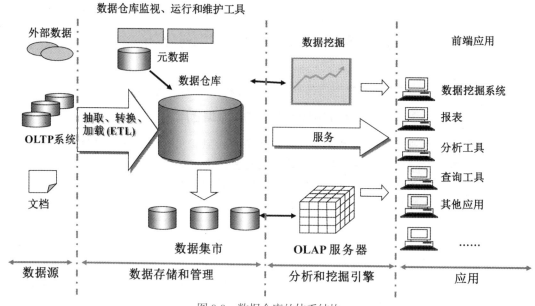

图 8-8　数据仓库的体系结构

2. 数据质量高

数据仓库所提供的各种信息，肯定要准确的数据，但由于数据仓库流程通常分为多个步骤，包括数据清洗、装载、查询、展现等，复杂的架构会更多层次，那么必须避免由于数据源有"脏"数据或者代码不严谨，导致数据失真。

3. 可扩展性

有的大型数据仓库系统架构设计复杂，就是考虑了未来 3 ～ 5 年的扩展性，这样未来不用再花钱去重建数据仓库系统，就能很稳定运行。

4. 面向主题

操作型数据库的数据组织面向事务处理任务，各个业务系统之间各自分离，而数据仓库中的数据是按照一定的主题域进行组织的。主题是一个抽象概念，是在较高层次上将企业信息系统中的数据综合、归类并进行分析利用的抽象。每一个主题对应一个宏观的分析领域。数据仓库排除对于决策无用的数据，提供特定主题的简明视图。

（三）Hive 简介

Hive 是建立在 Hadoop 上的数据仓库基础构架。Hive 支持大规模数据存储、分析，具有良好的可扩展性；依赖分布式文件系统 HDFS 存储数据；依赖分布式并行计算模型 MapReduce 处理数据。它提供了一系列的工具，可以用来进行数据抽取转换加载 (ETL)，这是一种可以存储、查询和分析存储在 Hadoop 中大规模数据的机制。

1. Hive 特点

Hive 具有的特点非常适用于数据仓库。

（1）采用批处理方式处理海量数据。Hive 需要把 HiveQL 语句转换成 MapReduce 任务进行运行，数据仓库存储的是静态数据，对静态数据的分析适合采用批处理方式，不需要快速响应给出结果，而且数据本身也不会频繁变化。

（2）提供适合数据仓库操作的工具。Hive 本身提供了一系列对数据进行抽取、转换、加载（ETL）的工具，可以存储、查询和分析存储在 Hadoop 中的大规模数据。这些工具能够很好地满足数据仓库各种应用场景。

2. Hive 与 Hadoop 生态系统中其他组件的关系

Hive 依赖于 HDFS 存储数据，依赖于 MapReduce 处理数据，在某些场景下 Pig 可以作为 Hive 的替代工具，HBase 提供数据的实时访问。

3. Hive HA 基本原理

数据仓库的数据质量、稳定性极为重要，错误的数据将导致错误的决策。而在实际应用中，Hive 也暴露出不稳定的问题，其解决方案是 Hive HA（Hive High Availability），即由多个 Hive 实例进行管理，这些 Hive 实例被纳入到一个资源池中，并由 HAProxy 提供一个统一的对外接口，对于程序开发人员来说，可以把它认为是一台超强"Hive"。Hive HA 基本原理如图 8-9 所示。

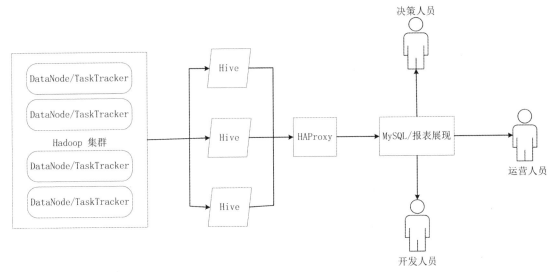

图 8-9　Hive HA 基本原理

二、基于 Hadoop 的数据仓库应用实例

（一）Hive 的安装与配置

1. Hive 的安装

（1）配置 Hadoop 运行环境，启动 Hadoop。

（2）下载安装包 apache-hive-1.2.1-bin.tar.gz。

（3）解压安装包 apache-hive-1.2.1-bin.tar.gz 至路径 /usr/local。

（4）配置系统环境，将 hive 目录下的 bin 目录添加到系统的 path 中。

2. Hive 的配置

Hive 官网上介绍了 Hive 的 3 种安装方式，分别对应不同的应用场景。

（1）内嵌模式（元数据保存在内嵌数据库 derby 中，允许一个会话链接，尝试多个会话链接时会报错）。特点是：hive 服务和 metastore 服务（元数据服务，元数据即用 Hive 创建的数据库、表的字段等信息）的运行在同一个进程中，derby（内嵌数据库）服务也运行在该进程中。该模式无需特殊配置。

（2）本地模式（本地安装 mysql 替代 derby 存储元数据）。特点是：hive 服务和 metastore 服务运行在同一个进程中，mysql 是单独的进程，可以在同一台机器上，也可以在远程机器上。该模式只需将 hive-site.xml 中的 ConnectionURL 指向 mysql，并配置好驱动名、数据库连接账号即可。

这种方式是一个多用户的模式，运行多个用户 client 连接到一个数据库中。

（3）远程模式（远程安装 mysql 替代 derby 存储元数据）。特点是：hive 服务和 metastore 服务在不同的进程内，可能是不同的机器。该模式需要将 hive.metastore.local 设置为 false，并将 hive.metastore.uris 设置为 metastore 服务器 URI，如有多个 metastore 服务器，URI 之间用逗号分隔。metastore 服务器 URI 的格式为 thrift://hostort。

（二）Hive 的基本操作

1. create: 创建数据库、表、视图

（1）创建数据库

创建数据库 hive：

```
hive>create database hive;
```

注：创建数据库 hive，因为 hive 已经存在，所以会抛出异常，加上 if not exists 关键字，则不会抛出异常：

```
hive>create database if not exists hive;
```

（2）创建表

① 在 hive 数据库中，创建表 usr，含三个属性 id、name 和 age：

```
hive>use hive;
hive>create table if not exists usr(id bigint,name string,age int);
```

② 在 hive 数据库中，创建表 usr，含三个属性 id、name 和 age，存储路径为 /usr/local/hive/warehouse/hive/usr：

```
hive>create table if not exists hive.usr(id bigint,name string,age int)
>location '/usr/local/hive/warehouse/hive/usr';
```

（3）创建视图

创建视图 little_usr，只包含 usr 表中 id 和 age 属性：

```
hive>create view little_usr as select id,age from usr;
```

2. show: 查看数据库、表、视图

（1）查看数据库

① 查看 Hive 中包含的所有数据库：

```
hive>show databases;
```

② 查看 Hive 中以 h 开头的所有数据库：

```
hive>show databases like 'h.*';
```

（2）查看表和视图

① 查看数据库 hive 中所有表和视图：

```
hive>use hive;
hive>show tables;
```

② 查看数据库 hive 中以 u 开头的所有表和视图：

```
hive>show tables in hive like 'u.*';
```

3. load：向表中装载数据

（1）把目录"/usr/local/data"下的数据文件中的数据装载进 usr 表并覆盖原有数据：

```
hive>load data local inpath '/usr/local/data' overwrite into table usr;
```

（2）把目录"/usr/local/data"下的数据文件中的数据装载进 usr 表并不覆盖原有数据：

```
hive>load data local inpath '/usr/local/data' into table usr;
```

（3）把分布式文件系统目录"hdfs://master_server/usr/local/data"下的数据文件中的数据装载进 usr 表并覆盖原有数据：

```
hive>load data inpath 'hdfs://master_server/usr/local/data'
>overwrite into table usr;
```

4. insert：向表中插入数据或从表中导出数据

（1）向表 usr1 中插入来自 usr 表的数据并覆盖原有数据：

```
hive>insert overwrite table usr1
>select * from usr where age=10;
```

（2）向表 usr1 中插入来自 usr 表的数据并追加在原有数据后：

```
hive>insert into table usr1
>select * from usr
>where age=10;
```

（三）Hive 应用实例：WordCount（单词统计）

1. 词频统计任务要求

创建 2 个需要分析的输入数据文件，编写 HiveQL 语句实现 WordCount 算法。

```
文件 1：file1.txt，文件内容：hello world
文件 2：file2.txt，文件内容：hello hadoop
```

2. 具体步骤

（1）创建 input 目录，其中 input 为输入目录。命令如下：

```
$ cd /usr/local/hadoop
$ mkdir input
```

（2）在 input 文件夹中创建两个测试文件 file1.txt 和 file2.txt，命令如下：

```
$ cd /usr/local/hadoop/input
$ echo "hello world">file1.txt
$ echo "hello hadoop">file2.txt
```

（3）进入命令行界面，编写 HiveQL 语句实现 WordCount 算法，命令如下：

```
$ hive
hive>create table docs(line string);
hive>load data inpath 'input' overwrite into table docs;
hive>create table word_count as
select word, count(1) as count from
(select explode(split(line,' '))as word from docs) w group by word
order by word;
```

执行完成后，用 select 语句查看运行结果如图 8-10 所示。

```
OK
Time taken: 2.662 seconds
hive> select * from word_count;
OK
hadoop  1
hello   2
world   1
Time taken: 0.043 seconds, Fetched: 3 row(s)
```

图 8-10　运行结果

案例实现

Hadoop 生态系统在生产环境中应用拓扑图如图 8-11 所示，通过 Hadoop 分布式集群系统解决了企业海量数据的存储，通过 MapReduce 实现离线计算，通过 Spark 数据流计算引擎，完成数据和信息实时计算和处理。

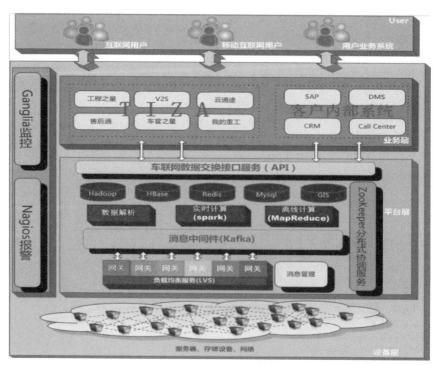

图 8-11　Hadoop 生态系统在生产环境中应用拓扑图

练习与提高

分析基于 Hadoop 架构的大数据可视化——互联网领域行为分析（图 8-12）的技术原理与关键。

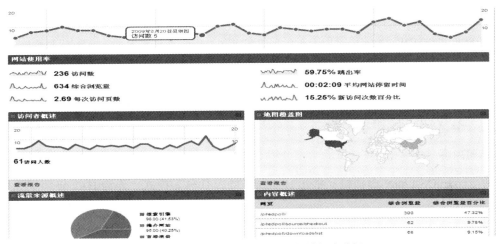

图 8-12　Hadoop 应用于互联网领域行为分析

技术体验八　基于 CentOS Hadoop 单机 / 伪分布式安装

一、体验目的

1. 了解 Hadoop 的环境搭建；
2. 掌握安装 JDK 的方法；
3. 掌握配置 SSH 免密登录的方法；
4. 掌握 Hadoop 的安装方法；
5. 掌握 HDFS 的配置方法；
6. 掌握 YARN 集群配置方法。

二、体验内容

基于 CentOS Linux 虚拟机，搭建 Hadoop 单机 / 伪分布模式，作为 Hadoop 生态系统的学习和开发环境。

三、体验环境

Windows 10、VMware Workstation、CentOS（Linux 虚拟机）；
JDK 安装包：jdk-8u221-linux-x64.tar.gz；
Hadoop 安装包：hadoop-2.7.7.tar.gz。

四、体验步骤

Hadoop 环境搭建分为三种形式：单机模式、伪分布模式、完全分布模式。

单机模式：在一台单机上运行，没有分布式文件系统，直接读写本地操作系统的文件系统。

伪分布模式：在一台单机上运行，但不同的是 Java 进程模仿分布式运行中的各类节点。即一台机器上，既当 NameNode，又当 DataNode，或者说既是 JobTracker 又是 TaskTracker。没有所谓的在多台机器上进行真正的分布式计算，故称为"伪分布式"。单机和伪分布模式一般作为 Hadoop 生态系统的开发和测试环境。

完全分布模式：是 Hadoop 生态系统实际应用的真正的分布式系统模式，由 3 个及以上的实体机或者虚拟机组成的机群。一个 Hadoop 集群环境中，NameNode，SecondaryName 和 DataNode 是需要分配在不同的节点上，也就至少需要三台服务器。

（一）安装 JDK

1. 准备软件。

JDK 的安装包已经准备好，在 /root/software 目录下，使用如下命令进行查看：

```
cd /root/software/
```

2. 解压压缩包，使用命令：

```
tar -zxvf jdk-8u221-linux-x64.tar.gz
```

3. 配置系统环境变量, 使用命令:

```
vim /etc/profile
```

4. 增加 Java 安装目录。

(1) 在最后加入以下两行内容:

```
export JAVA_HOME=/root/software/jdk1.8.0_221  # 配置 Java 的安装目录 export
PATH=$PATH:$JAVA_HOME/bin  # 在原 PATH 的基础上加入 JDK 的 bin 目录
```

(2) 操作时注意以下两个方面:

① 一定要注意 PATH 值的修改, 一定要引用原 PATH 值, 否则 Linux 的很多操作命令就不能使用了。

② export 是把这两个变量导出为全局变量, 大小写必须严格区分。

5. 让配置文件立即生效, 使用命令:

```
source/etc/profile
```

6. 检测 JDK 是否安装成功, 使用命令查看 JDK 版本:

```
java -version
```

执行此命令后, 若是出现 JDK 版本信息说明配置成功, 如图 8-13 所示。

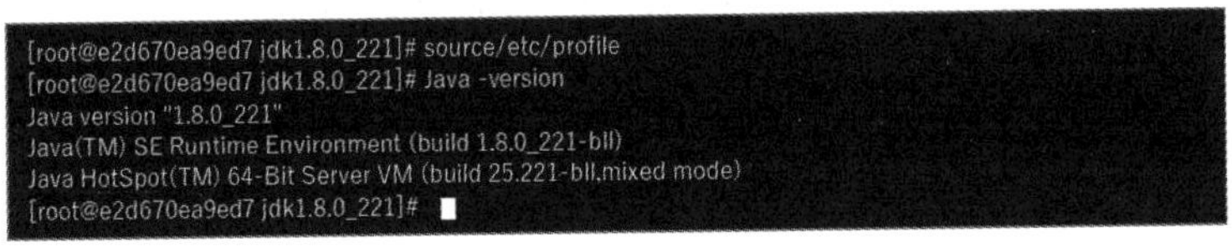

图 8-13　执行结果

(二) 免密登录, 配置 SSH 免密登录

1. 下载 SSH 服务并启动。

SSH 服务 (openssh-server 和 openssh-clients) 已经下载好, 执行如下命令启动即可:

```
/usr/sbin/sshd
```

SSH 服务启动成功后, 默认开启 22 (SSH 的默认端口) 端口号, 执行如下命令查看:

```
netstat-tnulp
```

执行命令, 可以看到 22 号端口已经开启, 如图 8-14 所示, 说明 SSH 服务启动成功。

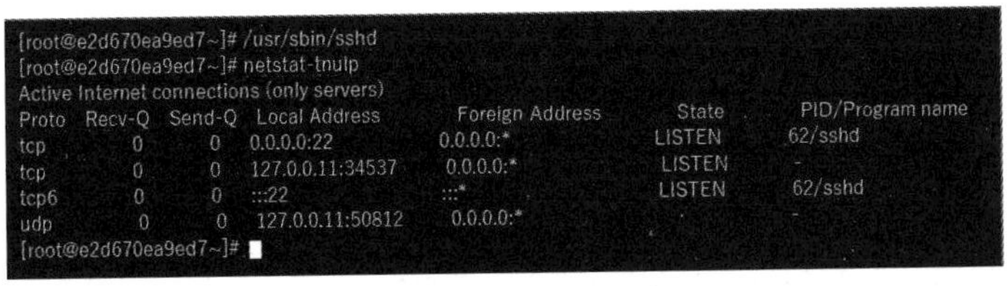

图 8-14　查看端口号

只要将 SSH 服务启动成功, 就可以进行远程连接访问了。

2. 首先生成密钥对, 使用命令:

```
ssh-keygen    ## 或者 ssh-keygen -t rsa
```

上面一种是简写形式，提示要输入信息时不需要输入任何东西，直接回车三次即可。

从输出信息可以看出，私钥 id_rsa 和公钥 id_rsa.pub 都已创建成功，并放在 /root/.ssh（隐藏文件夹以"."开头）目录中，如图 8-15 所示。

图 8-15　查看 /root/.ssh 文件夹内容

3. 将公钥放置到授权列表文件 authorized_keys 中，使用命令：

```
cp id_rsa.pub authorized_keys
```

注：一定要授权列表文件 authorized_keys，不能改名。

4. 修改授权列表文件 authorized_keys 的权限，使用命令：

```
chmod 600 authorized_keys
```

设置拥有者可读可写，其他人无任何权限（不可读、不可写、不可执行）。

5. 验证免密登录是否配置成功，使用命令：

```
ssh localhost   ## localhost 意为"本地主机"，指"这台计算机"
ssh e2d670ea9ad7  ## 或者 ssh 10.141.0.42
```

注：
- e2d670ea9ad7：本机主机名，使用 hostname 命令查看自己的主机名。
- 10.141.0.42：本机 IP 地址，使用 ifconfig 命令查看自己主机 IP。

6. 远程登录成功后，若想退出，可以使用 exit 命令。

（三）安装 Hadoop

1. 进入 /opt/ 目录，解压 Hadoop, 使用命令：

```
cd /opt/
tar -zxvf hadoop-2.7.7.tar.gz -C /usr/hadoop
```

2. 配置 Hadoop 系统变量。

（1）首先打开 /etc/profile 文件（系统环境变量，对所有用户有效），使用命令：

```
vim /etc/profile
```

（2）在文件底部添加如下内容：

```
export HADOOP_HOME=/usr/hadoop/hadoop-2.7.7    # 配置 Hadoop 的安装目录
export PATH=$PATH:$HADOOP_HOME/bin:$HADOOP_HOME/sbin
# 在原 PATH 的基础上加入 Hadoop 的 bin 和 sbin 目录
source /etc/profile          # 生效环境变量
```

（四）配置 HDFS

1. 配置环境变量 hadoop-env.sh。

打开 hadoop-env.sh 文件，使用命令：

```
vim /root/software/hadoop-2.7.7/etc/hadoop/hadoop-env.sh
```

找到 JAVA_HOME 参数位置，修改为本机安装的 JDK 的实际位置，如图 8-16 所示：

```
23
24  # The java implementation to use.
25  export JAVA_HOME=/root/software/jdk1.8.0_221
26
```

图 8-16　修改 JDK 位置

在命令模式下输入：

```
set nu        # 可以为 vi 设置行号
```

2. 配置核心组件 core-site.xml。

该文件是 Hadoop 的核心配置文件，其目的是配置 HDFS 地址、端口号，以及临时文件目录。使用如下命令打开 core-site.xml 文件：

```
vim /root/software/hadoop-2.7.7/etc/hadoop/core-site.xml
```

将下面的配置内容添加到 <configuration></configuration> 中间：

```
<!-- HDFS 集群中 NameNode 的 URI（包括协议、主机名称、端口号），默认为
file:/// -->< property ><name>fs.defaultFS</name><!-- 用于指定 NameNode 的地址
--><value>hdfs://localhost:9000</value></property><!--Hadoop 运行时产生文件的临时
存储目录 --><property><name>hadoop.tmp.dir</name><value>/root/hadoopData/temp</
value> </property>
```

3. 配置文件系统 hdfs-site.xml。

该文件主要用于配置 HDFS 相关的属性，例如复制因子（即数据块的副本数）、NameNode 和 DataNode 用于存储数据的目录等。在完全分布模式下，默认数据块副本是 3 份。使用如下命令打开 "hdfs-site.xml" 文件：

```
vim /root/software/hadoop-2.7.7/etc/hadoop/hdfs-site.xml
```

将下面的配置内容添加到 <configuration></configuration> 中间：

```
<!-- NameNode 在本地文件系统中持久存储命名空间和事务日志的路径 --><property>
<name>dfs.namenode.name.dir</name><value>/root/hadoopData/name</value>
</property><!-- DataNode 在本地文件系统中存放块的路径 -><property><name>dfs.
datanode.data.dir </name><value>/root/hadoopData/data</value></property><!-- 数
据块副本的数量，默认为 3--><property><name>dfs.replication</name><value>1</value>
</property>
```

4. 配置 slaves 文件（无需修改）。

该文件用于记录 Hadoop 集群所有从节点（HDFS 的 DataNode 和 YARN 的 NodeManager 所在主机）的主机名，用来配合一键启动脚本启动集群从节点（并且还需要保证关联节点配置了 SSH 免密登录）。

打开该配置文件：

```
vim /root/software/hadoop-2.7.7/etc/hadoop/slaves
```

可以看到其默认内容为 localhost，因为此时搭建的是伪分布式集群，就只有一台主机，所以从节点也需要放在此主机上，所以此配置文件无需修改。

5. 格式化文件系统。

```
hdfs namenode -format
```

6. 脚本一键启动 HDFS。

启动集群最常使用的方式是使用脚本一键启动，前提是需要配置 slaves 文件和 SSH 免密登录。在本机上使用如下命令一键启动 HDFS 集群：

```
start-dfs.sh
```

在本机上执行 jps 命令，在输出结果中会看到 4 个进程，分别是 NameNode、SecondaryNameNode、Jps、和 DataNode，如果出现了这 4 个进程表示 HDFS 启动成功。

（五）配置 YARN

配置 YARN，分为以下四个步骤：
- 配置环境变量 yarn-env.sh，补全 JAVA_HOME 对应参数；
- 配置计算框架 mapred-site.xml，指定使用 YARN 运行 MapReduce 程序为 yarn。
- 配置 YARN 系统 yarn-site.xml，指定获取数据的方式为 mapreduce_shuffle。
- 启动 YARN 集群，查看进程。

Yarn 主要配置文件说明如表 8-1 所示。

表 8-1　Yarn 主要配置文件说明

配置文件	功　能　描　述
hadoop-env.sh	配置 Hadoop 运行所需的环境变量
yarn-env.sh	配置 YARN 运行所需的环境变量
core-site.xml	Hadoop 核心全局配置文件，可在其他配置文件中引用该文件
hdfs-site.xml	HDFS 配置文件，继承 core-site.xml 配置文件
mapred-site.xml	MapReduce 配置文件，继承 core-site.xml 配置文件
yarn-site.xml	YARN 配置文件，继承 core-site.xml 配置文件
slaves	Hadoop 集群所有从节点（DataNode 和 NodeManager）列表

1. 配置环境变量 yarn-env.sh。

该文件是 YARN 框架运行环境的配置，同样需要修改 JDK 所在位置。

使用如下命令打开 yarn-env.sh 文件：

```
vim /usr/hadoop/hadoop-2.7.7/etc/hadoop/yarn-env.sh
```

找到 JAVA_HOME 参数位置，将前面的 # 去掉，将其值修改为本机安装的 JDK 的实际位置，如图 8-17 所示。

```
21
22  # some Java parameters
23  export JAVA_HOME=/root/software/jdk1.8.0_221
```

图 8-17　修改 JDK 的位置

在命令模式下输入：

```
set nu  # 可以为 vi 设置行号
```

2. 配置计算框架 mapred-site.xml。

在 $HADOOP_HOME/etc/hadoop/ 目录中默认没有该文件，需要先通过如下命令将文件复制并重命名为 mapred-site.xml：

```
cp mapred-site.xml.template mapred-site.xml
```

接着，打开 mapred-site.xml 文件进行修改：

```
vim /usr/hadood/hadoop-2.7.7/etc/hadoop/mapred-site.xml
```

将下面的配置内容添加到中间：

```
<!--指定使用 YARN 运行 MapReduce 程序，默认为 local--><property><name>mapreduce.framework.name</name><value>yarn </value></property>
```

配置计算框架，效果如图 8-18 所示。

图 8-18　配置计算框架效果图

3. 配置 YARN 系统 yarn-site.xml。

此文件是 YARN 框架的核心配置文件，用于配置 YARN 进程及 YARN 的相关属性。

使用如下命令打开该配置文件：

```
vim /usr/hadood/hadoop-2.7.7/etc/hadoop/yarn-site.xml
```

将下面的配置内容加入中间：

```
<!-- NodeManager 上运行的附属服务，也可以理解为 mapreduce 获取数据的方式 --><property><name>yarn.nodemanager.aux-services</name><value>mapreduce_shuffle</value></property>
```

4. 启动集群。

在本机上使用如下方式一键启动 YARN 集群：

```
start-yarn.sh
```

注：start-dfs.sh 和 start-yarn.sh 也是 sbin 目录下的脚本文件。

启动集群，效果如图 8-19 所示。

图 8-19　启动集群效果图

五、结果

通过本机的浏览器访问 http://localhost:8088 或 http:// 本机 IP 地址 :8088 查看 YARN 集群

状态，效果如图 8-20 所示。

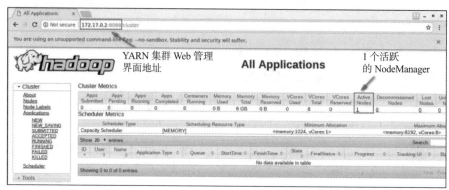

图 8-20　查看 YARN 集群状态

深度技术体验

Linux 虚拟机安装

模块九

人 工 智 能

学习情境

人工智能是计算机学科的一个分支，20世纪70年代以来被称为世界三大尖端技术（空间技术、能源技术、人工智能）之一，也被认为是21世纪三大尖端技术（基因工程、纳米科学、人工智能）之一。这是因为几十年来它获得了迅速的发展，在很多学科领域都获得了广泛应用，并取得了丰硕的成果，人工智能已逐步成为一个独立的分支，无论在理论和实践上都已自成系统。

学习目标

知识目标

1. 了解人工智能的定义、发展历程和社会价值；
2. 了解人工智能的分类；
3. 了解人工智能的产业结构，以及在互联网及各传统行业中的典型应用和发展趋势。

技能目标

1. 能简单利用公用平台搭建人工智能的编程应用；
2. 能够简单利用程序代码设计三维模型交互控制的逻辑过程。

素养目标

1. 具备人工智能应用的社会责任素养；
2. 具备简单人工智能设计的系统思维素养。

单元 9.1　人工智能概述

 导入案例

AI+ 红外测温成为视觉识别新战场

新冠肺炎疫情袭来，越来越多的科技企业开始参与到抑制疫情蔓延解决方案的研发中来。

如何快速、有效和安全地测量大人流体温，成为春节假期政府最关心的问题。火车站、飞机场等人流密集的交通枢纽区域，如果采用传统的点温枪测体温，无疑会导致大量人员滞留，对于防疫更加不利。

这种情况下，不需要人工接触，且可以无间断工作的人工智能优势凸显。目前普遍的做法是，将人工智能的识别算法与红外测温结合，通过人工智能算法识别到需要测试温度的位置，通常是额头，再由红外摄像头识别该位置，最后生成数据。并且按照规定的数值，对异常报警。这可以快速识别多个人，进行同时测温，为抗疫提供第一道防线。

　技术分析

AI 多人体温快速检测解决方案是基于 AI 图像识别技术和红外热成像技术，以非接触、无感知的方式，可靠、高效地解决了在公共场所人员高度聚集、高流动性情况下的体温实时初筛检测问题。

　知识与技能

一、人工智能的定义

人工智能（Artifical Intelligence, AI）的定义可以分为两部分，即"人工"和"智能"。"人工"比较好理解，"智能"涉及其他诸如意识（Consciousness）、自我（Self）、思维（Mind）（包括无意识的思维）等等问题。人唯一了解的智能是人本身的智能，这是普遍认同的观点。但是对自身智能的理解都非常有限，对构成人的智能的必要元素也了解有限，所以就很难定义什么是"人工"制造的"智能"。因此人工智能的研究往往涉及对人的智能本身的研究。其他关于动物或其他人造系统的智能也普遍被认为是人工智能相关的研究课题。

人工智能是研究使计算机来模拟人的某些思维过程和智能行为（如学习、推理、思考、规划等）的学科，主要包括计算机实现智能的原理、制造类似于人脑智能的计算机，使计算机能实现更高层次的应用。

二、人工智能的发展历程

人工智能的发展主要经历了以下几个阶段。

第一，形成阶段。人工智能这一概念最初于 20 世纪 50 年代首次被提出。自此开始，以 LISP 语言、机器定理证明等为代表的经典技术，标志着人工智能的形成。在这一阶段，虽

然这一新概念引起了人们的关注，但由于人工智能技术、产品均存在不同程度的缺陷，因此其发展速度相对较慢。

第二，以专家系统为代表的人工智能快速发展阶段。专家系统的出现对人工智能发展的关键意义在于，专家系统实现了人工智能与实践领域的融合，如智能医疗系统可为医师的诊断提供可靠的数据支持。

第三，以第五代计算机为代表的发展中期阶段。人工智能的发展积累了较为丰富的经验及技术，在此基础上，第五代计算机研制计划被提出。这一计划的出现将人工智能研究带入了新的热潮。

第四，以神经网络为代表的高速发展阶段。出现于 20 世纪 80 年代末期的神经网络技术，标志着人工智能又一发展高潮的到来。

第五，普及应用阶段。近年来，互联网与网络技术的发展为人工智能的发展提供了新的方向。网络技术与人工智能的融合加速了人工智能的发展，同时推动其在家居、教育等多个领域的快速普及。

三、人工智能的分类

人工智能可划分为弱人工智能、强人工智能与超人工智能。

1. 弱人工智能（Artificial Narrow Intelligence，ANI）

弱人工智能是仅擅长某个单方面应用的人工智能，超出特定领域则无有效解。比如能战胜围棋世界冠军的人工智能阿尔法狗，它只会下围棋，如果遇到其他的问题它就不知道怎么回答。

2. 强人工智能（Artificial General Intelligence，AGI）

强人工智能是指在各方面都能和人类比肩的人工智能，人类能干的脑力活它都能干。创造强人工智能比创造弱人工智能难得多，现在还做不到。强人工智能是一种宽泛的心理能力，能够进行思考、计划、解决问题、抽象思维、理解复杂理念、快速学习和从经验中学习等操作。强人工智能在进行这些操作时应该和人类一样得心应手。

3. 超人工智能（Artificial Super Intelligence，ASI）

科学家把超人工智能定义为几乎在所有领域都比最聪明的人类大脑都聪明很多，包括科学创新、通识和社交能力。超人工智能可以是各方面都比人类强一点，也可以是各方面都比人类强百倍。超人工智能也正是人工智能话题火热的原因，对于超人工智能的发展还需要好好把控。

从目前人工智能的应用场景来看，当前人工智能仍是以特定应用领域为主的弱人工智能，如图像识别、语音识别等生物识别分析。而涉及垂直行业，人工智能多以辅助的角色来辅助人类进行工作，诸如目前的智能投顾、自动驾驶汽车等，而真正意义上的完全摆脱人类且能达到甚至超过人类的人工智能尚不能实现。

预计，未来随着运算能力、数据量的大幅增长以及算法的提升，弱人工智能将逐步向强人工智能转化，机器智能将从感知、记忆和存储向认知、自主学习、决策与执行进阶。

四、人工智能的产业结构

人工智能引爆的不仅是技术的进步，更重要的是产业以及行业格局的变革。人工智能时代的来临，将使人们的工作方式、生活模式、社会结构等进入一个崭新的发展期，将催生新的技术、产品、产业和业态，从而引发经济结构的重大变革。

人工智能产业从结构上分为三个层次。

1. 基础支撑层（基础层）

人工智能产业的基础，主要是研发硬件及软件，为人工智能提供数据及算力支持。主要包括物质基础，即计算硬件（人工智能芯片、传感器）、计算系统技术（大数据、云计算、5G 通信）、数据（数据采集、标注、分析）和算法模型。传感器负责收集数据，人工智能芯片（GPU、FPGA、ASIC 等）负责运算，算法模型负责训练数据。

2. 技术驱动层（技术层）

技术层是人工智能产业的核心，主要包括图像识别、文字识别、语音识别、生物识别等应用技术，用于让机器完成对外部世界的探测，即看懂、听懂、读懂世界，进而才能够做出分析判断、采取行动，让更复杂层面的智慧决策、自主行动（即由感知智能到认知智能）成为可能。

3. 场景应用层（应用层）

人工智能产业的延伸，专注行业应用，主要面向人工智能与传统行业的深度融合，提供不同行业应用场景的解决方案（如 AI+ 制造、AI+ 家居、AI+ 金融、AI+ 教育、AI+ 交通、AI+ 安防、AI+ 医疗、AI+ 物流和 AI+ 零售等领域），以及人工智能消费级终端产品（如智能汽车、智能机器人、智能无人机、智能家居设备、可穿戴设备等）。

五、人工智能的应用领域

人工智能虽然是一门很"年轻"的新兴学科，但其应用的领域十分广泛，目前在包括机器博弈、模式识别、自然语言处理、专家系统、无人驾驶、智能机器人等领域和方向取得了重大突破，而且这些领域的研究成果已经被运用到科技、工农业生产、教育、国防、医疗、服务等社会生活的方方面面。

例如在机器博弈应用中，IBM 公司开发的"深蓝"（图 9-1）和 Google 公司开发的"阿尔法狗"（图 9-2）与职业棋手的对弈，均是非常典型的事例，2016 年 3 月李世石（围棋世界冠军，职业九段棋手）与"阿尔法狗"进行了人机大战，最终"阿尔法狗"以 4∶1 的成绩获胜，这是人工智能发展史上一个新的里程碑。

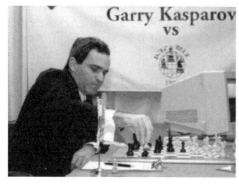

图 9-1 "深蓝"与职业棋手的对弈

图 9-2 "阿尔法狗"与职业棋手的对弈

在模式识别中，可以通过人工智能系统对声音、文字、图像等反映事物或现象的信息进行处理和分析，进而对事物和现象进行描述、辨认、分类和解释。文字识别、语音识别、指纹识别（图 9-3）、人脸识别（图 9-4）、遥感图像识别及医学诊断，都是模式识别的重要研究领域。在人工智能的各个应用领域里，几乎都包含了模式识别技术。

图 9-3 指纹识别

图 9-4 机场人脸识别

在教育领域，3D One AI 软件通过将实际场景虚拟化，从而实现在软件中参与对场景中的设备进行编程、驱动和交互，能够沉浸式体验人工智能应用场景开发。3D One AI 软件是基于物理刚体运动与三维数据处理技术，融合开源硬件、人工智能、编程等多学科实践，支持通过界面交互或编程控制物体的运动。平台提供虚拟开源硬件技术与人工智能技术，能实现动态的人工智能行为仿真，并输出三维动画。通过 3D One AI 一体化平台，可以了解并掌握人工智能、开源硬件、编程等跨学科知识，将信息、技术、数学、艺术多学科知识实践有效融合。

六、人工智能的发展趋势

人工智能作为新一轮产业变革的核心驱动力，将催生新的技术、产品、产业、业态、模式，从而引发经济结构的重大变革，实现社会生产力的整体提升。据预测，到 2025 年全球人工智能应用市场规模总值将达到 1 270 亿美元，人工智能将是众多智能产业发展的突破点。

1. 技术平台开源化

开源的学习框架在人工智能领域的研发成绩斐然，对深度学习领域影响巨大。开源的深度学习框架使得开发者可以直接使用已经研发成功的深度学习工具，减少二次开发，提高效率，促进业界紧密合作和交流。国内外产业巨头也纷纷意识到通过开源技术建立产业生态，是抢占产业制高点的重要手段。通过技术平台的开源化，可以扩大技术规模，整合技术和应用，有效布局人工智能全产业链。

2. 专用智能向通用智能发展

目前的人工智能发展主要集中在专用智能方面，具有领域局限性。随着科技的发展，各领域之间相互融合、相互影响，需要一种范围广、集成度高、适应能力强的通用智能，提供从辅助性决策工具到专业性解决方案的升级。通用人工智能具备执行一般智慧行为的能力，可以将人工智能与感知、知识、意识和直觉等人类的特征互相连接，减少对领域知识的依赖性、提高处理任务的普适性，这将是人工智能未来的发展方向。未来的人工智能将广泛地涵盖各个领域，消除各领域之间的应用壁垒。

3. 智能感知向智能认知方向迈进

人工智能的主要发展阶段包括：运算智能、感知智能、认知智能，这一观点得到业界的广泛认可。早期阶段的人工智能是运算智能，机器具有快速计算和记忆存储能力。当前大数据时代的人工智能是感知智能，机器具有视觉、听觉、触觉等感知能力。随着类脑科技的发展，人工智能必然向认知智能时代迈进，即让机器能理解会思考。

案例实现

在导入案例中提到的在车站人流密集的场所实现的 AI 无感测温，行人只要体温正常即可通过，高于规定阈值则会自动报警和跟踪标注，是基于红外热成像 + 视觉识别两大核心技术的无感测温系统。AI 无感测温使用到了以下技术。

1. 热红外成像

（1）红外线

对人来说，人眼可以看到的世界均是在一定波长范围之内的可见光组成的，按照波长从长到短分别为红、橙、黄、绿、青、蓝、紫，被称为可见光部分。在红光可见的波长范围之外的部分称为红外线（IR）、紫光可见的波长范围之外的部分称为紫外线（UV）。

红外线根据波长的不同可以划分为如下几种：

- 近红外：波长为 0.78 ～ 1.5 μm。
- 中红外：波长为 1.5 ～ 10 μm。
- 远红外：波长为 10 ～ 1 000 μm。
- 热红外：波长为 2.0 ～ 1 000 μm。

（2）热成像

热成像技术是指利用红外探测器和光学成像物镜接受被测目标的红外辐射能量分布图形反映到红外探测器的光敏元件上，从而获得红外热像图，这种热像图与物体表面的热分布场相对应。通俗地讲，红外热像仪就是将物体发出的不可见红外能量转变为可见的热图像。热图像上面的不同颜色代表被测物体的不同温度。

最早这种技术被用在军事中，开发生成热像仪，用来观察夜间敌情，其原理是自然界中一切高于绝对零度（-273 ℃）以上的物体都具有红外辐射。红外热像仪是利用红外探测器、光学成像物镜和光机扫描系统（目前先进的焦平面技术则省去了光机扫描系统）接收被测目标的红外辐射能量分布图形反映到红外探测器的光敏元件上，在光学系统和红外探测器之间，有一个光机扫描机构（焦平面热像仪无此机构）对被测物体的红外热像进行扫描，并聚焦在单元或分光探测器上，由探测器将红外辐射能转换成电信号，经放大处理、转换成标准视频信号通过电视屏或监测器显示红外热像图。

（3）伪彩色显示

因为人体的不同部位温度是不一样的，一般情况下用红色表示温度高的区域，蓝色表示温度低的区域，实现伪彩色变换。OpenCV 中已经支持这样的伪彩色填充，只需几行代码就可以实现。一个伪彩色处理之后的显示如图 9-5 所示。

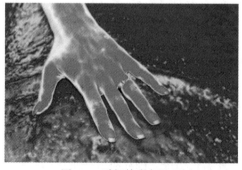

图 9-5 手部伪彩色处理

2. 视觉对象检测与识别

无论是人脸还是行人检测，本质上都是对象检测，所以一些对象检测方法早就已经应用在热成像图的对象检测和图像分割上了。对象检测技术的发展也经历了从传统技术方法到深度神经网络技术的变革。

（1）传统技术方法

早期的红外热图的人脸检测技术主要是级联检测器方式、HOG+SVM 技术两种。

（2）深度神经网络技术

深度神经网络（Deep Neural Networks，DNN）可以理解为有很多隐藏层的神经网络，又被称为深度前馈网络（DFN）、多层感知机（Multi-Layer Perceptron，MLP）。深度神经网络目前是许多人工智能应用的基础。由于人工神经网络在语音识别和图像识别上的突破性应用，DNN 的应用量有了爆炸性的增长，这些 DNN 被部署到了从自动驾驶汽车、癌症检测到复杂游戏等各种应用中。深度神经网络在很多人工智能任务之中表现出能够超越人类的准确率。但同时 DNN 也存在着计算复杂度高的问题。

在抗疫过程中随着非接触式人体测温仪的普遍应用，红外热成像技术从小众领域走向大众视野，除了疫情防控外，还可广泛地应用于安防监控、火情报警、户外搜救等方面。

练习与提高

1. 国务院印发的《新一代人工智能发展规划》强调，要大力发展人工智能新兴产业，包括智能软硬件、智能机器人、智能终端、物联网等，并推动智能产业升级，在制造、农业、物流、金融、商务、家居等重点行业和领域开展人工智能应用试点示范。思考并针对人工智能产业结构及代表企业、人工智能在行业的典型应用场景等，展开小组讨论。

2. 人工智能正在引发产业结构的深刻变革，哪些传统就业岗位会受到影响？哪些方面人工智能在现阶段甚至很长一段时间内还不能代替人类的角色？

单元9.2　体验人工智能技术应用

 导入案例 ●

智能门禁创新社会治理

近年来，随着城市化进程的加快，一座座设施完善、环境优美的新建小区如雨后春笋般在各个城市里拔地而起。然而与此同时，也有一批始建于上世纪八九十年代的单体楼或老旧小区，由于规划理念的落后，存在环境、治安、群租等突出问题，严重影响了居民的生活品质。

为破解老旧小区治理难题，重庆市渝北区在构建以网格化服务管理为核心的社会治理体系基础上，布建4.6万个高清摄像头"雪亮工程"，同时还在部分公租房、还建房、老旧单体楼等楼宇，定制化开发以智能门禁建设为主的"地网"工程。

安装了智能门禁系统后，住户要进入小区必须进行身份信息登记，租赁户需提供租赁合同，按照租赁时间获得门禁授权，按照"人来登记、人走注销、定时更新"的方式进行流动人口动态管理。利用门禁系统，也能反向促使住户主动到社区录入信息，实现了实有人房信息精准动态掌控。

楼栋门口安装了一道铁门，带液晶屏的智能门禁系统就安装在铁门之上，被录入系统的居民只要走进大门，液晶屏下方的圆圈里会出现人脸，认证通过，铁门自动解锁，居民就可以拉门进入，十分方便。铁门里外各安装了一个摄像头，可以实现进出大门无死角监控。

智能门禁系统的安装，有效解决了小区居民在开启门禁、楼宇对讲等方面的便捷性需求。居民只需携带身份证、手机等物件，或使用人脸识别，即可自由出入小区。同时，通过门禁机与手机的视频通话开启门禁，更不用担心客人来访时被"拒之门外"。

智能门禁系统，除了防盗外还被赋予了更加温暖的功能。在安装智能门禁时，可以对楼栋里的孤寡老人、困境儿童、重病人员、残障人士等进行重点标记，并在后台设置为关爱人士，如果他们在几天内没有开门数据，平台就会预警提示，社区管理人员就会立刻上门了解情况。

在抗击新冠肺炎疫情中，智能门禁也有不俗表现。作为"外防输入、内防扩散"的防线，智能门禁通过平台数据，工作人员可无接触适时掌控常住人口和流动人口的动态信息，及时发现频繁外出、出入人口异常等风险行为，消除疫情传播隐患。

技术分析

人工智能的应用领域极其广泛，那人工智能到底是如何实现"智能"的呢？其最大的能力在于数学计算，而计算时所用的算法和数据则是"智能"的基础。人工智能迅速崛起有三大驱动要素：算法、大数据和运算能力。图9-6是人工智能结构框架的简略示意图。

人工智能主要的基本工作原理：计算机结合各种传感器所反馈的数据或是人为的信息输入等方式来获取并提取关于某个情境的信息，再将获取的信息与资源库中的信息进行对比，确定并反馈信息，或是建立新的定义。这就是人工智能的核心——"学习"的过程。

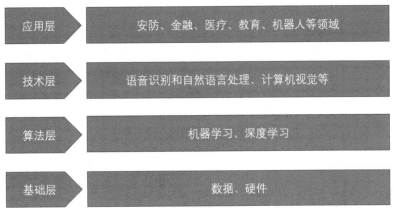
图 9-6 人工智能结构框架图

 知识与技能

一、机器学习

在传统计算机系统中只能处理系统程序设定的问题，并不能达到一般意义上的分析能力。为了让计算机变的更加"聪明"，人们努力寻找新的解题方法，例如编写出能够自我学习的算法程序，如图 9-7 所示。

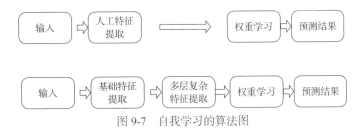
图 9-7 自我学习的算法图

人们并不能做到把所有数据都做成"锦囊"，让计算机遇到问题时直接进行对比分析。为了完成更加复杂的任务，必须让计算机能够从已有的数据中自动分析，总结其中的各种规律，并利用"自己"总结的规律对新数据进行对比，分析出各种可能的动作，并将这些动作数据再进行对比，最终判断出哪组数据是最有效的算法，这就是机器学习。根据学习模式、方式和算法的不同，目前的机器学习又可以分为监督学习、无监督学习、主动学习、迁移学习、演化学习、强化学习和深度学习等多种形式。

机器学习和人类本质的区别在于，人类通过少量的数据特征，判断或推断出多数特征，能举一反三。而目前的计算机必须通过大量的数据，学习大量的数据来试错，不断纠正自己的数据模型，调整精确度。

二、大数据

既然要让计算机进行"学习"就必须要有足够的数据让其去分析总结规律。人们每天的所见所闻都可以看作是数据，但是在计算机层面，这些无法被轻易的记录并保存下来。随着互联网和物联网的发展、宽带网络的不断增加、5G 的应用推广、存储硬件成本的降低，使得大量的数据在爆发式增长，为人工智能提供了源源不断的"营养"。

三、运算能力

大量的数据有了，计算机还需要经过大量的数据计算处理，将这些数据处理成各种"数学模型"，类似于人类的经验。这时计算机才能够模拟人的智能。

最早的计算机在计算时，依靠CPU（图9-8）进行模型训练，运算过程少则几天，多则几周，效率极低。随着计算机技术的发展，有了GPU（图9-9）、FPGA（图9-10）和分布式运算（图9-11）等新兴的运算技术，数据模型的处理效率大大提高了。

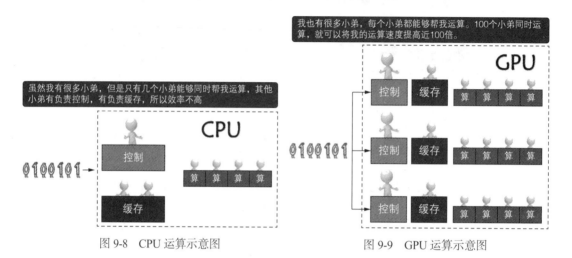

图 9-8　CPU 运算示意图　　　　图 9-9　GPU 运算示意图

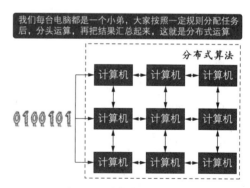

图 9-10　FPGA 运算示意图　　　　图 9-11　分布式运算示意图

四、人工智能的其他支撑技术

1. AIoT

"AIoT"即"AI+IoT"，指的是人工智能技术与物联网在实际行业应用中的落地融合。物联网的最终目的不是简单的设备连接，而是解决具体场景的实际应用，赋予物联网一个"大脑"，才能够实现真正的万物智联，人工智能技术可以满足这一需求。通过对历史和实时数据的深度学习，人工智能能够更准确地判断用户习惯，使设备做出符合用户预期的行为，变得更加智能。因此，只有通过人工智能，物联网才能发挥出更大的作用，把应用边界不断拓展，这也是物联网产业发展的核心诉求之一。同样，人工智能也需要物联网这个重要的平台来完成应用落地。IoT 提供的海量庞杂的数据可以让人工智能快速获取知识，不断训练。

现在已经有越来越多的行业应用将 AI 与 IoT 结合到一起，例如小米、海尔等厂商，相继推出 AIoT 电视，目的在于将电视作为总控制中心，通过全场景智能，实现对空调、冰箱及洗衣机等智能设备的控制。AIoT 已成为各大传统行业智能化升级的最佳通道，也将成为物联网发展的必然趋势。

2. 云计算

云计算不仅是人工智能的基础计算平台，也是人工智能的能力集成到千万应用中的便捷途径。云计算作为 IT 基础设施，是人工智能与大数据之间的桥梁，因为人工智能的优化或者说自我学习，是需要输入海量数据用于训练的。云计算支撑了人工智能和大数据这些计算存储密集型任务，让信息化、智能化服务无处不在。它既是人工智能技术持续更新的重要推手，也是获得海量真实大数据的重要方式。

3. 5G

5G 的到来，使更高的速率、更大的带宽、更低的延迟成为可能。随着人工智能与物联网、大数据的深度融合，将形成诸多平台解决方案。人工智能将提供分析物联网设备收集的大数据的算法，识别各种模式，进行智能预测和智能决策。随着物联网设备数量的增加以及海量数据的产生，5G 增强网络的大规模连接尤为重要。只有实现更广泛的覆盖、更稳定的连接和更快的数据传输速度，才能实现真正意义上的万物智联。

案例实现

随着经济的高速发展以及城镇化进程的加快，我国城市人口日趋密集，城市人口流动性也大大增加，加强对城市建设中的诸如交通管理、社会治安、重点区域防范、维稳等方面的管理迫在眉睫。智能门禁系统是一套专门针对出入治安卡口的人员进行监控的系统，是视频分析、运动跟踪、人脸检测和识别技术在视频监控领域的全新综合应用。前端摄像机对经过卡口的人员进行人脸抓拍，抓拍到的人脸图片通过计算机网络传输到对比服务器及监控中心的数据库进行数据存储，并与人脸库进行实时比对。系统集高清人脸图像的抓拍、传输、存储，人脸特征的提取和分析识别、自动报警和联网布控等诸多功能于一身，并具有强大的查询、检索等后台数据处理功能及强大的通信、联网功能，可广泛应用于重要关卡的行人监控。

1. 技术特点

（1）智能门禁系统的人证比对系统技术特点：

- 使用身份证阅读器读取二代身份证相片跟现场人物进行头像识别对比。
- 拥有非接触、直观、杜绝仿冒等应用优势。
- 先进的身份证人脸识别算法大幅提升在恶劣识别环境下（如光线、人脸动作随意性等）的识别率。
- 独有的人像搜索、跟踪、定位、捕捉技术。
- 提供标准 SDK 开发接口和协议，可非常快速地提供给各类有身份认证需要的应用系统进行接入和使用。

（2）智能门禁系统的技术特点：

- 人脸抓拍，通过实时人脸检测将所有出现人脸的视频帧抓拍下来并保存为图片文件，具备多人脸同时检测功能。
- 人脸比对，通过实时的人脸检测，并将捕获到的人脸与特定人脸库进行快速比对，比

对时间 < 1 s。

- 拥有非接触、直观、杜绝仿冒等应用优势。
- 先进的身份证人脸识别算法大幅提升在恶劣识别环境下（如光线、人脸动作随意性等）的识别率。
- 独有的人像搜索、跟踪、定位、捕捉技术。

2. 技术介绍

系统采用深度学习理论，在全局与局部特征融合的人脸识别算法上自主创新，实现对前端摄像机采集的人脸进行比对识别的综合系统平台。该平台的核心技术是人脸识别技术。

（1）脸部识别流程图，如图 9-12 所示。

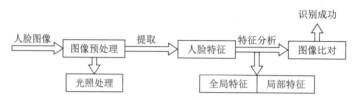

图 9-12　脸部识别流程图

（2）访客人证对比流程图，如图 9-13 所示。

图 9-13　访客人证对比流程图

（3）脸部识别系统示意图，如图 9-14 所示。

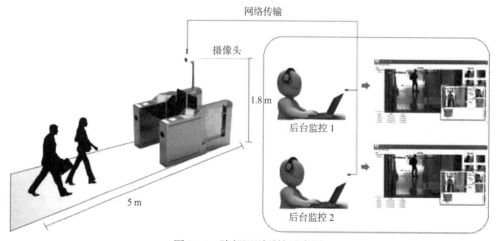

图 9-14　脸部识别系统示意图

（4）简易系统架构图，如图 9-15 所示。

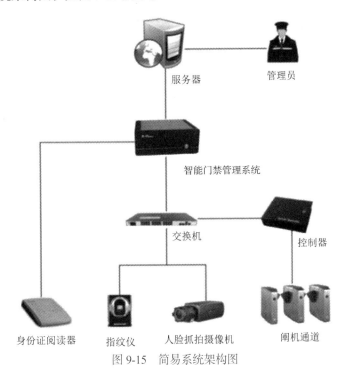

图 9-15　简易系统架构图

功能实现说明：

- 访客通过身份证阅读器读取身份证照片与前端摄像机实时抓拍的访客人脸照片进行比对，比对通过后闸机通道打开，前端摄像机抓拍的访客人脸进行保存。
- 内部员工通过注册人脸库后，通过前端摄像机抓拍人脸与管理系统人脸库进行比对，比对成功后闸机通道打开。
- 在管理中心登记了指纹的人员，通过管理软件下发到前端指纹仪，可实现刷指纹进出闸机通道。
- 所有信息数据传至服务器保存。
- 识别模式有人证比对识别、人脸比对识别、指纹识别三种识别模式，用户根据需求可自行选择。

练习与提高

利用"智能检测机"场景资源，通过机器学习建立本校的数据库，并利用摄像头与场景中的智能检测机进行交互，体验机器学习、图形识别技术应用与应用场景开发过程。

技术体验九　智能语音系统开发与体验

一、体验目的

利用资源库中的"智能检测机"场景资源，通过语音识别人工智能检测判断，通过电脑麦克风与程序虚拟仿真模块进行交互，体验语音识别技术应用与应用场景的开发过程。

二、体验内容

学校安装了智能检测机，需要为检测机添加语音识别功能，让智能检测机可以通过语音识别进行控制。识别到开门指令之后开门通行，否则保持关闭并亮起警示灯。

通过电脑麦克风与场景中的智能检测机进行交互，首先通过麦克风进行语音识别，判断语音识别的词语中是否包括对应词语，如"开门"，如果识别到对应词语，控制电子屏显示"通过"，并打开检测机，如果没有检测到对应词语，则检测机保持关闭、亮起警示灯并延时熄灭。

程序运行流程如图 9-16 所示。

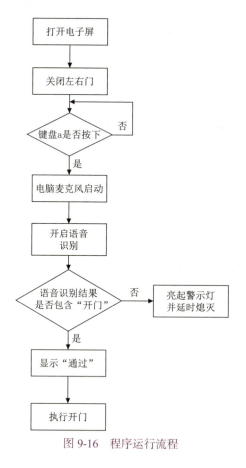

图 9-16　程序运行流程

三、体验环境

人工智能三维仿真软件（简称 3D One AI），可从官网下载。

四、体验步骤

（一）学习程序积木块功能

1. 设置电子屏状态：此函数用于设置电子屏的状态。

示例：

```
zw_set_electricdisplay_state('body_1', 'ON')
```

积木块：

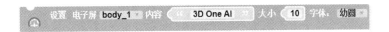

参数说明：

FanName	电子屏的名称（字符串）
State	电子屏的状态，选项为"ON"或"OFF"分别表示打开或关闭

2. 设置电子屏显示内容：此函数用于设置电子屏的显示内容。

示例：

```
zw_set_electricdisplay_content('body_1', '3D One AI', 10, '幼圆')
```

积木块：

参数说明：

FanName	电子屏的名称（字符串）
text	显示内容
size	文字的大小
font	文字的字体

3. 设置合页关节和旋转角度。

示例：

```
zw_controller_rotate_hingejoint(' ',20)
```

积木块：

参数说明：

Name	物体的名称（字符串）
Angle	旋转角度

4. 设置合页关节速度。
示例：

```
zw_controller_velocity_hingejoint(' ',1)
```

积木块：

参数说明：

Name	物体的名称（字符串）
Speed	速度

5. 编程控制器——语音识别。

目前语音识别提供了百度在线识别接口以及本地离线识别。

当按下键盘 a 键时，启动语音识别 2 秒，当结果包含"前进"时，物体 1 则向前移动速度为 10 cm/s。

积木块：

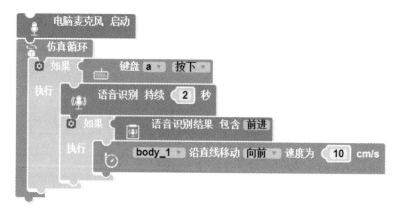

6. 电脑麦克风启动：此函数用于启动电脑麦克风。

```
zw_speech_set_microphone()
```

积木块：

7. 语音识别秒数：此函数用于启动语音录制和识别功能，参数为录音时长。

```
zw_speech_recognize(int)
```

积木块：

参数说明：

int	识别时长

8. 语音识别结果：此函数用于判断检测到的语音中是否含有给定的文本。

zw_is_voice_contains_text(Text)

积木块：

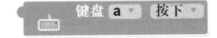

参数说明：

Text	给定的文本（字符串）

9. 键盘按下。
示例：

zw_get_keyboard('a', 'Press')

积木块：

键盘 a ▾　按下 ▾

参数说明：

Keyboard	键盘任一字母、方向键、空格键、回车键或任一按键
State	键盘状态

（二）开始 3D One AI 实操

1. 打开 3D One AI，打开资源库中的"智能语音"场景文件，如图 9-17 所示。

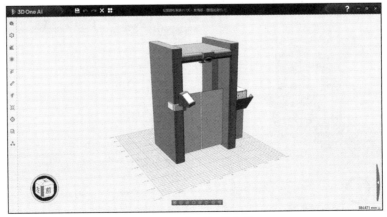

图 9-17　打开场景文件

2. 单击右侧三角，打开右侧侧边栏，如图 9-18 所示。

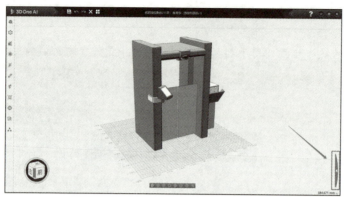

图 9-18　打开右侧侧边栏

3. 单击右侧编程控制器按钮，打开编程控制器界面，如图 9-19 所示。

彩图

图 9-19

图 9-19　打开编程控制器界面

4. 右边的空白区域就是编程界面，在编程界面中有一个仿真循环模块，这是程序的主循环，程序开始后会循环运行循环内的模块。程序开始时需要初始化的模块放在循环上方。所以先找到"电子件"模块中的设置电子屏显示器开启，放置在循环模块上方，如图 9-20 所示。

彩图

图 9-20

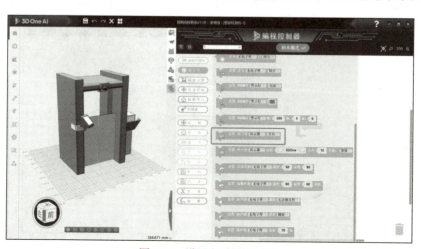

图 9-20　设置电子屏显示器

5. 找到"关节"模块中的设置合页关节旋转，分别设置左门与右门旋转0度，如图9-21所示。

图 9-21　设置合页关节旋转

6. 初始化完成后，开始编写主程序。主程序中需要先按下按键，然后开启电脑麦克风，启动语音识别，然后根据不同的识别结果执行不同的操作。所以先找到逻辑判断模块"如果"，放在主程序中，如图9-22所示。

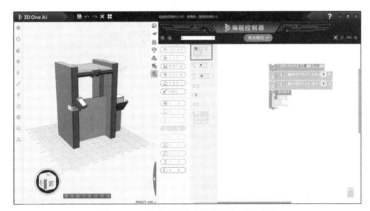

图 9-22　添加逻辑判断模块"如果"

7. 找到"控制"模块中的"键盘按下"模块，放置在如果模块的条件中，如图9-23所示。

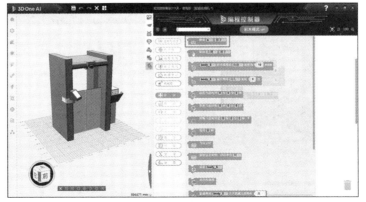

图 9-23　添加"键盘按下"模块

彩图

图 9-21

彩图

图 9-22

彩图

图 9-23

8. 将语音识别模块中的"电脑麦克风启动"放置在程序中，如图 9-24 所示。

图 9-24

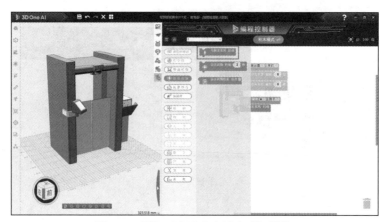

图 9-24　添加"电脑麦克风启动"模块

9. 放置"语音识别"，如图 9-25 所示。

图 9-25

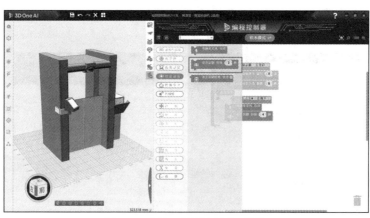

图 9-25　添加"语音识别"模块

10. 再放置一个"如果"模块，单击"如果"模块左上角的齿轮，添加"否则"条件，放置在"如果"下，如图 9-26 所示。

图 9-26

图 9-26　添加"否则"模块

11. 将"语音识别"中的"语音识别结果"模块放置为"如果"的条件，识别内容为语音控制内容，这里以开门为例，如图 9-27 所示。

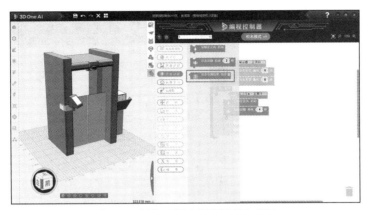

图 9-27　添加"语音识别结果"模块

彩图

12. 先设置检测成功后执行的内容，先将"电子件"模块中的"设置电子屏内容"模块放置在程序中，内容设置为"通过"，字体大小为"5"，字体为"黑体"，如图 9-28 所示。

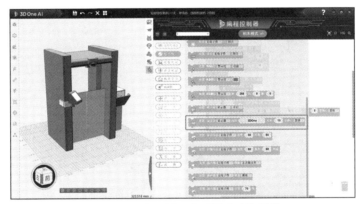

彩图

图 9-28

图 9-28　添加"设置电子屏内容"模块

13. 执行开门程序，开门的控制通过设置关节的速度并延时等待完成，具体程序内容如图 9-29 所示。

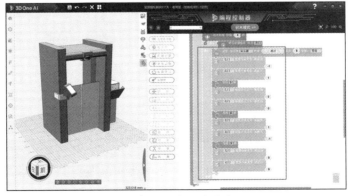

彩图

图 9-29

图 9-29　开门程序内容

14. 设置如果检测没有通过的操作，在"否则"模块中选择"电子件"模块中的"设置 RGB 警示灯亮起"模块放置在程序中，如图 9-30 所示。

彩图

图 9-30

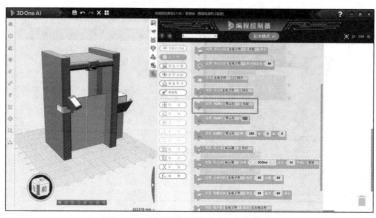

图 9-30　设置检测没有通过的操作

15. 警示灯亮起之后放置"延时"模块，延时 2 秒后，设置警示灯熄灭，如图 9-31 所示。到现在为止，检测机的主程序已经完成，单击下方"启动仿真"按钮即可进入仿真验证程序，如图 9-32 所示。

彩图

图 9-31

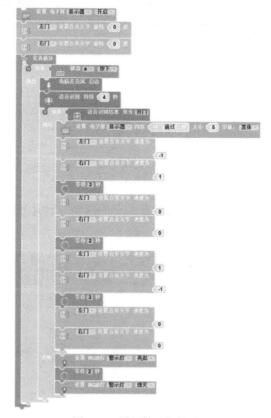

图 9-31　设置警示灯熄灭

16. 进入仿真，按下键盘 a 键，开始体验语音识别，如图 9-33 所示。识别成功会开启门档，并显示通过。识别失败，会亮起红灯。

　　注：在语音识别过程中，须距离电脑麦克风近的位置，保证麦克风可以检测到清晰的声音。

图 9-32　启动仿真

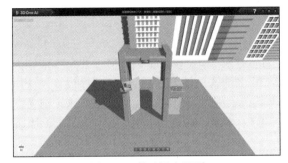

图 9-33　体验语音识别

五、结果

　　通过本次体验，理解通过软件与虚拟机器人之间交互的逻辑过程。算法的正确性表现为机器人管家与人的交互结果正确，做出准确反馈。

深度技术体验

智能门卫系统
开发与体验

参考文献

［1］赵宏 . 程序设计基础［M］. 北京：清华大学出版社，2019.

［2］龚沛曾，杨志强 . Python 程序设计及应用［M］. 北京：高等教育出版社，2021.

［3］姜敏敏，朱国巍 . 现代通信技术［M］. 北京：高等教育出版社，2018.

［4］林美英 . RPA（机器人流程自动化）快速入门［M］. 北京：人民邮电出版社，2020.

［5］李永伦 . RPA 开发与应用［M］. 北京：北京航空航天大学出版社，2020.

［6］吕云，王海泉，孙伟 . 虚拟现实［M］. 北京：清华大学出版社，2019.

［7］张浪 . 区块链+［M］. 北京：中国经济出版社，2019.

［8］申丹 . 区块链+［M］. 北京：清华大学出版社，2019.

［9］陈香 . 云计算与物联网技术［M］. 长春：吉林教育出版社，2019.

［10］侯莉莎 . 云计算与物联网技术［M］. 成都：电子科技大学出版社，2017.

［11］吴明晖，周苏 . 大数据分析［M］. 北京：清华大学出版社，2020.

［12］王文，周苏 . 大数据可视化［M］. 北京：机械工业出版社，2019.

［13］蔡自兴，蒙祖强，陈白帆 . 人工智能基础［M］. 4 版 . 北京：高等教育出版社，2021.

［14］侯公林 . 人工智能与我们［M］. 北京：中国人民大学出版社，2020.

［15］眭碧霞 . 信息技术基础［M］. 2 版 . 北京：高等教育出版社，2021.

［16］柴洪峰，马小峰 . 区块链导论［M］. 北京：中国科学技术出版社，2020.

［17］何宝宏 . 读懂区块链［M］. 北京：中共中央党校出版社，2020.

［18］熊辉，赖家材 . 党员干部新一代信息技术简明读本［M］. 北京：人民出版社，2020.

［19］李效伟，杨义军 . 虚拟现实开发入门教程［M］. 北京：清华大学出版社，2021.

［20］淘 VR . 虚拟现实：从梦想到现实［M］. 北京：电子工业出版社，2017.